Gender Building

Beiträge zur Planungs- und Architektursoziologie

Herausgegeben von Barbara Zibell

Band 6

PETER LANG

Frankfurt am Main · Berlin · Bern · Bruxelles · New York · Oxford · Wien

Barbara Zibell (Hrsg.)

Gender Building

Sozialräumliche Qualitäten im öffentlichen Hochbau

PETER LANG
Internationaler Verlag der Wissenschaften

Bibliografische Information der Deutschen Nationalbibliothek
Die Deutsche Nationalbibliothek verzeichnet diese Publikation in der Deutschen Nationalbibliografie; detaillierte bibliografische Daten sind im Internet über <http://www.d-nb.de> abrufbar.

Satz + Layout:
Petra Preuß, Dipl.-Ing. Architektin, Hannover
Johanna Niescken, Dipl.-Ing., Hannover

gedruckt mit Unterstützung der
Freunde der Architektur, Leibniz Universität Hannover

Gedruckt auf alterungsbeständigem,
säurefreiem Papier.

ISSN 1613-799X
ISBN 978-3-631-56376-2

Printed in Germany 1 2 3 4 5 7

www.peterlang.de

VORWORT DER HERAUSGEBERIN

Gender Mainstreaming ist eine Top-down-Strategie. Das bekamen wir als wissenschaftliche Einrichtung für Frauenforschung und Gender Studies an einer Architekturfakultät zu spüren, nachdem die Mitgliedsstaaten der EU begonnen hatten, die Vorgabe des Amsterdamer Vertrags von 1999 zur Förderung der Gleichstellung durch Gender Mainstreaming in ihren Ländern umzusetzen. Alle politischen, normgebenden und verwaltenden Institutionen verpflichteten sich damit auf ein integratives, gesamtgesellschaftliches Konzept, das weit über die bis dahin übliche Praxis von Frauenförder- und Gleichstellungspolitik hinausging, nämlich: das Selbstverständnis männlichen Denkens in Politik, Wirtschaft und Gesellschaft zu verändern; gender blindness durch gender sensitivity zu ersetzen.

Unsere erste Konfrontation mit der neuen Realität begann mit dem Anruf eines Ministerialdirigenten aus der Obersten Baubehörde im Bayrischen Staatsministerium des Innern. Andere Anfragen Rat suchender öffentlicher Einrichtungen folgten. Nachdem die Gleichstellung in Architektur und Planung zuvor insbesondere eine Angelegenheit gewesen war, die auf kommunaler Ebene durch planerische Konzepte oder im Wohnungs- und Städtebau umgesetzt wurde, führte die Einführung von Gender Mainstreaming als umfassender Top-down-Strategie erstmals dazu, dass auch die Architektur öffentlicher Bauten aus einer geschlechterdifferenzierten Perspektive betrachtet wurde. Da hierzu jedoch bis zu diesem Zeitpunkt keine Kriterien und Standards vorlagen, galt es, diese im Zuge der einzelnen Verfahren erstmals zu entwickeln. Meist standen dabei die Bauten der öffentlichen Verwaltungen selbst im Fokus der Betrachtungen; zum Teil bezogen sich die Überlegungen auch auf Bauten für Bildung, Gesundheit oder Infrastruktur.

Der vorliegende Band stellt sieben im deutschsprachigen Raum bekannt gewordene Projekte öffentlicher Bauten vor, die in irgendeiner Form einer GenderBegleitung unterzogen wurden. Er gibt damit einen Einblick in unterschiedliche Rahmenbedingungen und spezifische Problemlagen, die sich im jeweiligen kulturellen und mentalen Kontext der einzelnen Institutionen stellten:

- Drei der Projekte entstanden in Deutschland, zwei in der Schweiz, je eins in Österreich und Liechtenstein.
- Sechs der sieben Projekte wurden von staatlichen Einrichtungen initiiert, eines ist das Produkt einer gemeinnützigen Stiftung, zwei entstanden im Kontext des Interreg-Vorhabens „3ländergender" im Bodenseeraum.
- Sechs Projekte sind aus Ideen- und Projektwettbewerben hervorgegangen und waren in der Folge für die bauliche Umsetzung vorzubereiten. Dabei setzte die GenderBegleitung nicht grundsätzlich zu Beginn der Verfahren ein, sondern in unterschiedlichen Stadien des Projektfortschritts. Die Entwicklung spezifischer, auf die jeweilige Bauaufgabe bezogener GenderKriterien war jedoch in jedem Projekt ein wesentlicher Bestandteil.
- Ein Projekt - das Amtshaus der kantonalen Bauverwaltung in St. Gallen (CH)- wurde einer umfassenden Raum - und Nutzungsanalyse unterzogen, um daraus allgemeine Kriterien für Verwaltungsbauten abzuleiten.
- Erst eines der sieben Projekte - das Landhaus II in Innsbruck (A) - ist bisher realisiert worden, zwei weitere - der Neubau der Heinrich-Böll-Stiftung in Berlin (D) und der neue Bushof mit öffentlicher Tiefgarage in Schaan (FL) - sind im Bau oder stehen kurz vor der Fertigstellung.

Die in dem vorliegenden Band im Einzelnen vorgestellten Projekte wurden von GenderExpertInnen beschrieben, die an den einzelnen Verfahren beteiligt waren: Dazu gehören die Gleichstellungsbeauftragte oder - in drei Fällen - die freie Architektin, die Wissenschaftliche Mitarbeiterin oder der Referent für Geschlechterdemokratie, die Hochschullehrerin oder der Leiter der Landesplanung. Die unterschiedlichen Perspektiven führen zum einen zu unterschiedlichen Schwerpunktsetzungen in den Darstellungen, liefern zum anderen jedoch eine breite Vielfalt an Einblicken in die ersten Implementationswerkstätten von Gender Mainstreaming im Rahmen der Planung und Realisierung öffentlicher Hochbauten. Am Schluss werden die sieben Verfahren einem kurzen Quervergleich unterzogen.

Der Band richtet sich an alle, die aus fachlichem oder wissenschaftlichem Interesse mit der genderdifferenzierten Entwicklung oder Betrachtung von Hochbauten für unterschiedlichste Zwecke befasst sind. Sein Entstehen wurde durch einen Beitrag der Freunde der Architektur an der Leibniz Universität Hannover unterstützt, ihnen sei an dieser Stelle ein besonderer Dank ausgesprochen. Dank gebührt jedoch in besonderer Weise den Autorinnen und Autoren, die sich die Zeit genommen haben, ihre Erfahrungen mit Gender Mainstreaming anhand eines konkreten Bauvorhabens in einem Bericht zusammenfassen, und selbstverständlich nicht zuletzt den AuftraggeberInnen, die die entsprechenden Informationen zur Veröffentlichung freigegeben haben.

Die Beiträge zeigen, dass die durch Gender Mainstreaming ausgelösten Diskussionen um sozialräumliche Qualitäten im Hochbau die Entwürfe ausnahmslos befruchtet und bereichert haben. Gender Mainstreaming hat sich dabei als eine sinnvolle Strategie erwiesen, die zur Qualitätssteigerung der Produkte beiträgt. Mit der Publikation dieser Erfahrungen ist ein erster Schritt getan, um andere Akteure und Akteurinnen anzuregen, den hier vorgestellten Piloten weitere Verfahren folgen zu lassen. Die einzelnen Beiträge können dabei als Grundlage für die Entwicklung neuer Projekte ebenso dienen wie für eine Weiterentwicklung der formulierten Kriterien und Standards.

Ich wünsche dem Band bzw. den darin enthaltenen Ideen und Anregungen zur baulichen Umsetzung von Geschlechtergerechtigkeit eine möglichst weite Verbreitung.

Hannover, im Oktober 2008

Barbara Zibell

INHALTSVERZEICHNIS

ABKÜRZUNGSVERZEICHNIS

BBR	Bundesamt für Bauwesen und Raumordnung (D)
BBT	Bundesamt für Berufsbildung und Technologie (CH)
BD	Baudepartement (CH)
BKA	Bundeskriminalamt (D)
BMELV	Bundesministerium für Ernährung, Landwirtschaft und Verbraucherschutz (D)
BMFSFJ	Bundesministerium für Familie, Senioren, Frauen und Jugend (D)
BMVBW	Bundesministerium für Verkehr, Bau- und Wohnungswesen (D, ehem.)
BMVBS	Bundesministerium für Verkehr, Bau und Stadtentwicklung (D)
BS	Staatliches Baumanagement (D, hier: Niedersachsen)
BVL	Bundesamt für Verbraucherschutz und Lebensmittelsicherheit (D)
DI	Diplom-Ingenieur/in (A)
EG	Erdgeschoss
EU	Europäische Union
EW Bau	Entwurfsunterlage Bau
FAL	Forschungsanstalt für Landwirtschaft (D)
FH	Fachhochschule
FHNW	Fachhochschule Nordwestschweiz

GM	Gender Mainstreaming
HBS (hbs)	Heinrich-Böll-Stiftung
HU Bau	Haushaltsunterlage Bau
IT	Informationstechnologien
L 2	Landhaus 2 Innsbruck
LBA	Liechtenstein Busanstalt
LRP	Landesrichtplan (FL)
OBB	Oberste Baubehörde in Bayern
OFD	Oberfinanzdirektion (D, hier: Niedersachsen)
OG	Obergeschoss
ÖPNV	Öffentlicher Personennahverkehr (D)
ÖV	Öffentlicher Verkehr (CH, FL)
SIA	Schweizerische Ingenieur- und Architektenverein
RBP	Raumbedarfsplan
VCL	Verkehrsclub Liechtenstein

EINFÜHRUNG

„Gender Mainstreaming besteht in der Reorganisation, Verbesserung, Entwicklung und Evaluierung von Entscheidungsprozessen mit dem Ziel, eine geschlechterbezogene Sichtweise in alle politischen Konzepte in allen Bereichen und auf allen Ebenen einzubringen" (Europarat 1998). Es richtet sich an alle mit politischen und gesellschaftlichen Fragen befassten Institutionen sowie Beschäftigte bzw. EntscheiderInnen im öffentlichen Dienst, auf jeder Stufe der staatlichen und kommunalen Verwaltung.

"Gender Mainstreaming bedeutet, bei allen gesellschaftlichen Vorhaben die unterschiedlichen Lebenssituationen und Interessen von Männern und Frauen von vornherein und regelmäßig zu berücksichtigen." (BMFSFJ 2003) Den AkteurInnen obliegt die Verantwortung, alle relevanten Belange und potentiellen Bedürfnisse zu berücksichtigen und im Rahmen eines Abwägungsprozesses gleichberechtigt und gleichwertig in die jeweiligen Planungen einzubringen.

Voraussetzungen für die Umsetzung von Gender Mainstreaming sind:

- gezielte Weiterbildung des Personals (Gender Training),
- geschlechterdifferenzierte Erhebung von Daten (Statistiken) und
- Festlegung von Entscheidungskriterien und Qualitätsstandards.

Im Mittelpunkt: das soziale Geschlecht

Im Mittelpunkt steht nicht nur die Unterscheidung nach Frauen und Männern bzw. männlichen und weiblichen Bedürfnissen, sondern vor allem das soziale Geschlecht. Anders als sex, womit das biologische Geschlecht bezeichnet wird, meint gender das soziale Geschlecht, die soziale Rolle, eine kulturell geformte Kategorie und Konstruktion, die – je nach gesellschaftlichen, historischen und kulturellen Rahmenbedingungen – grundsätzlich variabel, veränderbar ist.

Gender Mainstreaming bedeutet, dieses Verständnis von Geschlecht als sozial und kulturell geformte Kategorie zum selbstverständlichen Bestandteil öffentlichen Denkens und Handelns zu machen. Dazu gehört das Hinterfragen des vermeintlich Selbstverständlichen, Gewohnten genauso wie die Dekonstruktion überkommener Bilder und Vorstellungen von Rollenzuschreibungen und Geschlechterverhältnissen. Voraussetzung für Gender Mainstreaming ist also die Bereitschaft, das Andere, häufig unberücksichtigt Bleibende, als nachrangig Empfundene wahrzunehmen – und das erfordert eine Haltung der Offenheit und Unbefangenheit auf Seiten der Akteure und Akteurinnen. Der meist unreflektierte, im Allgemeinen vorherrschende androzentrische Blick ist durch die bewusste Einnahme einer frauenzentrierten Perspektive zu überdenken und zu relativieren.

Öffentliche Bauten zum Wohnen und Arbeiten

In diesem Band geht es um Gender Mainstreaming Prozesse im Zusammenhang mit der Entwicklung und Errichtung öffentlicher Bauten. Öffentliche Bauten sind Bauwerke unterschiedlichster Nutzungen, die der Allgemeinheit von Seiten des Gemeinwesens zur Verfügung gestellt werden. Es sind Bauten, die nicht dem Wohnen dienen, jedoch im besten Fall Arbeitsbedingungen und Aufenthaltsqualitäten bieten, die den Anforderungen der NutzerInnen, Beschäftigten wie BesucherInnen, in geeigneter Weise entgegen kommen; Wohlfühlen ermöglichen. Insofern dienen sie im weitesten Sinne dem Wohnen: dem Sein im Raum oder in der Welt.

Das Nachdenken über öffentliche Bauwerke erfordert in diesem Sinne die Einnahme einer Perspektive, die Wohnen und Arbeiten nicht als zwei getrennte Bereiche städtischer Funktionen unterscheidet, zu denen Frauen und Männer in bestimmter Weise zugeordnet sind, sondern die Wohnen und Arbeiten als zwei Seiten menschlichen Daseins bzw. als Formen der Aneignung menschlicher Umwelt begreifen: Wohnen immer auch als Arbeit und Arbeit immer auch als Wohnen. Die vorgesehene spezifische Funktion eines Bauwerks ist in gleicher Weise zu ermöglichen wie der quasi zweckfreie Aufenthalt und die zufällige Begegnung im Raum. Dies gilt gerade auch in einer Gesellschaft, in der Wissen und Innovation zu einer wesentlichen Ressource geworden sind: Räume, in denen Kommunikation auf ungeplante Weise entstehen kann, entscheiden zunehmend über die Qualität von Bildung, Dienstleistung und städtischer Infrastruktur.

Hinweise zur Projektentwicklung

Bei der Entwicklung von Projekten im Sinne des Gender Mainstreaming geht es also zunächst um die Wahrnehmung der verschiedenen sozialen Rollen im System, das heißt um die Einnahme einer nutzerInnenorientierten Perspektive: Raumprogramme und Grundrissstrukturen sind aus Sicht der verschiedenen zu erwartenden (Gruppen von) NutzerInnen zu entwerfen und im Entwurfsprozess iterativ zu überprüfen. Die Entwerfenden sind also gefordert, sich in die Lage der verschiedenen NutzerInnen mit ihren unterschiedlichen Ansprüchen hineinzuversetzen. Dabei sind nicht nur die vorrangigen Nutzungsinteressen der Bauleute zu berücksichtigen, also diejenigen, die die Raumstrukturen und Arbeitsabläufe im Sinne der Hauptnutzung des Gebäudes repräsentieren, sondern in gleicher Weise auch die Arbeitsabläufe von technischem oder Reinigungspersonal und insgesamt die sozialräumliche Qualität aller Arbeitsplätze. Eine genderdifferenzierte Perspektive erfordert das genaue Hinschauen auf Nutzungsprozesse und Arbeitsabläufe in einem Gebäude bzw. einer Institution und deren Umfeld.

Abb. Produkt – Struktur – Prozess

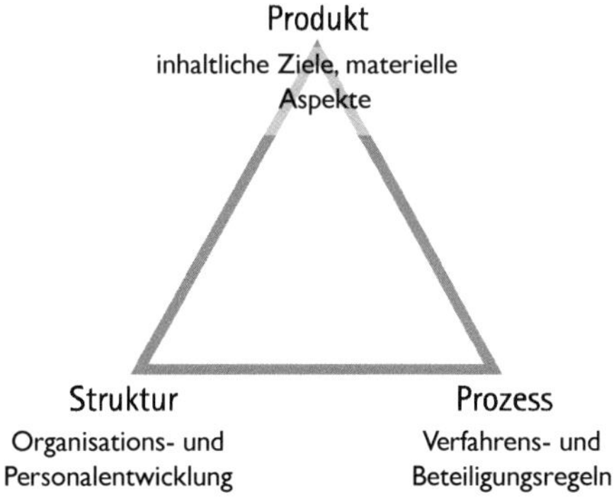

Quelle: Land Salzburg / Zibell 2006

Im besten Fall kann die Erhebung und Überprüfung der Nutzungsbedürfnisse durch das Zusammentragen des Wissens in fachübergreifenden, paritätisch aus Frauen und Männern jeder Hierarchieebene zusammengesetzten Arbeitsgruppen innerhalb der Institution erfolgen. Darüber hinaus werden vielfach Nutzungsanalysen und Befragungen erforderlich sein, um sich ein Bild über die Bedarfslage zu verschaffen, im Einzelfall auch der Einholung fachlicher GenderKompetenz durch den Zuzug externer Expertise.

Es zeigt sich zumindest, dass das genaue Hinschauen für die Formulierung von Kriterien und Standards geschlechtergerechten Bauens ebenso grundlegend ist wie die Entwicklung personeller bzw. organisatorischer Strukturen und die partizipative Gestaltung der Planungs- und Entscheidungsprozesse.

Referenz durch Gender Practice

Dies konnte nicht zuletzt bei der Aufbereitung und Auswertung von Gender Practices im Rahmen des Interreg IIIB Vorhabens ‚GenderAlp!' festgestellt werden (Land Salzburg / Zibell 2006): Von nachhaltigem Erfolg gekrönt sind insbesondere die Projekte, die nicht nur Gender Qualitätsziele und -kriterien entwickeln und anwenden, sondern darüber hinaus auch Planungsprozesse und Entscheidungsstrukturen verändern.

Literatur

BMBFSJ - Bundesministerium für Familie Senioren Frauen und Jugend: GenderMainstreaming, http://www.gender-mainstreaming.net/, November 2003.

Europarat, Rapporteur Group on Equality between Women and Men GREG (98)1, Straßburg, Mai 1998.

Land Salzburg, Büro für Frauenfragen und Chancengleichheit (Hg.) / Barbara Zibell (Bearb.): Bedarfsgerechte Raumplanung. Gender Practice und Kriterien in der Raumplanung, Endbericht Deutsche Kurzfassung, Materialien zur Raumplanung Bd. 21, 1. Aufl. Salzburg 2006.

DAS PILOTPROJEKT LANDHAUS 2 IN INNSBRUCK (A)

Elke Krismer / Elisabeth Stögerer - Schwarz

WAS MACHT GENDER AM GELÄNDER ?

PRODUKT	Checkliste für öffentliche Bauten, Anwendung auf Pilotprojekt im Rahmen der Realisierung: Dokumentation und Symposium	
PROZESS	Januar 2001	Wettbewerbsvorbereitung
	Oktober 2001	Regierungsbeschluss: GM für alle Bereiche der Tiroler Landesverwaltung
	Juli 2001	Durchführung und Prämierung Wettbewerb
	August 2002	Auftrag der Tiroler Landesregierung an das Frauenreferat
	März 2004	Symposium auf der Baustelle „Gender am Geländer“
	Juli 2005	Inbetriebnahme Gebäude
VERFAHRENSSTAND	Bauprojekt realisiert, Checkliste im Internet abrufbar	
AUFTRAGGEBERIN	GM-Steuerungsgruppe der Tiroler Landesverwaltung / Frauenreferat	
PROJEKTBETEILIGTE	Land Tirol: Frauenreferat, Abteilung Hochbau; fpa frank & probst architekten, München, mit Walter Schwetz Architekt, Passau; Gender Expertise: Architektin DI Elke Krismer, Innsbruck; Elisabeth Stögerer-Schwarz, Gleichstellungsbeauftragte Tirol	

Elke Krismer

WAS MACHT GENDER AM GELÄNDER ?

Das Projekt

1 Kurze Vorgeschichte

Für die Erlangung von Entwürfen für das Landhaus 2[1] (L 2) wurde ein öffentlicher EU-weiter Architektenwettbewerb ausgeschrieben. Aus diesem Wettbewerb ging das Architektenteam Tom Frank und Tilman Probst, München, gemeinsam mit Walter Schwetz, Passau, als Sieger hervor. Dies war schon der zweite Wettbewerb für das L 2. Der erste Wettbewerb sah die Errichtung des Amtsgebäudes auf einem in der Gewerbezone Innsbrucks gelegenen Grundstück vor.

Die Verlegung des Bauplatzes in eine zentralere Lage wurde zwar nicht aus Gründen des Gender Mainstreaming (GM) getroffen, brachte jedoch gerade aus der GenderPerspektive zahlreiche Vorteile, wie die Standortanalyse belegen konnte.

Der politische Auftrag zur Umsetzung der Gender Mainstreaming Strategie wurde beim L 2 in einer Phase erteilt, in der der Großteil des Planungsprozesses schon nahezu abgeschlossen war.

1 Das Landhaus 2 ist ein Bürogebäude, in dem verschiedene Abteilungen des Landes Tirol untergebracht sind, z.B. Forstwirtschaft (überwiegend männlich dominierte Mitarbeiter und Kunden) Staatsbürgerschaft (gemischte Geschlechterverteilung bei MitarbeiterInnen und KundInnen mit Kindern) usw..

Frau Mag. Elisabeth Stögerer-Schwarz (Leiterin des Frauenreferates des Landes Tirol)[2] übergab mir als externer Beraterin den Auftrag, ein Gender Mainstreaming Projekt für das L 2 zu entwickeln. Dann übernahm sie als Frauenreferatsleiterin des Landes Tirol neben der internen Gender-Expertinnen-Rolle auch die Vermittlerinnenrolle zwischen mir und dem Projektmanagement bzw. den involvierten Projektgruppen für das L 2.

Durch die viel zu späte Implementierung der GM-Strategie und den daraus resultierenden Spannungen zwischen den Beteiligten fiel dem Projektmanagement der Hochbauabteilung des Landes Tirol, Herrn Dipl.-Ing. Gerhard Wastian und Herrn Ing. Bernhard Huter, nicht nur die Umsetzerrolle, sondern auch eine Vermittlerrolle zwischen dem Architektenteam und mir als externer Gender-Expertin zu.

Trotz des späten Starts des GM-Projektes wurde von mir versucht, einen optimalen „gegenderten" Ablauf zu skizzieren, um Rückschlüsse bzw. Vorgaben für zukünftige Projekte aufzuzeigen. Wo die Möglichkeit bestand, wurden noch Änderungen für die Detailplanung vorgeschlagen.

2 Projektgrundlagen: Erhebungen, Analysen, Zielformulierungen

Um die unterschiedlichen Wünsche von Frauen und Männern an die Planung eines öffentlichen Gebäudes berücksichtigen zu können, müssen diese Wünsche in einem ersten Schritt umfassend erhoben werden, um sie dann objektivieren und allgemein als Planungsvorgaben formulieren zu können.

Für die Erarbeitung eines Projektkonzeptes sind folgende nach Geschlechtern getrennte, anonymisierte, statistische Erhebungen notwendige Voraussetzung:

2.1 Persönliche Daten

Ist-Zustand zu den Personen, die in dem Gebäude arbeiten und es benutzen / aufsuchen

Geschlecht, Alter, persönliche Situation bzw. persönlicher Status (z.B. Rasse, Staatszugehörigkeit, Kulturzugehörigkeit, Religion,...), familiäre Situation (z.B. Familienstand, allein erziehende/r Mutter/Vater, Partnerschaft,...) gesundheitliche Situation (z.B. Krankheit, Behinderung,...), Ausbildung, berufliche Position (z.B. Hierarchiestufe), Einkommen, Mobilitätsverhalten (wie kommt die Person derzeit zum Arbeitsplatz, eigenes Fahrzeug vorhanden ja/nein,...), Tagesablauf an einem

2 Siehe Beitrag Stögerer-Schwarz in diesem Band Seite 26-38.

normalen Werktag, Verweildauer von KundInnen im Gebäude, kommen KundInnen mit Kindern zu Amtsbesuchen, wer geht in Karenz- bzw. Pflegeurlaub, wer arbeitet Teilzeit, welche Teilzeitarbeitsmodelle gibt es, usw. ...

Soll-Zustand - Entwickeln von Zukunftsvisionen

Familiäre Situation (z.B. werdende/r Mutter/Vater, Scheidung, ...), gesundheitliche Situation (z.B. Alter, Behinderung, ...), Weiterbildungswunsch, berufliche Position (z.B. Aufstiegschancen), Einkommen, Mobilitätsverhalten (wie möchte die Person in Zukunft zum Arbeitsplatz gelangen, um an Lebensqualität zu gewinnen), gewünschter Tagesablauf im zu planenden Gebäude (z.B. Verbesserungs-, Vereinfachungsvorschläge, ...), usw.

Die Daten sollen die genauen Bedürfnisse der Mitarbeiter, der Mitarbeiterinnen und der Kunden und Kundinnen widerspiegeln und zur Partizipation und Ausübung demokratischer Rechte (SteuerzahlerInnen bezahlen öffentliche Einrichtungen) anregen. Mitbestimmung am Arbeitsplatz und Identifikation mit dem Arbeitsplatz und dessen Umgebung erhöhen die Arbeitsleistung und senken die Krankenstände der MitarbeiterInnen.

2.2 Daten zur Gebäudenutzung

Ist-Zustand zur Einrichtung, die in dem Gebäude untergebracht werden soll

Was bietet die Einrichtung derzeit an? Wo liegen die Schwachstellen der Einrichtung? Was bietet die Einrichtung Frauen an und was Männern? Benutzen die Einrichtung Frauen und Männer zu gleichen Teilen (Fußballstadion - Frauenhaus), werden gleich viele Ressourcen für Frauen und Männer in deren Betreuung aufgewendet oder bestehen hier Unterschiede? Besteht in irgendeiner Weise ein Ungleichgewicht? Wenn ja, wo und warum?

Soll-Zustand - Entwickeln von Zukunftsvisionen

Frauen und Männer sind in Zukunft als getrennte Zielgruppen der öffentlichen Einrichtung zu definieren und die entsprechenden Bedürfnisse (personenbezogenen Erhebungen) zu berücksichtigen. Für Frauen und Männer müssen gleich viele Ressourcen (Geld, Zeit, Raum, Aufstiegschancen, Weiterbildung, ...) zur Verfügung gestellt werden.

Die öffentliche Einrichtung kann zukunftsweisende innovative Inhalte (Gleichstellung von Mann und Frau, Umweltschutz, Energiesparmaßnahmen, innovative

Arbeits- und KundInnenbetreuungs-Modelle...) transportieren und dies auch baulich ausdrücken. Aus diesen statistisch erhobenen persönlichkeits- und einrichtungsbezogenen Daten können die weiteren Projektgrundlagen fundiert, sich auf Zahlenmaterial stützend, entwickelt werden:

Beim L 2 in Innsbruck wurde der Gender-Mainstreaming-Gedanke erst nach der abgeschlossenen Einreichplanung implementiert.

Statistische Daten, wie sie oben beschrieben sind, wurden im Vorfeld nicht erhoben. Auch die wenigen Fragen, die im Fragenkatalog zum Gender-Mainstreaming-Projekt für das L 2 diesbezüglich gestellt wurden, blieben unbeantwortet. Wo es Datenmaterial gab, wurde dieses auf Grund der Zuständigkeit / Verwaltungshoheit einer anderen Abteilung nicht zur Verfügung gestellt. Die Anregungen / die Forderungen an die Architekten und Projektleiter (nur Männer) wurden daher auf Grund von „angenommenen, aus Expertinnensicht (nur Frauen) unterstellten" Wünschen formuliert und die unveränderbaren Gegebenheiten analysiert.

3 Anforderungen an ein öffentliches Gebäude / eine öffentliche Einrichtung

Wahl / Analyse des Standortes / Bauplatzes des öffentlichen Gebäudes innerhalb der Stadt bzw. des Stadtteiles.

3.1 Erreichbarkeit

Bei Neu- und Umbauten von öffentlichen Gebäuden ist es unbedingt erforderlich, die Erreichbarkeit des Gebäudes – im Speziellen mit öffentlichen Verkehrsmitteln, auf Fuß- und Radwegen - zu analysieren und Defizite zu beheben.

Das leichte Erreichen von öffentlichen Gebäuden ist besonders für Frauen wichtig, da sie - derzeit immer noch - zum Großteil auf öffentliche Verkehrsmittel, das Fahrrad oder ihre Füße als Fortbewegungsmittel angewiesen sind. Frauen verfügen laut statistischen Erhebungen viel seltener über ein eigenes ständig verfügbares Auto als Männer. Leichte Erreichbarkeit, Übersichtlichkeit und Orientierung innerhalb des Stadtgefüges vermitteln ein Sicherheitsgefühl, das wiederum zum häufigen Benutzen von öffentlichen Einrichtungen und öffentlichen Räumen anregt.

Es wurden die Distanzen des gewählten Standortes für das L 2 zum nächstgelegenen überregionalen und regionalen Bahnhof, zum nächstgelegenen überregionalen, regionalen und innerstädtischen Busterminal und den nächstgelegenen Bushaltestellen mit den dort haltenden Buslinien erhoben und in einem Stadtplan dargestellt. Weiters wurden die Distanzen zu Bushaltestellen für Bahnhofs- bzw. Flughafenzubringer und zu Taxistandplätzen erhoben.

Es konnte an Hand der Analyse aufgezeigt werden, dass die meisten öffentlichen Verkehrsmittel zu Fuß sehr schnell und gut erreichbar sind und daher der gewählte innerstädtisch zentral gelegene Standort sehr positiv zu werten ist.

Die angeregten Verlegungen von Bushaltestellen und Änderungen der Linienführung von Buslinien sowie die Einrichtung einer Vorfahrt z.B. für Taxis oder Behinderte wurden nicht umgesetzt.

Die Analyse der Anbindung des Bauplatzes an das öffentliche Straßen-, Fahrradwege- und Fußwegenetz und der Gestaltung dieser Anbindungen (z.B. Behindertenleitsysteme) ergab einige gravierende Mängel. Die Ein- und Ausfahrtsituation in die Tiefgarage und die fehlenden Anbindungen der Rad- und Fußwege an die öffentlichen Wegenetze wurden als höchst unübersichtlich und gefährlich eingestuft. Außerdem wurde die irreführende Adresse des Gebäudes, die zu Verwirrung und Desorientierung führt, kritisiert (das Gebäude ist von der Straße zurückversetzt, die Tiefgarageneinfahrt liegt in einer anderen Straße; es gibt keine Vorfahrt, keine Haltespur, keine Kurzpark- oder Behindertenparkplätze vor dem Gebäude).

Von der zuständigen Verkehrsplanung wurden alle Änderungsvorschläge abgelehnt. Der laufende Betrieb hat die Sicherheitsbedenken inzwischen bestätigt. Hier zeigt sich, dass die Gender-Mainstreaming-Strategie sinnvoller Weise flächendeckend bei der gesamten Stadt- und Verkehrsplanung zur Anwendung kommen sollte, nicht nur als Einzelmaßnahme bei Hochbauplanungen.

Die öffentliche Parkplatzsituation im und um das Gebäude wurde in die Analyse zur Erreichbarkeit mit einbezogen und die Entfernungen von öffentlichen Parkplätzen und Parkgaragen erhoben.

Die spezielle Situation des L 2 - es gibt nur sehr wenige Tiefgaragenparkplätze für MitarbeiterInnen und keine für KundInnen in der eigenen Tiefgarage - hat zur Folge, dass eine angrenzende private Tiefgarage mitbenutzt wird. Um die dadurch hervorgerufene Desorientierung - z.B. Ein-, Ausfahrt, Ein-, Ausgänge - zu verringern, wurde angeregt, vor allem auf die Gestaltung (Belichtung, Orientierung etc.) der privaten Tiefgarage von öffentlicher Seite Einfluss zu nehmen. Für die Zuteilung der wenigen Stellplätze in der Tiefgarage des L 2 wurde angeregt, diese nach Gender Mainstreaming- und Mobilitäts-Kriterien und nicht nach hierarchischen Kriterien zu verteilen.

3.2 Umgebung des Bauplatzes

Infrastruktur

Die Erhebung aller Infrastruktureinrichtungen der Umgebung eines geplanten Bauplatzes wie Kinder- und Seniorenbetreuungseinrichtungen, Bildungs-, Versorgungs- und Erholungseinrichtungen, usw. - kann Defizite des Standortes oder des Stadtteiles ganz allgemein aufzeigen, die gegebenenfalls auch durch den Bau der öffentlichen Einrichtung behoben werden können. Die graphische Aufbereitung kann die Dichte der Versorgung mit den entsprechenden Einrichtungen verdeutlichen, auf der anderen Seite auch Defizite und zusätzlich notwendige Standorte (durch das sichtbar machen von Lücken) aufzeigen.

Frauen sind nach wie vor fast ausschließlich für die Versorgungsarbeit zuständig. Deshalb bewegen sich Frauen überwiegend in Form von Wegketten fort (von A nach B, nach C, nach D, ...) – wie erwähnt großteils ohne Auto. Männer legen meistens nur Wegstrecken (von A nach B) zurück und das mit dem Auto. Eine Verkürzung von diesen Wegketten durch das Einbetten von öffentlichen Gebäuden in ein gutes Infrastrukturnetz und mit guten Verbindungen mit dem öffentlichen Verkehrsnetz vereinfacht den Alltag von Frauen, die in diesen Gebäuden arbeiten und die diese Gebäude aufsuchen wollen.

Das L 2 in Innsbruck liegt in einer Umgebung guter Infrastruktureinrichtungen. Durch das Erheben dieser Einrichtungen und das grafische Sichtbarmachen in verschiedenen Lageplänen konnte bei den Planungsverantwortlichen ein Bewusstsein für den „weiblichen" Alltag geschaffen werden. Es konnte auch die Notwendigkeit von unbürokratischer, schneller abteilungsübergreifender Zusammenarbeit im Zusammenhang mit GM und Planungsaufgaben aufgezeigt werden.

Sicherheit

Der Stadtteil, in dem das Gebäude errichtet werden soll, ist in Bezug auf Sicherheitsaspekte zu analysieren (Baustruktur, Kriminalitätsdichte, Aufschlüsselung der Delikte nach Geschlechtern usw.). Durch das Erheben der Standorte, der Art der Nutzung (z.B. Lokale des Rotlichtmilieus), der Öffnungszeiten, der KundInnenfrequenz und KundInnenstruktur von Lokalen, Geschäften, öffentlichen Einrichtungen usw. können Rückschlüsse auf die Belebung / Sicherheit des Stadtteiles zu verschiedenen Tageszeiten gezogen werden. Zum Beispiel ist nach Auskunft des Sicherheitsdienstes in der Nähe von Bordellen und Nachtclubs die Gefahr für Frauen, auf der Straße sexuell belästigt und / oder angegriffen zu werden, höher als außerhalb dieser Bereiche. Dies führt zu Vermeidungsstrategien bei Frauen und zur Einschränkung ihrer Bewegungsfreiheit. Auch für Männer ist die Gefahr, als Unbeteiligte in Schlägereien verwickelt zu werden, in diesen Stadtbezirken größer. Strategien zur Belebung dieser Stadtbezirke mit „normalen" Lokalen, die auch abends geöffnet haben, sind Ziel führend.

Diese Fragen / Erhebungen konnten für das L 2 von den zuständigen Dienststellen (Polizei) nicht beantwortet werden. Es wurde angeregt, in Zukunft solche Statistiken erheben und abfragen zu können. Ohne Statistiken, die Fakten nach Geschlechtern aufgegliedert darstellen, kann es keine sinnvollen Maßnahmen im Sinne des GM geben, da nicht sichtbar wird, welche Maßnahmen sich positiv oder negativ auf Männer und Frauen auswirken.

Die politischen Gremien müssen Gesetze und Rahmenbedingungen schaffen, um geschlechterdifferenzierte Erhebungen von statistischen Werten zu ermöglichen, und diese Erhebungen in allen Belangen auch fordern. Gerade bei Kriminalstatistiken wären diese Erhebungen zum Aufzeigen von speziellen Gefahrenbereichen unter Umständen lebensnotwendig.

3.3 Umgebung des Gebäudes

Sicherheit durch Gestaltung der Verkehrsflächen / Parkflächen / Freiflächen

Die Gestaltung insbesondere der unmittelbaren Umgebung - die Bebauung, Beleuchtung und Bepflanzung usw. - des Bauplatzes hat Auswirkungen auf das Sicherheitsgefühl der Menschen, die diese Außenräume bei Tag und bei Nacht benutzen. Bei der Wahl und Situierung der Bepflanzung ist darauf zu achten, dass sie die Ausleuchtung der Wege durch die gewählten Leuchten nicht behindert und dass z.B. Buschwerk in einem Abstand von den Wegen gepflanzt wird, so dass eine längere Reaktionszeit für die potentiellen Opfer von Überfällen ermöglicht wird. Es ist bei der Pflege der Bepflanzung darauf zu achten, dass sie immer auf einen entsprechenden Abstand von den Wegen zurück geschnitten werden.

Weiter ist auf die gleichmäßige Ausleuchtung der Umgebung zu achten und diese eventuell auch über Fremdgrundstücke bis zu öffentlichen Wegen fortzuführen. Die Ein- und Ausfahrten von Tiefgaragen sollen - auch zur Sicherheit von PassantInnen auf öffentlichen Gehwegen - so gestaltet und beleuchtet werden, dass nicht der Eindruck eines dunklen „Loches" entsteht. Die Sicherheit von Gebäuden bzw. das Sicherheitsgefühl der Menschen, die das öffentliche Gebäude benutzen, steigt, je belebter die Umgebung des Gebäudes ist. Dies gilt insbesondere für die Abend- und Nachtstunden. Deshalb sind die Erhebungen über die Umgebung des Gebäudes besonders im Vorfeld wichtig, um gegebenenfalls auch in die Umgebungsstruktur eingreifen zu können (Belebung des Stadtteils durch das Gebäude, Ansiedlung von Lokalen etc.).

Das neue, im L 2-Gebäude selbst eingerichtete Lokal kann durch die Wahl des jeweiligen Pächters, mit der Gestaltung, den Öffnungszeiten und dem Publikum, das darin verkehrt, zur Belebung und dadurch zur Hebung des Sicherheitsempfindens beitragen.

Bei der unmittelbaren Umgebung des L 2 wurde auf die Wahl und Situierung der Beleuchtung und Bepflanzung und die Abstimmung zwischen Beleuchtung und Bepflanzung Einfluss genommen, so dass es zu keiner Schattenbildung und Verschlechterung der Ausleuchtung kommt. Auf die notwendige regelmäßige Wartung (Leuchtmitteltausch, Baumrückschnitt, Bodenbelagspflege etc.) und die Notwendigkeit der Beleuchtung während der gesamten Nachtstunden wurde hingewiesen, so dass zu keiner Zeit Angsträume (Verwahrlosung und Vandalismus führt zu Unsicherheitsgefühlen) im Stadtgefüge entstehen, die wiederum Vermeidungsstrategien hervorrufen würden.

Abb. 1: Außenanlagen

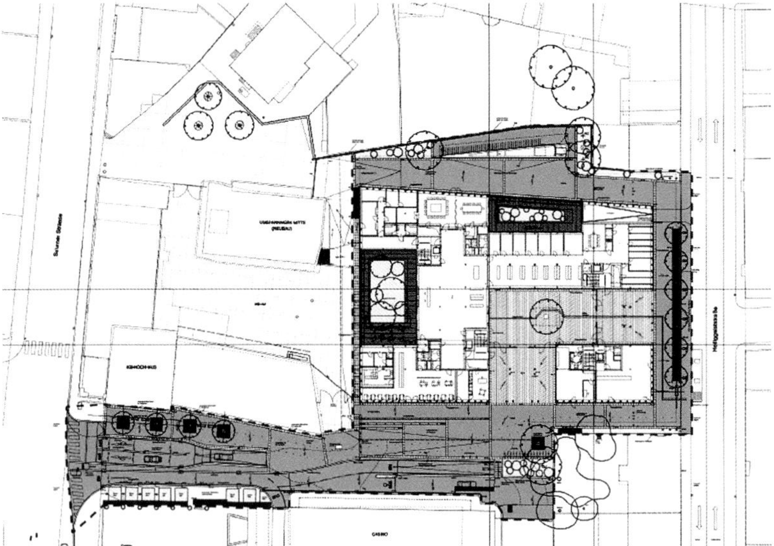

fpa frank und probst architekten, München, mit Walter Schwetz Architekt, Passau

Zur Abstimmung der Außenanlagenplanung auch mit der bestehenden anschließenden öffentlichen Beleuchtung und Gestaltung wurden Gespräche mit allen zuständigen Behörden initiiert. Auf die Beleuchtung, Bepflanzung und Gestaltung des Fahrradabstellplatzes wurde auf Grund seiner versteckten Lage besonderes Augenmerk gelegt. Die Einsehbarkeit möglichst aller Freiflächen von belebten öffentlichen Flächen oder vom Gebäude selbst aus wurde gefordert, im Falle des Fahrradabstellplatzes jedoch nicht umgesetzt. Dafür wurde die Beleuchtungsdichte für den Fahrradabstellplatz erhöht und anstelle einer hohen Betonwand zum Nachbargrundstück ein transparenter Holzzaun errichtet. Oberirdische Parkmöglichkeiten speziell für Taxivorfahrt oder auch Behindertenstellplätze waren ursprünglich eingeplant, wurden jedoch im Zusammenhang mit der Außenanlagenplanung seitens der Stadt abgelehnt. Somit gibt es keine oberirdischen Parkmöglichkeiten.

Bei der Gestaltung der unterschiedlichen Wege (Fuß- und Radwege, Straße) wurde auf die Vermeidung von Gefahren durch Höhenstufen, Fahrbahnbeläge usw. Bedacht genommen. Auf die barrierefreie Erreichbarkeit aller Außenbereiche und Zugänge für Behinderte wurde Rücksicht genommen.

Abb. 2: Layout Übersicht Gebäude EG vor Treppen (Treppe nordwest)

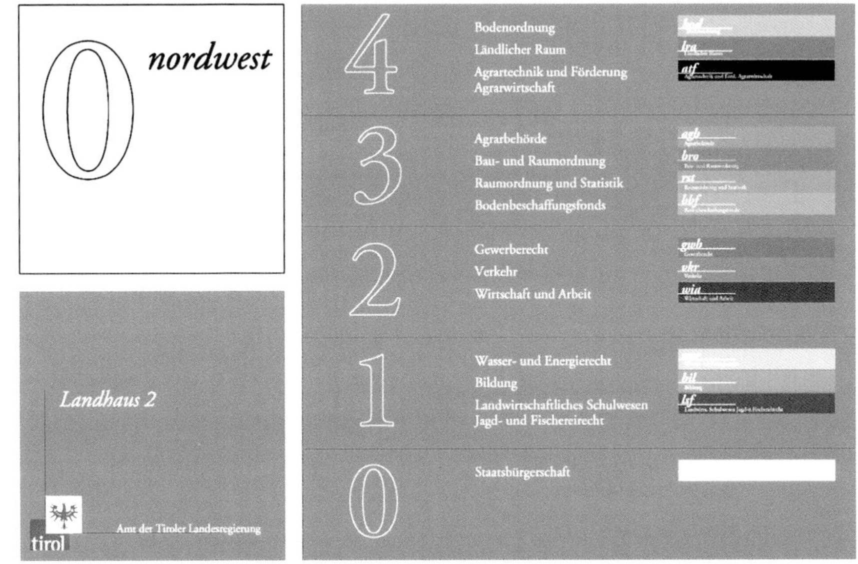

fpa frank und probst architekten, München, mit Walter Schwetz Architekt, Passau

Orientierung

Das Orientierungssystem sollte haptische, symbolische, farbliche und (mehr-) sprachliche Merkmale aufweisen und die geschlechterdifferenzierten Bezeichnungen verwenden. Es sollte sich von den Außenanlagen über die Tiefgarage, die Lifte, die Stiegenhäuser bis hin zu den Büros ziehen. Das Blindenleitsystem ist bis zu den Zebrastreifen/ bzw. bis zum Blindenleitsystem auf der öffentlichen Straße fortzuführen.

Abb. 3: Layout Übersicht Geschoss Standpunkt A

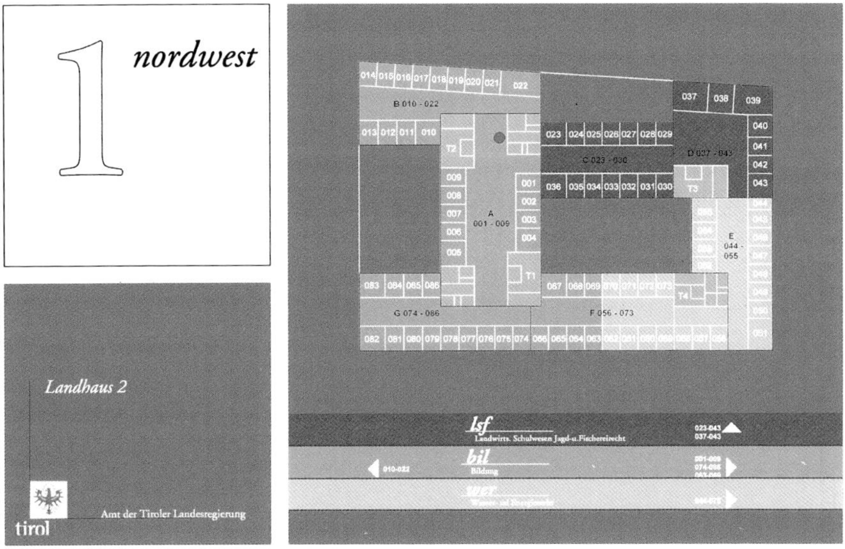

fpa frank und probst architekten, München, mit Walter Schwetz Architekt, Passau

In der Tiefgarage sollten die Stiegenhauskerne (Fluchtwege) farblich hervorgehoben werden, um eine schnelle Orientierung zu ermöglichen. Ein öffentliches Gebäude hat eine Vorbildwirkung und kann/soll auch Neues erproben.

Symbolische und mehrsprachige Merkmale wurden im L 2 nicht umgesetzt. Die Eingangstüren zu den Stiegenhäusern der Tiefgaragengeschosse wurden farblich hervorgehoben.

3.4 Verkehrsflächen im Gebäude

Tiefgarage

Die Wände und Decken der Tiefgarage sollen mit hellen Farben gestaltet und mit einer dauernd eingeschalteten Notbeleuchtung ausgestattet sowie zu den Betriebszeiten durchgehend normgerecht ausgeleuchtet werden. Es ist zu verhindern, dass die Beleuchtungsstärke an einzelnen Punkten (Ecken, hinter Säulen etc.) stark abfällt.

Jedem Stiegenhauskern sollten auch Behinderten-Parkplätze und Frauenparkplätze zugeordnet werden. Die Stiegenhauskerne in der Tiefgarage sollten als Fluchtmöglichkeiten schon von weitem und möglichst von jedem Punkt der Garage (zumindest ein Stiegenhauskern) erkennbar sein.

Abb. 4: Tiefgarage

fpa frank und probst architekten, München, mit Walter Schwetz Architekt, Passau

Die farblich auffallende Gestaltung und Beleuchtung der Eingänge zu den Stiegenhäusern kann eine schnelle Orientierung ermöglichen, so dass eine Verwechslung z.B. mit einer versperrten Technikraumtür im Fluchtfalle unmöglich ist.

Alle Türen von der Tiefgarage in die Schleusen und von den Schleusen in die Stiegenhäuser und von den Stiegenhäusern in die Gänge sollten verglast oder mindestens mit einem großen Glaseinsatz versehen sein.

Bedingt dadurch, dass in der Tiefgarage des L 2 auch andere Funktionen - wie Technikräume, Lagerflächen, Duschen für die Personen, die mit dem Fahrrad ankommen, und dergleichen - untergebracht sind, sowie durch die Brandabschnittsbildung ist es nicht möglich, dass die Zugänge zu den Stiegenhäusern bzw. Stiegenhauskernen von jedem Punkt der Tiefgarage aus sichtbar sind. Die farbliche Gestaltung war deshalb umso wichtiger.

Stiegenhäuser / Lifte

Glastüren, Fenster und/oder verglaste Wände zu Stiegenhäusern und Liften sollen Sichtverbindungen zu belebten / bevölkerten Innen- und/oder Außenräumen und damit „soziale Kontrolle" sicherstellen und die Stiegenhäuser und Lifte hell und freundlich gestalten. In den Stiegenhäusern, in den Schleusen und in der Tiefgarage sollte Tag und Nacht mindestens eine Notbeleuchtung dauernd eingeschalten sein. Sollte in den Gängen mit Zeitschaltuhren gearbeitet werden, ist eine für alle NutzerInnen (Behinderte,...) passende Zeitdauer einzustellen.

Das Orientierungssystem soll sich konsequent - auch in den Liften und Stiegenhäusern - durch das ganze Gebäude ziehen. Die Stiege ist sowohl behindertengerecht als auch für Kinder sicher auszuführen. Z.B. wurden Handläufe über die Stufen hinaus verlängert, erste und letzte Stufe farblich markiert, ein Handlauf in geringerer Höhe montiert, usw.. Sämtliche Lifte, Zugänge und Vorbereiche der Lifte und alle Gänge sind behindertengerecht auszuführen (lt. ÖNorm B 1600[3]).

Die Stiegenhäuser im L 2 wurden im Laufe der Diskussionen gedreht und haben nun zahlreiche Sichtverbindungen zu den Gängen und Innenhöfen. In allen vier Erschließungskernen sind Lifte untergebracht, die Größe entspricht mindestens dem Ausmaß, welches für eine behindertengerechte Erschließung erforderlich ist, d. h. 140 auf 110 cm. Der Zugang zu den Liften erfolgt bei drei Stiegenhauskernen über die Längsseite, so dass die Öffnungslichte 1,24 m auf 2,32 m beträgt. Der Einbau verglaster Ausschnitte in den Schleusentüren zur Tiefgarage und die Glastüren zu den Stiegenhäusern wurden ebenso wie die „Schaufenster" in die Stiegenhäuser realisiert. Glastüren bzw. verglaste Wände waren in den Liften aus Kostengründen, im Hinblick auf die brandschutztechnischen Maßnahmen und die bereits erfolgte Vergabe nicht mehr realisierbar. Für die „soziale Kontrolle" in den Liften wurde mit der geplanten Videoüberwachung eine finanziell tragbare, noch realisierbare Kompromisslösung gefunden.

In und evtl. vor den Liften soll mittels eines Symbols und dem Vermerk - z.B. Lift wird mit Video überwacht - auf diese Tatsache hingewiesen werden (Abschreckung!).

3 ÖNorm B: Norm des österreichischen Normungsinstituts, B bezeichnet die Zugehörigkeit zum Bauwesen, „Barrierefrei bauen. Planungsgrundlagen" 2005-05-01. (z.B. Mindestliftgröße 140/110 cm, mindestens 150 cm breite Gänge für Rollstühle, matte Böden für Sehbehinderte, taktiles und akustisches Leitsystem für Blinde, farbliches und symbolisches Leitsystem für Gehörbeeinträchtigte, usw.).

Zugangsbereiche / Eingangsbereiche

Die Zugangskontrolle sollte evtl. auch über Videoüberwachung erfolgen und zur Abschreckung auch deutlich sichtbar darauf hingewiesen werden. Es sollte eine Portierloge (Empfang) zur schnellen Orientierung vorhanden sein. Beim Empfang sollte auch das Orientierungssystem erklärt werden, so dass sich jede/r auch ohne Portier zurechtfinden kann.

Gänge

Die Gestaltung der Gänge - Wahl der Farbe und Materialien, Wahl und Lage der Beleuchtung, Einsehbarkeit der Gänge von belebten Bereichen z.B. Büros - kann das Sicherheitsgefühl erhöhen. Eine klare Struktur beim Erschließungssystem und beim Orientierungssystem, das sich bis hin zu den Büros durchzieht, erhöht auch das Sicherheitsgefühl.

Beim L 2 wurde eine ausreichende Beleuchtung berücksichtigt, da die Gänge über die verglasten Büroräume natürlich belichtet werden. Die Büros sind zu den Gängen hin verglast und die Gänge werden gleichzeitig als offene Kommunikationsbereiche genutzt, so dass hier direkte soziale Kontrolle stattfinden kann. Das Orientierungssystem zieht sich konsequent durch das gesamte Gebäude und verwendet auch geschlechterdifferenzierte Beschriftungen und Berufsbezeichnungen.

3.5 Halböffentliche / öffentliche Allgemeinflächen im Gebäude

Besprechungs- / Kommunikationsbereiche

Die Gestaltung und Lage - Größe, Belichtung, Belüftung, Sichtverbindung ins Freie / ins Grüne, Lärmbelästigung, Weglängen von und innerhalb der Abteilung - der Besprechungsbereiche, der informellen Kommunikationsmöglichkeiten und der allgemein genutzten Räume - Kopierer, Sonderdrucker, Büromaterialausgabe, Infomaterialständer, Formularausgabe, Archiv etc. – hat Auswirkungen auf das Wohlbefinden und Sicherheitsgefühl der MitarbeiterInnen.

Sämtliche Besprechungs- bzw. Konferenzräume beim L 2 haben Außenbezug bzw. Bezug zu den Atrien und sind so angeordnet, dass die Wege innerhalb der Abteilungen optimiert sind. Die Unterbringung der „untergeordneten" Räume – wie Kopierer, Sonderdrucker, Archiv etc. - in den Gängen, die gleichzeitig als offene Kommunikationsbereiche genutzt werden, gewährleistet soziale Kontrolle, verhindert beengte abgelegene dunkle Angsträume, erleichtert die täglichen Abläufe Aller und reduziert die Lärm- und Wärmebelastung in den kleinen Büros.

Abb. 5: Kombizone

fpa frank und probst architekten, München, mit Walter Schwetz Architekt, Passau

Erholungsbereiche

Die Einrichtung von Teeküchen oder Pausenbereichen mit Freibereichen ist für das Wohlbefinden (kurze Erholungspause), die interne Kommunikation der MitarbeiterInnen und für das Unternehmen sehr wichtig (abteilungsübergreifender Informationsaustausch, Ideenschmiede...).

Bei der Bewirtschaftung der Teeküchen – so diese nicht fremd bewirtschaftet werden – sollte die klassische Aufgabenverteilung laut den gängigen Rollenbildern aufgebrochen werden (auch Männer kochen Kaffee oder sind für die Auffüllung der Vorräte zuständig = Gleichstellung unabhängig von Hierarchien).

Die Möglichkeit, in der Mittagspause mitgebrachte Speisen aufzuwärmen und in den Teeküchen einzunehmen, sollte gegeben sein. Die Angebote einer eigenen Kantine sollten auch für Angehörige der MitarbeiterInnen (Kinder, Senioren...) nutzbar sein.

Viele Unternehmen und öffentliche Einrichtungen haben den positiven Nutzen der Errichtung eigener Fitnessräume schon erkannt. Die Möglichkeit, sich nach der Fahrt mit dem Rad oder dem Dauerlauf in der Mittagspause umzuziehen, ist inzwischen schon als Standard anzusehen.

Pro Geschoss gibt es im L 2, jeweils den Besprechungszimmern zugeordnet, eine Teeküche. Die Teeküchen werden fremd bewirtschaftet.

Im Gebäude ist keine Kantine untergebracht. Es ist jedoch im Erdgeschoss ein Lokal mit Restaurantbetrieb situiert, das für die Bediensteten spezielle Mittagsmenüs zu Sonderkonditionen anbietet. Vor diesem Lokal gibt es einen Freibereich. Weiters können alle Atrien von den MitarbeiterInnen für kurze Pausen genutzt werden.

Abb. 6: Ostatrium

fpa frank und probst architekten, München, mit Walter Schwetz Architekt, Passau

Aufgrund der zentralen Lage des Gebäudes ist kein Fitnessraum eingeplant.

Für Bedienstete, die mit dem Rad zur Arbeit kommen, ist im ersten Untergeschoss die entsprechende Infrastruktur eingerichtet, d.h. nach Geschlechtern getrennt: Umkleidekabine, Duschen und WC's. Die Umkleiden sind leider für behinderte Personen nicht benutzbar!

Im Erdgeschoss gibt es im Nordosten des Gebäudes einen Sanitätsraum, der auch als Ruheraum herangezogen werden kann, nicht jedoch für das „Mittagsschläfchen" gedacht ist.

Sanitär- und Hygienebereich

Es ist zu fordern, dass die Sanitäreinrichtungen nach Geschlechtern eindeutig getrennt und eindeutig gekennzeichnet, in gleicher Zahl und gleicher Ausstattung für beide Geschlechter vorhanden und für alle MitarbeiterInnen auf kurzen Wegen leicht erreichbar sind. Es sind auch nach Geschlechtern getrennte Behinderten WC' s notwendig. Die gängige Gestaltung von WC - Anlagen ist grundsätzlich zu überdenken, da nur Waschbecken in den WC - Kabinen den Hygiene-Standards entsprechen.

Pro Geschoss gibt es im L 2 drei Sanitärkerne/WC-Kerne, die jeweils einem Treppenhaus von der Lage her zugeordnet sind, um so die Wege zu optimieren. Pro

Geschoss ist nur ein Behinderten-WC vorgesehen. Die Geschlechtertrennung beim Behinderten-WC war laut (männlichem) Behindertenbeauftragten nicht erforderlich, ist aus meiner Sicht jedoch dringend erforderlich, um behinderte Menschen voll in das „normale“ Leben zu integrieren und sie nicht wiederum Hindernissen (längerer Weg zum WC) und Diskriminierungen (Männer und Frauen benutzen das selbe WC) auszusetzen.

Die WC- und Sanitärkerne sind alle innenliegend und haben keine natürliche Belichtung und Belüftung. Die Ausstattung wurde dahingehend geändert, dass seitlich der Waschbecken trockene Ablageflächen zur Verfügung stehen und an den WC - Kabinentüren Haken zum Aufhängen von Kleidungsstücken vorhanden sind.

Bei den Kinderbetreuungs- bzw. Wickelräumen hat man sich dazu entschieden, jeweils in den Behinderten-WC' s einen klappbaren Wickeltisch einzubauen.

Kinderbetreuungsbereiche

Es sollte Befragungen geben, ob Bedarf an Kinderbetreuung von Seiten der MitarbeiterInnen und der KundInnen besteht. Bei öffentlichen Gebäuden sollte so viel Flexibilität gegeben sein, dass auch später auf Veränderungen reagiert werden kann.

Eine Kinderbetreuung für Bedienstete wurde im L 2 nicht geplant, da im näheren Umkreis eine Einrichtung für öffentlich Bedienstete besteht, die aus Effizienzgründen mitfinanziert wird. Im Erdgeschoss wurde in der Mittelzone bzw. im Vorbereich der Staatsbürgerschaftabteilung eine Kinderspielfläche für Kinder von KundInnen eingerichtet, da hier auch Bedarf besteht. In den Mittelzonen der Gänge können solche Spielbereiche auch in anderen Abteilungen noch nachgerüstet werden.

3.6 Arbeitsplätze

Statistik

Wie am Anfang schon erwähnt, sind geschlechtsspezifische Erhebungen zur Erlangung von Datenmaterial ebenso wie die unbürokratische und rasche Zusammenarbeit der unterschiedlichen Abteilungen für zukünftige Aufgaben bei Gender-Mainstreaming-Projekten unbedingt notwendig, um Planungsaufgaben den BenutzerInnen entsprechend und zukunftsweisend durchführen zu können.

Gestaltung

Die Gestaltung der Arbeitsplätze und Büros sollte den Aufgaben, den Aufenthaltszeiten und den Arbeitsabläufen der MitarbeiterInnen entsprechen. Auf die verschiedenen ergonomischen Anforderungen moderner zukunftsweisender Arbeitsplätze ist ebenso Rücksicht zu nehmen (z.B. flexible Tisch- und Stuhlhöhen unter Berücksichtigung von unterschiedlichen Körpergrößen) wie auf ein gewisses Maß an persönlicher Gestaltungsmöglichkeit.

Die individuelle Möglichkeit der Regelung der Lüftung, der Heizung, der Belichtung und der Verschattung erhöht die Arbeitsplatzzufriedenheit.

Ein weitestgehendes Mitspracherecht, z.B. bei der Auswahl der Möblierung, sollte den MitarbeiterInnen der einzelnen Abteilungen eingeräumt werden.

Die Bürogrößen im L 2 betragen für Einzelzimmer 10,7 m^2 für Doppelzimmer 16,3 m^2 und das Zimmer des/der Abteilungsvorstandes/Abteilungsvorständin 16,3 m^2. Abweichungen von diesen Bürogrößen sind im Bereich von technischen Abteilungen (Planbearbeitung) möglich.

Abb. 7: Büro

fpa frank und probst architekten, München, mit Walter Schwetz Architekt, Passau

Die Büros liegen entweder entlang der Außenfassade oder entlang der Fassaden zu den Atrien, sie haben alle in irgendeiner Form einen Außenbezug und natürliche Belichtung. Bei den an der Außenfassaden liegenden Büros ist ein individuell bedienbarer Sonnenschutz vorhanden. Sämtliche Büros werden über die Mittelzone erschlossen. Zum Teil befinden sich hier Wartebereiche für den Parteienverkehr, zum Teil kleine Besprechungsinseln, aber auch Aktenschränke und dergleichen sind in dieser Mittelzone untergebracht. Die Büros sind zu den Mittelzonen hin verglast, was für die Mittelzonen eine Art sozialer Kontrolle gewährleistet. Aus der Sicht der MitarbeiterInnen in den Büros wurde teilweise der Wunsch nach mehr Sichtschutz / Privatheit geäußert. Diesem Wunsch wurde durch ein Kunst-am-Bau-Projekt an den nachträglich angebrachten Screens der Glaswände Rechnung getragen, ohne den Charakter zu beeinträchtigen bzw. die Wechselwirkung einzuschränken.

Ein Sichtschutz im Brüstungsbereich der voll verglasten Fassadenelemente ist durch Lichtlenklamellen teilweise gegeben und könnte auch bei den Atrienfassaden noch ergänzt werden. Es besteht die Möglichkeit, auf individuelle gesundheitliche Bedürfnisse einzugehen.

Organisationsstrukturen

Die öffentliche Hand hätte die Möglichkeit, am Beispiel der eigenen MitarbeiterInnen verschiedene Modelle für die Arbeitsplatzgestaltung- nicht nur architektonisch - zu erproben und auf Grund der Erkenntnisse Impuls gebend zu wirken. Dazu sind neben dem politischen Willen zu dieser Vorgangsweise auch neue Werkzeuge notwendig wie z.B.

- die nach Geschlechtern differenzierte Erhebung von statistischem Zahlenmaterial
- das Einführen von MitarbeiterInnen - Beteiligungsmodellen
- das Evaluieren und gegebenenfalls Abändern von neuen Maßnahmen
- das Aufstellen von Zukunftsmodellen z.B. für neue Arbeitsmodelle (Telearbeit, Job-Sharing usw.), neue Vereinbarkeitsmodelle, familienpolitische Zukunftsmodelle etc. …und deren Umsetzung in Kleinversuchen mit Evaluierung, öffentlicher Diskussion etc.
- Einrichtung von Frauen-, Familienbeauftragten, BetriebsärtzInnen, psychologischer Betreuung, usw..

Für das L 2 gibt es einen Betriebsarzt, der jedoch nicht dort untergebracht ist, sondern weiterhin im Hauptgebäude verbleibt.

Es gibt eine Frauenbeauftragte, die jedoch ortsunabhängig für die gesamte Landesverwaltung tätig ist.

Zur MitarbeiterInnenbeteiligung wurde ein Musterbüro eingerichtet. Weiters bestand die Möglichkeit, sich über die einzelnen Planungsschritte über das Intranet des Landes zu informieren. Dabei hatte jeder Mitarbeiter und jede Mitarbeiterin, die davon betroffen waren, Zugang zu diesen Intranetseiten und es gab auch eine eigene Plattform, bei welcher Fragen gestellt und Anregungen gemacht werden konnten.

Die Evaluierung des Projektes L 2 ist geplant.

4 Fazit

Aus heutiger Sicht wurde der Auftrag, die GM-Strategie beim L 2 in Innsbruck zu berücksichtigen, viel zu spät erteilt. Die Gender-Mainstreaming-Strategie sollte noch vor dem eigentlichen Start schon bei der Planung des Projektes und der Erhebung der Grundlagen berücksichtigt werden. In den Wettbewerbsanforderungen und in den Vertragsbedingungen sollten Maßnahmen zu GM bindend von allen Beteiligten verlangt werden. Die Berücksichtigung von Anfang an spart Kosten, Zeit und Nerven und führt zu einem befriedigenden Ergebnis für alle.

Gerade diese Erkenntnisse und alle gemachten und erkannten / evaluierten Fehler sind es jedoch, die ein Pilotprojekt wie das L 2 so nützlich und notwendig machen, um daraus für neue Projekte den entsprechenden Nutzen zu ziehen.

Elisabeth Stögerer-Schwarz

WAS MACHT GENDER AM GELÄNDER ?

Das Projekt

Am Anfang war der Regierungsbeschluss ...

Mit Regierungsbeschluss vom 30.10.2001 wurde die Gender-Mainstreaming-Strategie als Querschnittsaufgabe für alle Bereiche der Tiroler Landesverwaltung als Leitziel verankert und eine Gender-Mainstreaming-Steuerungsgruppe eingerichtet. Damit war eine verbindliche Grundlage für die Umsetzung von Gender Mainstreaming (GM) in der Tiroler Landesverwaltung geschaffen.

Die Steuerungsgruppe wollte den hehren Querschnittsanspruch gleich in einem innovativen Bereich umgesetzt sehen – beim geplanten Neubau des Verwaltungsgebäudes „Landhaus 2"[4] (L 2).

Also fragte die Vorsitzende der Steuerungsgruppe in der für Hochbauten zuständigen Abteilung nach, wie denn im Rahmen des Neubaus L 2 die Umsetzung von GM angedacht sei; mann möge ihr einen diesbezüglichen Bericht übermitteln. Landeshauptmann-Stellvertreterin Zanon war als für Gleichstellung zuständiges Regierungsmitglied die Vorsitzende der Steuerungsgruppe, daher hatte diese ‚Nachfrage' auch ein sehr starkes politisches Gewicht.

---

4 Der Neubau eines Verwaltungsgebäudes war notwendig geworden, um alle dezentralen Abteilungen und Einrichtungen der Landesverwaltung wieder in einem Gebäude unterzubringen.

Hektik bricht aus, der Planungsprozess ist ja schon weit fortgeschritten, viel konkrete Entscheidungen sind schon gefallen – und nun soll auch noch auf GM geachtet werden... daher wird im Frauenreferat gefragt, was denn nun um der Göttin willen GM sei, was das mit Gebäuden zu tun habe, die doch sowieso für alle Menschen da seien und wer dafür zuständig sei?

... und dann ging´s los

1 Handelnde Personen und Institutionen

Die wesentlichen AkteurInnen und Institutionen bei der praktischen Umsetzung von GM im Rahmen des Neubaus L 2 waren:

- Frauenreferat des Landes Tirol
  Allgemeine Aufgaben: Maßnahmen entwickeln zur tatsächlichen Gleichstellung, Abbau von bestehenden Benachteiligungen für Frauen, Maßnahmen zur Frauenförderung
  Im Rahmen vom L 2: Beratung und Begleitung des Projektmanagements in Gender-Fragen, Dokumentation und Vermittlung.
- Abteilung Hochbau
  Allgemeine Aufgaben: Bauliche Maßnahmen an Liegenschaften, Planung und Ausführung, bauliche Änderungen sowie Instandhaltung und Ausstattung von Gebäuden, über die das Land Tirol verfügt, Projektmanagement für Bauprojekte mit Landesbeteiligung, Sachverständigentätigkeit für Schulen, Kindergärten und Energietechnik
  Im Rahmen vom L 2: Projektmanagement, Vertretung der Auftraggeberin (= Tiroler Landesregierung), damit war DI Gerhard Wastian[5] wichtigster Ansprechpartner, auch als Schnittstelle zu den Architekten.
- Architekten L 2:
  Frank und Probst, München, gemeinsam mit Walter Schwetz, Passau
- Gender-Expertin:
  Die Architektin DI Elke Krismer wurde vom Frauenreferat beauftragt, als Gender-Expertin die Architekten und die Abteilung Hochbau zu beraten, eine IST-Analyse zu erstellen und die Gleichstellungsorientierung des Projektes L 2 zu erhöhen.[6]

---

5 Dipl.-Ing. Gerhard Wastian, Land Tirol, Gruppe Bau und Technik - Abt. Hochbau, Teamleiter und Stellvertreter Hochbautechnische Angelegenheiten.

6 Vgl. Beitrag von Elke Krismer in diesem Band, S. 5-25.

2 Projektchronik

Der Prozess zur Umsetzung des Projektes L 2 war bereits weit fortgeschritten, als die Aspekte des GM implementiert werden sollten (Amt der Tiroler Landesregierung 2005).

Konkret heißt das, dass die Ausschreibung und Jurierung des Wettbewerbs erfolgt waren, der Siegerentwurf fest stand und die Diskussion zur Detailplanung am Modell der Architekten bereits in vollem Gange war. In diesem fortgeschrittenen Stadium platzten die Gender-Vorstellungen mitten in den Detailplanungsprozess hinein und die Akteurinnen wollten die GM-Ansätze auch direkt umgesetzt sehen.

07.09.2000	Bauherrin ist die L 2 Errichtungs- und Vermietungsgesellschaft mbH als Tochter der Hypo Rent Leasing und Beteiligungsgesellschaft mbH, Mieterin ist das Land Tirol
31.01.2001	Wettbewerbsvorbereitung für EU-weiten, anonymen, offenen, einstufigen baukünstlerischen Wettbewerb abgeschlossen
07.07.2001	Tagung des Preisgerichtes
30.10.2001	Regierungsbeschluss über Festlegung der Gender-Mainstreaming-Strategie als Querschnittsaufgabe für alle Bereiche der Landespolitik
28.05.2002	Regierungsbeschluss über Genehmigung des Kostenrahmens in Höhe von 41,2 Mio €, des Vorentwurfes und der Ausbaustandards
06.08.2002	Auftrag, dass GM im L 2 umzusetzen ist
06.03.2003	Bauverhandlung
18.06.2003	Grundsteinlegung
17.05.2004	Firstfeier
17.03.2005	Symposion auf der Baustelle: „Gender Mainstreaming für Öffentliche Bauten, Pilotprojekt L 2, Innsbruck“
01.07.2005	Inbetriebnahme des Gebäudes.

Bei den Architekten wie in der Verwaltung lösten diese neuen Anforderungen Irritationen aus. Die Architekten verstanden die Berücksichtigung der neuen Anforderungen als zusätzlichen Auftrag, der nicht von Anfang an vorgesehen und auch nicht budgetiert worden war; außerdem wurde die Gender-Expertin durchaus auch als Konkurrenz wahrgenommen.

Schlussfolgerung 1

Aufgrund dieser Erfahrungen kann festgehalten werden, dass GM von Anfang an in Planungsprozessen verankert sein sollte (bereits bei der Ausschreibung, am besten schon als gewichtetes Bewertungskriterium bzw. Zuschlagskriterium). Andernfalls ist nicht nur viel Überzeugungsarbeit notwendig, sondern auch bauliche Veränderungen / Korrekturen sind naturgemäß sehr schwer durchzubringen.

Besonders wichtig ist neben dem „offiziellen" Auftrag zur Umsetzung von GM auch die kontinuierliche Diskussion über den Nutzen für alle Beteiligten. So waren die Vertreter der Abteilung Hochbau durchaus davon angetan, etwas ganz Neues und Innovatives auszuprobieren - dass wir also zu den ersten PionierInnen gehören, die nun ein öffentliches Gebäude „gendern" (in alpiner Phonetik: „tschändern"). Wichtig war auch, dieses Engagement gut zu verkaufen, also auch an der Präsenz in den Medien, in der Öffentlichkeit zu arbeiten, um damit ein positives Feedback zu erreichen.

Im gesamten Planungs- und Umsetzungsprozess ist eine laufende Sensibilisierung und Professionalisierung in Gender-Fragen bei den beteiligten Akteuren gelungen. Es wurden zwei Workshops zur konkreten Umsetzung von GM angeboten[7], an denen die hochbauenden Kollegen teilnahmen. Somit konnte gerade dort GenderKompetenz auf- und ausgebaut werden, wo sie in diesem Falle inhaltlich auch hingehört.

Ein wesentlicher Beitrag für die Entwicklung dieses inhaltlichen Knowhows war die Analyse der IST-Situation, die L 2 Datenerhebung. Diese wurde mit Hilfe eines Fragebogens sehr umfassend angelegt, um das Pilotprojekt von der Datenlage her genau beurteilen zu können[8]. In der Diskussion und Auseinandersetzung mit den Ergebnissen bzw. den Lücken und Mängeln erfolgte viel "learning in process" bei allen Beteiligten.

3 Beteiligung von Frauen und Männern

Verhältnis Frauen – Männer im Prozess

Ein grundsätzliches Ziel wäre es natürlich, im gesamten Umsetzungsprozess und in allen Gremien eine ausgewogene Beteiligung von Frauen und Männern zu haben. Das war in der Projektstruktur von L 2 von Anfang an nicht so. Die wesentlichen

---

7 Die Workshops „Wir planen für Frauen und Männer. Umsetzung von GM in der Verwaltungspraxis" wurden 2004 und 2005 für Landesbedienstete im Rahmen der internen Aus- und Weiterbildung angeboten.

8 Die Schwierigkeiten der Datenbeschaffung und auch die Auswertung bzw. die Ergebnisse sind im Artikel von Elke Krismer nachzulesen, siehe S. 5-25 dieses Bandes.

Entscheidungsgremien (Beratungskreis, Nutzerkreis, Bauprojekt etc.) waren (fast) rein männlich besetzt.

Tab. 1: Verteilung Projektbeteiligte Männer – Frauen

Projektbeteiligte	männlich		weiblich		Summe	
Beratungskreis	4		0		4	
Nutzerprojekt	14		0		14	
Bauprojekt	5		0		5	
Planer / Planerin	37		1		38	
BehördenvertreterInnen	20		2		22	
Summe	80	96,4 %	3	3,6 %	83	100 %

Tab 1-3 Amt der Tiroler Landesregierung, Innsbruck 2005, S.25

Erst mit viel Urgenz und auch namentlichen Vorschlägen wurde in den noch einzurichtenden Gremien bzw. nachfolgenden Besetzungen darauf reagiert.

So wurden zu den Besprechungen zur Büroausstattung mit den NutzerInnen verstärkt Frauen eingeladen bzw. wurde immer wieder nachgefragt, ob Frauen mit dabei sein sollten, und darauf hingewiesen, dass bereits im Vorfeld mit allen Beteiligten und NutzerInnen die Einrichtungswünsche abzuklären seien.

Verhältnis Frauen – Männer Kunst am Bau

Im Rahmen vom L 2 wurde auch ein Projekt „Kunst am Bau“ durchgeführt. Da in diesem Bereich die Gremien erst bestellt wurden, konnte diese Jury mit 2 Männern und 2 Frauen ausgewogen besetzt werden. Und siehe da - bei den ausgewählten Kunstprojekten, die dann umgesetzt wurden, kam es auch zu einer ausgewogenen Balance zwischen Männern und Frauen.

Tab. 2: Verteilung Kunst am Bau Männer – Frauen

Kunst am Bau	Frauen	Männer
Jury	2	2
KünstlerInnen	7	7

Verhältnis Frauen – Männer im Besiedelungsplan[9]

Auch von den MitarbeiterInnen, die in das neue Gebäude übersiedeln sollten, wurde der Frauen- und Männeranteil erhoben:

9 Im Besiedelungsplan wird festgelegt, welche Abteilungen welche Räumlichkeiten beziehen werden, damit auch, wer von den MitarbeiterInnen welches Büro bekommt.

Tab. 3: Verteilung Besiedelungsplan Männer – Frauen

Besiedelungsplan			
	männlich	weiblich	Summe
MitarbeiterInnen	198	159	357
in %	55,46	44,54	100,00

Schlussfolgerung 2

Aus diesen Erfahrungen kann festgehalten werden, dass ein ausgewogenes Verhältnis von Frauen und Männern in allen Entscheidungsgremien unbedingt wünschenswert ist. Besonders wichtig ist das bei Beteiligungsprojekten mit NutzerInnen – aus allen Hierarchieebenen–, damit die Treffsicherheit der planerischen Maßnahmen erhöht wird: beispielsweise die Verkürzung der Wegstrecken, wenn mit den NutzerInnen die Routine-Abläufe geklärt werden (Wege zu Kopierer, Drucker etc.) oder auch bei der Möblierung der Büros.

Nach wie vor ist der Frauenanteil im Bereich der Büro-Assistenz (SekretärInnen) ein sehr hoher, während in der Leitungsebene der Männeranteil stark überwiegt. Und wenn dann die Besprechungen zu Raumnutzung, Ausstattungserfordernissen etc. nur mit der (männlich dominierten) Leitungsebene geführt werden, sind die Bedürfnisse und Notwendigkeiten beispielsweise der (weiblich dominierten) Büro-Assistenz zu wenig präsent.

Die Beiziehung von GenderExpertInnen und / oder Frauen- bzw. Gleichstellungsbeauftragten ist gut und wichtig, aber natürlich kein Ersatz für die Balance von Frauen und Männern als durchgängiges Prinzip.

4 ... und was bleibt vom Pilot

Am 17. März 2005 fand ein Symposion „Gender Mainstreaming für Öffentliche Bauten. Pilotprojekt L 2 Innsbruck“ auf der Baustelle des Landhauses II statt, bei dem erste Erfahrungen aus der Praxis präsentiert, Ergebnisse besichtigt und Erfahrungen diskutiert werden konnten. Über 100 Interessierte aus Österreich und den Nachbarländern Deutschland, Schweiz, Liechtenstein und Italien nahmen teil.

Die Fachtagung war eine gemeinsame Veranstaltung von:

- Land Tirol: Abteilung Hochbau und Frauenreferat des Landes,
- Kammer der Architekten und Ingenieurkonsulenten für Tirol und Vorarlberg,
- aut. architektur und tirol[10] mit Unterstützung der Arch+Ing Akademie.

10 aut.architektur und tirol ist ein unabhängiger Verein von ArchitektInnen, Angebote: Vorträge und Veranstaltungen zu Architektur, Kunst und Design, Publikationen, Tiroler Baudatenbank, Fachzeitschrift etc. .

Diese Kooperationen waren sehr wichtig, um sichtbar zu machen, dass GM kein „Frauenthema“ ist, sondern dass die konkrete Auseinandersetzung um unterschiedliche Bedürfnisse von Frauen und Männern, das Wissen um zielgruppenspezifische Notwendigkeiten in den Mainstream von Institutionen und Organisationen gehört, die für Architektur, Planen und Bauen zuständig sind.

Dokumentation

Zur Nachlese wurde eine Dokumentation über das Symposion erstellt, die im Frauenreferat des Landes Tirol bestellt werden kann (juff.frauen@tirol.gv.at) oder im Internet zu finden ist (www.tirol.gv.at/frauen).

In der Folge kamen viele Nachfragen unterschiedlichster Institutionen und Organisationen zum Thema (welche konkreten Maßnahmen umgesetzt wurden, worauf besonders zu achten ist...). Also wurde eine Checkliste entwickelt.

Checkliste

In dieser Checkliste spiegelt sich sehr stark die Erfahrung wider, dass GM als Zielvorgabe und damit GenderExpertise von Anfang an in allen Planungs- und Entscheidungsschritten implementiert sein sollte, damit nicht im Nachhinein Korrekturen notwendig werden. Daher wurde den organisatorischen Fragen, dem Prozess und der Institutionalisierung von GM viel Raum gegeben. Die Checkliste wurde landesintern an alle mit Hochbauten befassten Abteilungen geschickt.

GenderBeratungen

Auch im Rahmen der mittlerweile durchgeführten GenderBeratungen bei weiteren Bauvorhaben des Landes Tirol zeigte sich sehr deutlich, dass der Analyseteil wichtig ist – also zum Beispiel das genaue Kennen der Zielgruppen (MitarbeiterInnen und KundInnen) und ihrer verschiedenen Bedürfnisse.

Der Bedarf an Informationen zu konkreten Umsetzungsschritten ist enorm: zum Beispiel zu Sicherheitsfragen, Orientierung, Tiefgaragengestaltung etc.. Mittlerweile zeigt sich, dass vor allem Empfehlungen für konkrete bauliche Maßnahmen und Ausstattungen weiter ausgebaut werden müssen. Aus diesem Grund wird die Checkliste laufend bearbeitet und den jeweiligen Bauvorhaben angepasst und durch die Erfahrungen der laufenden Beratungen ergänzt.

Anregungen und Erfahrungen wurden in der Folge in weitere Bauvorhaben des Landes Tirol aufgenommen, so zum Beispiel: Neubau der Bezirkshauptmannschaft

Landeck, Neubau der Bezirkshauptmannschaft Reutte, Um- und Neubau eines Erweiterungsbaus des Landhauses L 1, Umbau der Bezirkshauptmannschaft Innsbruck Land.

Bei all diesen Vorhaben konnte festgestellt werden, dass GenderBeratungen nun viel früher von den jeweiligen Projektverantwortlichen eingefordert werden. Und es gibt Bemühungen, den Frauenanteil in den zuständigen Gremien zu erhöhen und die Beteiligung der NutzerInnen rechtzeitig zu organisieren. Auch werden verstärkt die Gleichbehandlungsbeauftragten einbezogen.

Forschung und Lehre

Für das Pilotprojekt L 2 ist von der GenderExpertin ein Fragebogen zur Erhebung des IST-Zustandes öffentlicher Bauten entwickelt worden. In der ursprünglich sehr umfassenden Form wurde er für weitere bauliche Maßnahmen in der Landesverwaltung nicht mehr angewendet, da der Erhebungsaufwand ein sehr beträchtlicher war.

Die GenderExpertin (DI Elke Krismer) hat einen Lehrauftrag am Institut für Städtebau und Raumplanung der Uni Innsbruck mit dem Titel: „Gender Mainstreaming in Architektur und Städtebau", in den auch die Erfahrungen und Erkenntnisse aus der Begleitung und Beratung zu L 2 einfließen.

Weiterhin ist mit der Genderexpertin der Workshop „Gender Mainstreaming in der Architektur" von der Kammer der Architekten und Ingenieurkonsulenten Tirol und Vorarlberg veranstaltet worden.

Aus dem Pilotprojekt ist im September 2006 eine Diplomarbeit am Institut für Organisation und Lernen, Fakultät für Betriebswirtschaft der Leopold-Franzens-Universität Innsbruck entstanden, mit dem Titel: „Gender Mainstreaming für öffentliche Bauten am Beispiel des Pilotprojektes L 2"(Bearbeiterin: Kathrin Höpperger).

Für das außeruniversitäre Weiterbildungsprogramm 2007 der Universität Innsbruck ist ein weiterer Workshop „Gender Mainstreaming in der Architektur" geplant. Zielgruppe sind AbsolventInnen der Architektur und des Bauingenieurwesens, Lehrende und Forschende an den Fakultäten für Architektur und Bauingenieurwesen, leitende Beamte im Bereich Bauwesen sowie politische EntscheidungsträgerInnen.

5 Erkenntnisse und Schlussfolgerungen

5.1 Abwehrhaltungen

Gerade beim abschließenden Symposion wurde immer wieder nachgefragt, wo denn die sensationellen Innovationen durch GM zu finden seien – die präsentierten Maßnahmen seien ja doch selbstverständlich und nichts als „peanuts". Aus dieser Haltung heraus ergibt sich die Frage, warum solche „peanuts" wie gut beleuchtete Tiefgaragen, helle / transparente Stiegenhäuser etc. nicht selbstverständliche Standards sind, sondern erst von Gender ExpertInnen und Frauenbeauftragten eingefordert werden müssen. Und weiterhin bleibt zu hinterfragen, warum angebliche „peanuts" solche Widerstände auslösen. Aus unserer Sicht verortet die „peanuts"-Diskussion die Gleichstellung von Frauen und Männer in der Bedeutungslosigkeit. Es wird versucht, die Anliegen und Maßnahmen klein zu machen und als unwesentlich abzuschieben.

Folgende Zitate zeigen die Widerstände, die von einzelnen Akteuren geäußert wurden:

- „Gebäude sind geschlechtsneutral, sie sind für Frauen und Männer gleichermaßen nutzbar, da braucht keine künstliche Emanzendiskussion draus gemacht werden ..."
- „im Nachhinein kann nichts mehr aufgepfropft werden ..."
- „Jetzt wird alles noch komplizierter ..."
- „Wird die Fassade jetzt rosarot?"

  u.a.

Aus diesen Widerständen waren Tendenzen abzulesen, die Anliegen ins Lächerliche zu kehren.

Als Fazit kann festgestellt werden, dass es in Gender-Mainstreaming-Prozessen zur Tagesordnung gehört, mit solchen Widerständen und Abwehrhaltungen konfrontiert zu werden und das mann / frau lernen muss, damit umzugehen und sie insbesondere nicht allzu persönlich zu nehmen. Die Lautstärke und Fülle der positiven Bekundungen, dass nun endlich auch bei einem öffentlichen Bauwerk gleichstellungsorientiert geplant und gebaut wurde, hielt sich anfangs in bescheidenen Grenzen. Mittlerweile ist die Beiziehung der Gleichbehandlungsbeauftragten oder von Gender-ExpertInnen (fast schon) selbstverständlich.

5.2 Erfolgsfaktoren Top-down-Ansatz

Wichtig sind klare, deutliche und sichtbare Bekenntnisse der politisch Verantwortlichen und der Führungskräfte zu GM und auch ein eindeutiger Auftrag an alle verantwortlichen AkteurInnen. Die folgenden Zitate unterstreichen die Erfahrungen, die aus dem Projekt im Laufe des Prozesses hervorgegangen sind. So meinte die Landeshauptmann-Stellvertreterin Dr. Elisabeth Zanon, Frauenreferentin des Landes Tirol dazu:

„Gender Mainstreaming heißt, dass die unterschiedlichen Lebenswirklichkeiten und Bedürfnisse von Frauen und Männern berücksichtigt werden müssen – auch bei der Planung und Errichtung von Gebäuden." (Amt der Tiroler Landesregierung 2005: 3)

Der Landesamtsdirektor Dr. Josef Liener unterstreicht das erfolgreiche Ergebnis des GM Prozesses:

„Das Land Tirol hat sich zur Umsetzung von Gender Mainstreaming verpflichtet und setzt es auch schrittweise und projektbezogen um. Ein öffentliches Gebäude unter Gender Mainstreaming Kriterien zu planen und umzusetzen war eine spannende Herausforderung, die viele Diskussionen und interessante Ergebnisse gebracht hat. Das bauliche Ergebnis kann sich jedenfalls sehen lassen".(ebenda)

5.3 Verbindliche Grundlagen

Der Verweis auf den Regierungsbeschluss zu GM hat Rechtssicherheit hergestellt und damit war die Umsetzung von GM nicht nur von der Überzeugungskraft und / oder Überredungskunst der GenderExpertInnen abhängig. Unterstützend wirkte weiterhin der Auftrag der Steuerungsgruppe an die Abteilung Hochbau zur Umsetzung. Somit war die Umsetzung von GM nicht dem guten Willen der Beteiligten überlassen, sondern politischer Auftrag geworden.

Gender Mainstreaming von Anfang an

Gender Mainstreaming muss von Anfang an verankert sein, bereits in der Ausschreibung, am besten als gewichtetes Auswahlkriterium, damit sich alle TeilnehmerInnen am Planungswettbewerb daran orientieren können und erkennen, dass das genauso zum Standard gehört wie beispielsweise die Kenntnisse der Tiroler Bauordnung.

Wünschenswert wäre natürlich auch noch der Nachweis von Gender Kompetenz bei allen Beteiligten… .

Ausgewogene Beteiligung von Frauen und Männern im Prozess

Im gesamten Prozess und in allen Gremien ist auf eine ausgewogene Beteiligung von Frauen und Männern zu achten. Das erhöht die Treffsicherheit der Maßnahmen und auch die Identität der betroffenen NutzerInnen mit dem neuen Gebäude. Die geplante Evaluierung dazu ist noch nicht abgeschlossen.

Verbündete

Ein wesentlicher Erfolgsfaktor ist, dass möglichst viele an der Umsetzung Beteiligte GM zu ihrer Sache machen. Dadurch kann erreicht werden, dass Gleichstellungsmaßnahmen in den verschiedensten Fachabteilungen verankert werden – also in den Mainstream kommen – und nicht mehr ausschließlich das Frauenreferat für Initiative und Umsetzung zuständig ist.

Gender Kompetenz muss professionell und fachspezifisch in den einzelnen Ressorts und Fachbereichen auf- und ausgebaut werden. Nur so kann es gelingen, dass entwickelte Maßnahmen in der Folge zum Standard werden können[11]. Beim Projekt L 2 waren die Kollegen in der Hochbau-Abteilung für uns wichtige und unterstützende GenderMen.

Überzeugungs- und Lobbyarbeit

Kommunikation und Information nach innen an die MitarbeiterInnen im neuen Haus ist wichtig zum Abbau von Vorurteilen oder falschen Erwartungen. Am Beispiel der Kamera im Lift wurden unterschiedliche Wahrnehmungen deutlich. Die Kamera war als Sicherheitsmaßnahme gedacht, damit keine Übergriffe passieren, weil die Liftkabine ja überwacht wird. Bei einigen MitarbeiterInnen ist jedoch die Befürchtung aufgekommen, dass es nun um Überwachung pur gehe: „… damit die Chefs sehen, wann ich vom Essen komme …“

Verbindlichkeiten

GM ist nicht nur Hobby des Frauenreferates, sondern ein strategisches Ziel der gesamten Verwaltung und daher auch umzusetzen. Dazu sind der Regierungsbeschluss und ein offizieller Auftrag wichtig. Mit der Checkliste (und ihrer laufenden Aktualisierung) können Standards und fachliches Knowhow etabliert und fortgeschrieben werden.

Expertise

GenderKompetenz ist Fachwissen und nicht einfach spezifisch bei Frauen (bzw. bei Männern grundsätzlich nicht) vorhanden. Da GenderKompetenz nicht automatisch aus dem biologischen Geschlecht entsteht, sondern aus Fachwissen, kann dieses auch beigezogen und eingekauft werden. Auch die Frauenbeauftragte muss

11 Z.B. mussten die Wickeltische auch für Männer/Väter in den nachfolgenden Bauvorhaben nicht mehr diskutiert werden, sondern sie wurden schon als solche eingeplant.

nicht in allen Themen optimal gender-fit sein – auch sie kann sich beraten lassen. Und so ist das Fachwort von außen eine wichtige professionelle Ergänzung zu den „Weissagungen der Prophetin im eigenen Land".

Genaue Analyse

Eine genaue Analyse erhöht die Treffsicherheit aller Maßnahmen. Das detaillierte Wissen um die Zielgruppen und ihre unterschiedlichen Bedürfnisse ist ein Schlüssel zum Erfolg. Dazu braucht es auch geschlechtsspezifisches Datenmaterial.

Ressourcen

Auch wenn die baulichen Maßnahmen beim Pilotprojekt L 2 kostenneutral waren, sind zusätzliche Kosten entstanden durch den Zukauf an Expertise. Und natürlich sind auch die zeitlichen Ressourcen zu bedenken.

GM gibt es nicht gratis und umsonst – die Umsetzung hat ihren Preis und damit auch Wirkung. Was nichts kostet, ist nichts wert.

Kommunikation

Kommunikation nach außen ist wichtig, Innovation lässt sich gut verkaufen. Der sperrige Begriff GM ist medial nicht so leicht transportierbar, aber über die verschiedenen Maßnahmen, die auf Gleichstellungsorientierung ausgerichtet sind, lässt sich trefflich berichten.

Natürlich ist auch die Kommunikation nach innen für die nachhaltige Akzeptanz im eigenen Hause wichtig. Laufende Informationen an die potentiellen NutzerInnen gehören dazu ebenso wie die Information der ‚Tops' (Führungskräfte, politisch Verantwortliche etc.).

5.4 Nutzen von Gender Mainstreaming

Die Perspektive wird breiter und differenzierter. Eine konsequente Gleichstellungsorientierung zeigt nicht nur die Benachteiligungen von Frauen auf, sondern ergreift auch Maßnahmen, von denen Männer profitieren. Maßnahmen werden treffsicherer, wenn die Zielgruppen mit ihren unterschiedlichen Bedürfnissen bekannt sind (z.B. wurde bei der Abteilung ‚Staatsbürgerschaft' ein Kinderspielbereich eingerichtet, da hier viele KundInnen mit Kleinkindern kommen und auch eine längere Verweildauer haben. Bei der Abteilung ‚Agrarwirtschaft' war kein Kinderspielbereich notwendig, da hier der Männeranteil ohne mitgebrachte Kinder bei der Kundenanalyse bei weitem überwogen hat.).

Damit erhöht sich die Planungsgenauigkeit, die Qualität und Wirksamkeit der Leistungen und auch die Prozessqualität. So wird es im Pilotprojekt L 2 in Innsbruck verdeutlicht.

GM als strategischer Ansatz und das Ziel der Gleichstellung von Frauen und Männern muss immer wieder und laufend zum Thema gemacht werden, und zwar zu allen möglichen und bisher unmöglichen Aspekten. Damit werden Menschen als Frauen und Männer wahrgenommen. Die Sensibilisierung für Geschlechterfragen ist eine wesentliche Voraussetzung dafür, dass Gleichstellungsziele gefördert wurden.

Literatur

Amt der Tiroler Landesregierung (Hg.): Gender Mainstreaming für öffentliche Bauten - Pilotprojekt Landhaus 2, Innsbruck, Innsbruck 2005.

WETTBEWERBSENTWURF FÜR EIN BETTENHAUS DER UNIVERSITÄTSKLINIK NÜRNBERG / ERLANGEN, FREISTAAT BAYERN (D)

Anke Schröder

KRANKENHAUS DER KURZEN WEGE

PRODUKT	GenderKriterien für den Krankenhausbau, GenderGutachten, Kurzpräsentation im Internet	
PROZESS	2001	Realisierungswettbewerb
	Juli / Oktober 2002	Ministerratsbeschlüsse: GM als Leitprinzip in der bayrischen Hochbauverwaltung
	Mai 2003	Kontaktaufnahme Oberste Baubehörde zur Universität Hannover
	Februar 2004	Auftragsvergabe an GenderExpertinnen, 1. Workshop: Sensibilisierung der Beteiligten
	Juli 2004	Vorlage Zwischenbericht
	September 2004	2. Workshop: Präsentation der Ergebnisse
	Oktober 2004	Vorlage Schlussbericht / GenderGutachten
	Oktober 2005	Kurzpräsentation im Internet
VERFAHRENSSTAND	GenderBeratung abgeschlossen, Baufreigabe und Spatenstich August 2008	
AUFTRAGGEBERIN	Oberste Baubehörde (OBB) im Bayerischen Staatsministerium des Innern, Abt. Staatlicher Hochbau, vertreten durch das Universitätsbauamt Erlangen (ab 01.01.2006 Staatliches Bauamt Erlangen - Nürnberg)	
PROJEKTBETEILIGTE	Universitätsbauamt Erlangen (ab 01.01.2006 Staatliches Bauamt Erlangen - Nürnberg); Architektin Astrid Tiemann-Petri, Stuttgart GenderExpertise: Prof. Dr. Barbara Zibell, Dipl.-Ing. Anke Schröder, Dipl.-Ing. Kerstin Sailer, Universität Hannover, Fachbereich Architektur, Institut für Architektur- und Planungstheorie, Abt. Architektursoziologie und Frauenforschung.	

Anke Schröder

KRANKENHAUS DER KURZEN WEGE

Mit den Ministerratsbeschlüssen von 2002 wurde Gender Mainstreaming (GM) bzw. eine geschlechtersensible Sichtweise als Leitprinzip auch in der bayrischen Hochbauverwaltung eingeführt[12]. In diesem Zusammenhang wurde im Jahr 2003 bei der Obersten Baubehörde (OBB) im Bayrischen Staatsministerium ein Arbeitskreis GM eingerichtet, um die künftige Anwendung des Leitprinzips bei allen Planungen, Entscheidungen und Maßnahmen der staatlichen Hochbauverwaltung zu begleiten. Als ein erster Schritt wurde beschlossen, die Einführung einer geschlechtersensiblen Sichtweise anhand einer aktuellen Aufgabenstellung zu entwickeln. Ausgewählt wurde hierfür der Neubau des Bettenhauses der Chirurgischen Klinik der Friedrich-Alexander-Universität (FAU) Erlangen-Nürnberg. Für diese Bauaufgabe war im Jahr 2001 bereits ein begrenzt offener, einstufig kombinierter Realisierungs- und Ideenwettbewerb durchgeführt worden, aus dem das Stuttgarter

12 Die staatliche Bauverwaltung erfüllt im Bereich des Hochbaus alle Bauaufgaben des Landes, des Bundes und die anderer Bauherren wie zum Beispiel der US-Streitkräfte und der NATO. Sie befasst sich mit Grundsatzfragen wie kostengünstigem und umweltgerechtem Bauen, Rationalisierung und Bedarfsplanung, prüft die Wirtschaftlichkeit von Planungen und Baudurchführungen von Fördermaßnahmen des Landes und des Bundes u.a. bei Krankenhäusern, Schulen, Kindergärten und Behinderteneinrichtungen. Oberste baufachliche Zielsetzung ist es, hohe architektonische Qualität bei gleichzeitiger Termin- und Kostensicherheit, unter Beachtung energiesparender Aspekte, ökologischer Verträglichkeit sowie der Weiterentwicklung der Baukultur in Bayern, zu erreichen. http.//www.stmas.bayern.de/gs/index.htm - zugegriffen am 27.12.2007.

Büro Tiemann-Petri und Partner Freie Architekten, Stuttgart als Sieger hervorgegangen war. Nach Absprache mit der Architektin sollte nun der Entwurf auf seine Gendergerechtigkeit hin untersucht werden.

Mit der Anfrage zur Durchführung einer GenderPrüfung trat die OBB an das Fachgebiet Architektursoziologie und Frauenforschung (Prof. Dr. Barbara Zibell) am Fachbereich Architektur der Universität Hannover[13] heran. Die Überprüfung eines Klinikums bzw. Bettenhauses aus GenderPerspektive war bis dahin jedoch noch nicht durchgeführt worden bzw. war ein solches Projekt – auch für andere Aufgabenstellungen im Bereich des öffentlichen Hochbaus - am Fachgebiet nicht bekannt. Sehr wohl existierten aber Kriterien eines frauengerechten Städte- und Wohnungsbaus sowie einer frauengerechten Stadt- und Bauleitplanung, die analog auf die hier im Blickpunkt stehende Bauaufgabe angewendet bzw. angepasst werden konnten. So entschied der Arbeitskreis GM im Bayrischen Staatsministerium des Innern, die GenderPrüfung der konkreten Bauaufgabe „Bettenhaus eines Universitätsklinikums" in Auftrag zu geben.

Die Auftragsvergabe erfolgte im April 2004. Zur Vorbereitung und Absprache des Vorgehens fand ebenfalls im April ein gemeinsamer Workshop mit dem Auftraggeber bzw. je einem Vertreter der Obersten Baubehörde und des zuständigen Universitätsbauamtes sowie der planenden Architektin in Erlangen statt. Die Kriterien wurden in einem Team, bestehend aus der Abteilungsleiterin und zwei Mitarbeiterinnen[14], aus den vorhandenen Grundlagen der Frauenforschung abgeleitet. Die folgende Darstellung beschreibt den Prozess der Kriterienentwicklung für die Bauaufgabe „Bettenhaus" bis zur Anwendung auf den vorliegenden Entwurf und dessen Beurteilung unter GenderKriterien.

1 Beschreibung der Aufgabenstellung

Bei der zu beurteilenden Aufgabe handelte es sich um den Neubau eines Bettenhauses für die bestehende Chirurgische Klinik / Poliklinik der FAU in Erlangen. Nach Fertigstellung sollten 236 Betten für PatientInnen der Allgemeinen, Hand-, Unfall-, Herz- und Mund-, Kiefer- und Gesichtschirurgie geschaffen werden. Die Klinik gewährleistet bereits jetzt einen großen Anteil der Notfallversorgung für die Stadt Erlangen und die Region Mittelfranken sowie das angrenzende Oberfranken und spielt damit eine wichtige Rolle für einen großen Einzugsbereich.

13 heute: Leibniz Universität Hannover, Fakultät Architektur und Landschaft, Institut für Geschichte und Theorie der Architektur, Abt. Planungs- und Architektursoziologie.

14 Dipl.-Ing. Anke Schröder und Dipl.-Ing. Kerstin Sailer sowie cand. Arch. Jeremy Krstic.

In einem eigenen Leitbild beschreibt das Universitätsklinikum Nürnberg - Erlangen die Behandlung, Pflege und Versorgung der PatientInnen als ureigenste Aufgabe eines Krankenhauses. Implizit werden in diesem Leitbild bereits viele genderrelevante Aspekte aufgegriffen. So ist einem der formulierten Handlungspostulate zu entnehmen, dass der Heilungsprozess der PatientInnen unterstützt wird durch die Achtung der Persönlichkeit und der Bedürfnisse von PatientInnen und Angehörigen. Auch die Rücksichtnahme auf die Privatsphäre und die persönlichen Bedürfnisse der MitarbeiterInnen werden explizit benannt. Sowohl die Unterscheidung nach dem biologischen Geschlecht als auch der Hinweis auf unterschiedliche soziale Rollen zeigt, dass hier bereits wichtige Aspekte im Sinne eines Gender Mainstreaming berücksichtigt wurden, auch wenn kein systematisches „Gendern" im Sinne einer entsprechenden permanenten Reflexion vorgenommen wurde. Eine solche Grundlage war als Voraussetzung für weiteres gendersensitives Handeln bestens geeignet.

Baulich-räumliche Aspekte: Das Bettenhaus als Bauwerk

Perspektivisch gesehen markiert das neue Bettenhaus einen ersten Abschnitt von Umbauten und Erweiterungen, der durch weitere Neubauabschnitte langfristig ergänzt und komplettiert werden soll (vgl. Abb. 1). So werden nach Fertigstellung des Bettenhauses mittelfristig ein Anbau in Form einer repräsentativen Eingangshalle und Erweiterungsbauten für die gesamte Chirurgische Abteilung entstehen.

Abb. 1: Vorgesehene Etappen der Realisierung

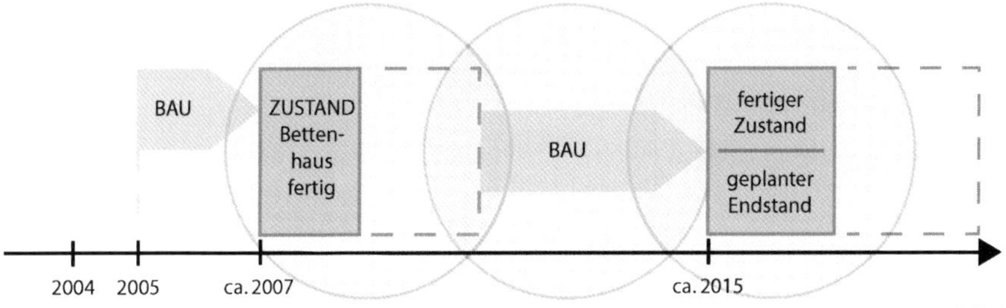

eigene Darstellung 2004

Das System 'Krankenhaus' ist sowohl baulich als auch funktional stets in Bewegung; so nimmt beispielsweise die durchschnittliche Aufenthaltsdauer der PatientInnen stetig ab, der Stand der medizinischen Entwicklung ständig zu. Das bedeutet, dass sich die Anforderungen an die baulich-räumlichen Strukturen während der Lebensdauer des Gebäudes mehrfach ändern werden. Bei der Entwicklung von Gebäuden und deren Raumkonzepten sollten daher Flexibilität und Variabilität, zum Beispiel eine mögliche Veränderung der Grundrissstrukturen, schon während des Entwurfs- und Planungsprozesses mit gedacht werden.

Gleichzeitig ist grundsätzlich zu berücksichtigen, dass ein Gebäude in der alltäglichen Benutzung auf zeitliche Spitzen genauso wie auf Ruhephasen vorbereitet sein muss. Die Konzeption muss also ebenso der größtmöglich vorstellbaren Frequentierung als auch der optimalen Nutzbarkeit in ruhigen Phasen dienen.

Aus Sicht des GM ist ein reibungsloser Ablauf und die Berücksichtigung der unterschiedlichen Bedürfnisse auf Dauer und unter wechselnden Bedingungen zu gewährleisten; dies betrifft sowohl die Situation in Übergangsphasen (z.B. Beeinträchtigung durch Baulärm etc.) wie auch das Erfordernis einer permanenten Anpassungsfähigkeit und Flexibilität des fertig gestellten Gebäudes.

Sozialräumliche Aspekte: Die Perspektive der NutzerInnen

Unter Berücksichtigung der GenderPerspektive ist der Fokus der Beurteilung auf die unterschiedlichen Lebenssituationen, Bedürfnisse und Interessen von Frauen und Männern und damit auf verschiedene soziale Rollen zu legen. Zunächst ist daher eine Differenzierung nach den potentiellen NutzerInnen des Bettenhauses vorzunehmen.

Dabei ist zum einen zu unterscheiden nach PatientInnen, BesucherInnen, Beschäftigten, Auszubildenden; bei einem Universitätsklinikum kamen jedoch weitere Gruppen, nämlich das wissenschaftliche Personal, die Studierenden und Promovierenden, hinzu. Innerhalb der genannten Gruppen sind weitere Differenzierungen nach persönlichen Merkmalen – wie Geschlecht, Alter, Herkunft / Ethnie bzw. Religionszugehörigkeit und Behinderung – erforderlich.

Die Gruppen wurden in einer sog. „NutzerInnenmatrix“ festgehalten (vgl. Abb. 2) und den Beurteilungen von Bedürfnissen und Bedarfslagen bei der weiteren Krankenhausplanung zugrunde gelegt.

2 Entwicklung der GenderKriterien

Zu Beginn der Bearbeitung lag der Entwurf der Wettbewerbssiegerin Tiemann-Petri und Partner, Freie Architekten aus Stuttgart vor und sollte zur Haushaltsunterlage Bau (HU Bau) weiter bearbeitet werden.

Selbstverständlich konnte bei der Beurteilung des Entwurfes davon ausgegangen werden, dass unter den gegebenen Bedingungen im Hinblick auf die Sorge für und um den kranken Menschen bereits das Bestmögliche entwickelt wurde.

Abb. 2: NutzerInnenmatrix

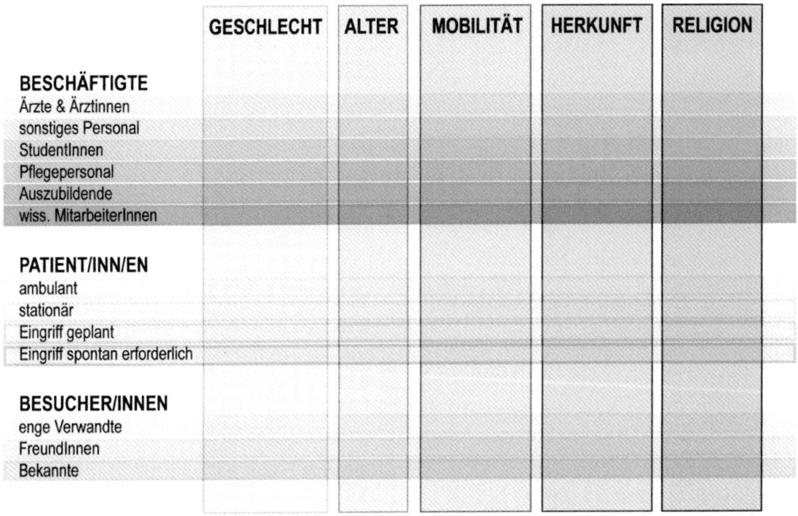

eigene Darstellung 2004

Die DIN 13080 (Gliederung des Krankenhauses in Funktionsbereiche und Funktionsstellen) und 5035 (Beleuchtung in Krankenhäusern) lieferte wichtige technische Vorgaben. Im Rahmen der GenderBeurteilung ging es nun um die Prüfung nach sozialräumlichen Kriterien, die es im ersten Schritt zu entwickeln galt.

Als Grundlagen und Vorarbeiten für die Entwicklung von GenderKriterien im Krankenhausbau dienten insbesondere die Kriterienkataloge der frauengerechten Stadt- und Bauleitplanung, die in den 1990er Jahren von zahlreichen Kommunen und einigen Ministerien in Deutschland herausgegeben worden sind (vgl. Zibell / Schröder 2007). Hierbei handelt es sich im weitesten Sinne um Kriterien, die sich auf Wohnen, Grundversorgung, Mobilität, Sicherheit sowie Frei- und Grünraum bzw. Öffentliche Räume beziehen. Da ein Bettenhaus neben den medizinisch notwendigen Funktionen auch die Versorgung und Unterbringung von PatientInnen gewährleisten muss und somit quasi eine temporäre Wohnfunktion zu erfüllen hat, wurde der Versuch unternommen, die für Wohnungs- und Städtebau bzw. Stadtplanung vorhandenen Kriterien auf den Krankenhausbau zu übertragen.

Operationalisierung der Kriterien für den Krankenhausbau

Als Basis diente das Leitbild der ‚Stadt der kurzen Wege'; als Leitbild vom ‚Krankenhaus der kurzen Wege' hatte es bereits beim Entwurf der 1. Preisträgerin gedient[15]. Das Krankenhaus muss – wie auch die Stadt – den verschiedenen Bedürfnissen seiner Bewohner- und BenutzerInnen nach Schutz und Versorgung Rechnung tragen. Hier spielt die Differenzierung und eine sensible Zonierung von öffentlich bis privat eine zentrale Rolle.

Für die Operationalisierung wurden die Inhalte nach ihrem jeweiligen Grad an Öffentlichkeit unterteilt. So wurde:

- der private Bereich im Wohnungsbau, die Wohnung, zum Bett bzw. Ein-Bett-Zimmer im Krankenhaus,
- der halbprivate Bereich im Wohnungsbau, bestimmte gemeinschaftlich genutzte Bereiche des Wohngebäudes, wie Treppenhaus, Vorzonen etc., zum Zwei- und Mehr-Bett-Zimmer bzw. zur Station,
- der halböffentliche Bereich im Wohnungsbau, das nähere Wohnumfeld, zur Station bzw. zum Bettenhaus und
- der öffentliche Bereich im Wohn- oder Stadtquartier zum Klinikum / Krankenhausgelände.

Abb. 3: Krankenhaus der kurzen Wege

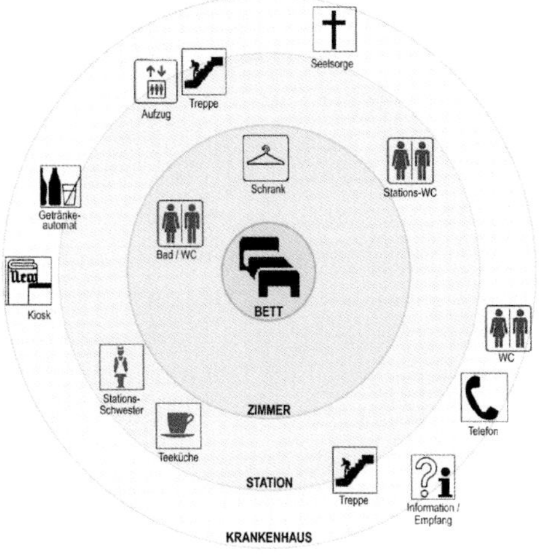

eigene Darstellung 2004

15 Die Architektin hatte während des Eröffnungsworkshops auf die Übertragungsmöglichkeit bzw. -sinnfälligkeit der Stadt der kurzen Wege auf das Krankenhaus der kurzen Wege hingewiesen.

2.2 Der Kriterienkatalog

Im nächsten Schritt ging es darum, die Kriterien für den Krankenhausbau bzw. die konkrete Bauaufgabe „Bettenhaus" zu entwickeln. Aus den Bedürfnissen bzw. Bedarfslagen der NutzerInnen wurden die funktionalen Anforderungen abgeleitet, aus denen sich wiederum die baulich-räumlichen Kriterien für die Umsetzung ergaben, die die Befriedigung der sozialen Bedürfnisse sicherstellen sollen.

Abb. 4: Vom sozialen Bedürfnis zur baulichen Umsetzung

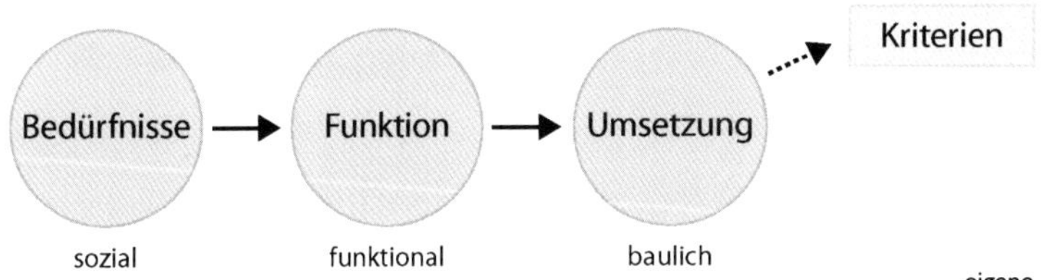

eigene Darstellung 2004

Dieses schrittweise Vorgehen - von Innen nach Außen - wurde ebenso bei der Formulierung der Kriterienbereiche angewendet, nach denen der Katalog gegliedert wurde: 1 Innere Organisation, 2 Versorgung, Mobilität und Kommunikation, 3 Innen-Außen-Beziehungen, 4 Baukörper, 5 Umfeld und Standort.

Innere Organisation[16]

- Rückzug und Gemeinschaft

Soziales Bedürfnis	Funktionale Anforderung (Bedarf)	Baulich-räumliche Umsetzung	Kontrollfragen
Unterschiedliche und wechselnde Bedürfnislagen Pat, Pers	Flexibilität in der Nutzung	Schaltbarkeit der Zimmer, gleich große Zimmer für gleichartige Nutzungen	Sind einzelne Räume nach Bedarf veränderbar? Z.B. PatientInnenzimmer wandelbar in Personalräume etc?
Störungsfreies Miteinander Pat, Pers, Bes	Immissions- und Emissionsschutz	Schalldämmung, Lärmschutz, RaucherInnenzonen	
Intimität, Rückzug Pat, Pers	Abschirmung	Sichtschutz im Privatbereich / Bett, abschließbare Aufbewahrungsmöglichkeit für persönliche Gegenstände	

16 Pat = PatientInnen, Pers = Personal, Bes = BesucherInnen

Ruhe, Muße Pat, Pers	Trennung von Funktionsbereichen	Klare Abstufungen privat bis öffentlich, Rückzugsräume nach NutzerInnen getrennt	
Individuelle Beschäftigung Pat, Pers, Bes	Identifikation und Aneignung	Mobiliar (Tisch, Stuhl etc.), Räume zur freien Verfügung, temporäre Aufenthaltsmöglichkeiten	
Glaube, Besinnung Pat, Pers, Bes	Nutzungstrennung	eigene Räume für verschiedene Religionen und Geschlechter	Ist an die ungehinderte Ausübung der Religion für alle gedacht?
Sicherheit Pat, Pers, Bes	Kontrollfunktionen:		
	persönlich:	Orientierungsmöglichkeiten und Übersichtlichkeit	
	sozial:	Sicht- und Rufkontakt, Einsehbarkeit, gute Beleuchtung	
	formell:	Pförtner, Überwachungspersonal	

- Mobilität / Kommunikation

Soziales Bedürfnis	**Funktionale Anforderung (Bedarf)**	**Baulich-räumliche Umsetzung**	**Kontrollfragen**
Räumliche Nähe Pat, Pers, Bes	schnelle, bequeme Erreichbarkeit / kurze Wege	Querbeziehungen, Zuordnung zusammenhängender Nutzungen, Dezentralität und Kleinteiligkeit	Sind einzelne Versorgungseinheiten mit minimalem körperlichen Einsatz zu erreichen?
Selbstbestimmung, (Fort-) Bewegung Pat, Pers	Erreichbarkeit, Zugänglichkeit	Barrierefreiheit / Rollstuhlgängigkeit Leitsystem	Gibt es Rampen, Aufzüge, schwellenlose Übergänge? Wurden die Anordnung von Schaltern und besondere Orientierungshilfen für Blinde berücksichtigt?
Zurechtfinden Pat, Pers, Bes	Orientierung	Übersichtliche Grundriss- und Gebäudestrutur (horizontal und vertikal) Beschilderung, Leitsystem	Werden geschlechtsneutrale Formulierungen und Symbole verwendet?

Kontakte Pat, Pers, Bes	Begegnung (Kommunikation)	Gemeinschaftsräume und Aufenthaltsbereiche	Ist eine mögliche Trennung der Räumlichkeiten nach Geschlechtern und Religionen vorgesehen?
Transport Pat, Pers	Begegnung (Verkehr)	Ausreichende Gangbreiten	Ist die Bewältigung zeitlicher Spitzen berücksichtigt?

- Versorgen und versorgt werden

Soziales Bedürfnis	**Funktionale Anforderung (Bedarf)**	**Baulich-räumliche Umsetzung**	**Kontrollfragen**
Pflege Pat, Pers	gesundheitlicher Service, Therapie und Beratung	Anordnung des Bettes im Raum, materielle Infrastruktur im Umfeld	Wie viele Betten und wie sind die Betten im Zimmer angeordnet? Gibt es ausreichend Räume für Therapiezwecke?
Information, Konsum Pat, Pers, Bes	Versorgung	Versorgungseinrichtungen, Kommunikationsräume	Sind Räume eingeplant für: Kiosk, Gastronomie, Teeküche, Bibliothek, Seelsorge, Fernsehraum u.a.?
Ablenkung Pat	Medienkonsum	bettnahe Anschlüsse	ist an bettnahe Stromversorgung gedacht?
Abstellen / Unterbringen / Wegschließen Pat, Pers, Bes	Aufbewahrung	Abstellflächen und Mobiliar (Fächer, Schränke)	Ist an Abstellflächen und Garderobe für Kinderfahrzeuge, Mäntel von BesucherInnen etc. gedacht?
Entlastung Pat, Pers, Bes	Tagesversorgung von Kindern	ausreichend große Zimmer, flexibles Mobiliar, Beschäftigungsangebote aller Art, Aufenthaltsräume, Telearbeitsplätze etc.	Gibt es Beschäftigungsmöglichkeiten für Rooming-in – betroffene Eltern sowie für Begleitpersonen älterer PatientInnen?

Baukörper

Soziales Bedürfnis	**Funktionale Anforderung (Bedarf)**	**Baulich-räumliche Umsetzung**	**Kontrollfragen**
Licht / Helligkeit Pat, Pers, Bes	Belichtung, Besonnung	Stellung und Ausrichtung des Baukörpers	Ausrichtung des Baukörpers auf dem Grundstück?
Menschliches Maß Pat, Pers, Bes	Überschaubarkeit	Dimensionierung / Proportionen	Sind die Stationen nach Größe und Zuschnitt überschaubar?

Geborgenheit / Behaglichkeit Pers, Bes	Gestaltung	Beschaffenheit und Ausstattung: Oberflächen, Farben, Materialien Kasernierungscharakter vermeiden	Gibt es rutschfeste Beläge? Pflanzen im Gebäude? Ist Kunst am Bau oder auf den Stationen vorgesehen? Wenn ja, sind Künstlerinnen und Künstler gleichermaßen vertreten? Sind Querungen der Flure möglich?
Frische Luft Pat, Pers, Bes	Lüftung	Fensteröffnung ermöglichen	Ist natürliche Luftzufuhr in den Aufenthaltsräumen möglich?

Innen-Außen-Beziehungen

Soziales Bedürfnis	**Funktionale Anforderung (Bedarf)**	**Baulich-räumliche Umsetzung**	**Kontrollfragen**
Auffinden der Zugänge Pat, Pers, Bes	Orientierung	Eingangsgestaltung, Beleuchtung, Leitsystem eindeutige Wegeführung	Sind die Zugänge von außen und innen leicht aufzufinden?
Wahlfreiheit des Zugangs Pat, Pers, Bes	Zugänglichkeit, kurze Wege		Gibt es mehrere Ein- und Ausgänge?
Gestaltung der Zugänge Pat, Pers, Bes		Schwellenfreiheit, Zonierung, Überdachung, Abstellflächen	
Empfangen werden / Zurechtfinden Pat, Bes	Begrüßung und Verteilung	Empfangshalle Aufenthaltsmöglichkeiten; Zuordnung zu halböffentlichen Räumen des Krankenhauses	Ist die Empfangshalle einladend nach außen und verteilend nach innen? Ist eine großzügige Gestaltung vorgesehen, sind Sitzgelegenheiten vorhanden?
Aufenthalt im Freien, frische Luft Pat, Pers, Bes	Verfügbarkeit, Zugänglichkeit	Balkone, Innenhöfe, Außenraum, Türen, Wege, Leitsystem	Sind unterschiedliche Bedürfnisse der NutzerInnen nach getrennten Frei- und Aufenthaltsbereichen in unmittelbarer Nähe des Gebäudes berücksichtigt?
Blickkontakt vs. Sichtschutz Pat, Pers, Bes	Transparenz vs. Abschirmung	Fassadengestaltung, Jalousien, Rollläden	Können individuell steuerbare Systeme vorgesehen werden?

Standort und Umfeld

Soziales Bedürfnis	Funktionale Anforderung (Bedarf)	Baulich-räumliche Umsetzung	Kontrollfragen
Bewegung, frische Luft /Aufenthalt im Freien Pat, Pers, Bes	Nutzbarkeit des Außenraumes, Anregung, Aneignungsmöglichkeiten	Gebäudenahe Grün- und Freiflächen einladende Grünraumgestaltung	
Außenraumqualität Pat, Pers, Bes	Vielfalt der Gestaltung: vielfältige Nutzbarkeit (Ruhe, Bewegung, sitzen, spielen)	Unterschiedlich gestaltete Flächen, Bänke, Grün- und andere Oberflächen, Bäume	
Sicherheit Pat, Pers, Bes	Minimierung von Nutzungskonflikten	Einsehbarkeit und Übersichtlichkeit, Beleuchtung	
Auffinden des Gebäudes Pat, Bes	Orientierung	logische Wegeführung, Leitsystem von allen Richtungen aus	
Ankommen und Wegfahren Pat, Pers, Bes	- ÖV - mIV	Anschluss an den ÖPNV, Wegeführung zum Klinikum, Zufahrten, Zugänge Stellplätze für verschiedene Verkehrsmittel	Ist die Verbindung mit allen Verkehrsmitteln ausreichend gewährleistet? Sind möglichst viele Stellplätze in Tiefgaragen untergebracht? Sind diese ausreichend beleuchtet?
Bringen und Holen Pat, Bes	Betreuung und Begleitung	Taxistand, Krankenwagenvorfahrt, Halteplätze, Kurzzeitparken	Wie ist die Anordnung zu den Eingängen, gibt es kurze Wege?
Individuelle Besorgungen Pat, Pers, Bes	Erreichbarkeit, Nutzungsmischung / kurze Wege	zentrale Lage im Stadtgebiet	

Der Katalog enthält eine mögliche Auswahl an GenderKriterien für die hier im Mittelpunkt stehende Bauaufgabe „Bettenhaus". Er erhebt insofern nicht unmittelbar den Anspruch, auf andere Bereiche des Krankenhausbaus übertragbar zu sein. Da er jedoch aus vorhandenen Kriterien des Wohnungs- und Städtebaus bzw. der Stadtplanung abgeleitet wurde und sich als taugliches Instrument erwiesen hat, kann davon ausgegangen werden, dass er als Basis auch für andere Aufgaben im Krankenhausbau dienen kann.

Prozesskriterien

Neben den bis hierher berücksichtigten Projektkriterien, die sich unmittelbar auf die Konzeption und Materialisierung der Bauaufgabe beziehen, enthalten die Kataloge aus Städte- bzw. Wohnungsbau und Stadtplanung auch Kriterien für den Planungs- und Entscheidungsprozess.

Der Auftrag der OBB ging jedoch nicht so weit: er bezog sich im engeren Sinne auf das konkrete Bauprojekt bzw. den vorliegenden Entwurf der Preisträgerin, um bei den anstehenden Vorbereitungen der HU Bau berücksichtigt werden zu können. Daher wurden im Rahmen dieses Auftrags abschließend nur einige Hinweise zu möglichen Prozesskriterien im Krankenhausbau im weitesten Sinne gegeben, die bei künftigen Aufgabenstellungen zu berücksichtigen wären (vgl. Kap. 5).

3 Beschreibung des Entwurfs

Das Bettenhaus liegt am südlichen Rand eines größeren Klinikgeländes, in unmittelbarer Nähe zum Zentrum der Stadt Erlangen. Die Umgebung ist durch städtische Nutzungsvielfalt geprägt. So bildet der Maximiliansplatz im Westen die Überleitung in die City, während sich im Osten und Süden dreigeschossige innerstädtische Wohngebäude befinden.

Der zu ergänzende Neubau des Bettenhauses ist in Ost-West-Ausrichtung entlang der Östlichen Stadtmauerstraße platziert und übernimmt mit der Schließung des Blocks die Funktion der alten Stadtmauer.

Abb. 5: Lageplan

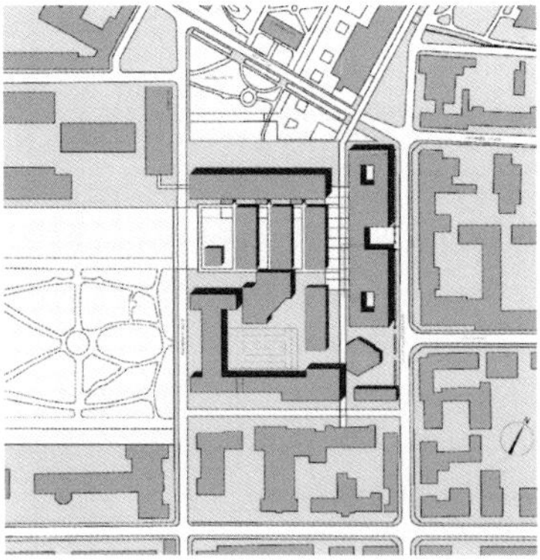

Tiemann-Petri un Partner, Freie Architekten, Stuttgart 2001

Abb. 6: Östliche Stadtmauerstraße

eigene Aufnahme 2004

Der Baukörper mit den beiden gleich langen Seitenflügeln, die auch in ihren Proportionen spiegelgleich gestaltet sind, wird durch den mittig angeordneten Zugangsbereich in symmetrische Gebäudeteile gegliedert. Während es sich bei der Ostfassade um eine gleichmäßige Lochfassade handelt, die nur durch einen zurückspringenden transparenten Eingangsbereich unterbrochen wird, sind im Westen zwei verglaste Treppenhäuser vorgesehen. In Kombination mit den horizontal verlaufenden schmalen Fensterbändern erhält die Westfassade einen komplett anderen Charakter als die Ostfassade.

Abb. 7 + 8: Ost-, Westfassade

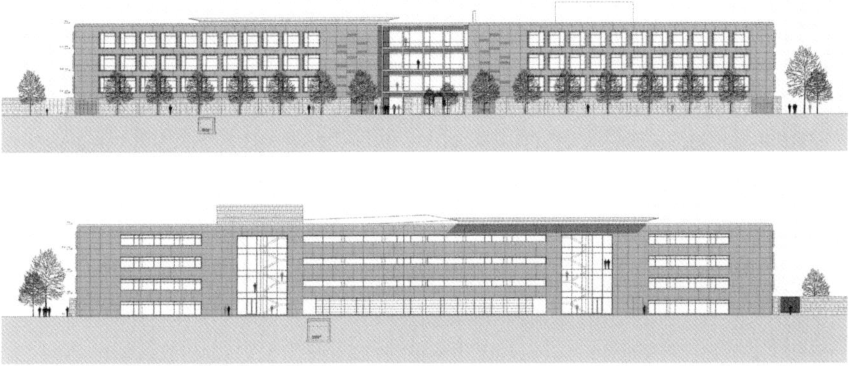

Tiemann-Petri und Partner, Freie Architekten, Stuttgart 2001

In beiden Seitenflügeln befindet sich pro Etage jeweils eine Station, die um einen innen liegenden Hof angeordnet ist. Die beiden Innenhöfe unterstreichen den symmetrischen Charakter und geben dem Gebäude eine geometrische Strenge, die durch die gerasterten Fensteröffnungen im Osten und die Lichtbänder im Westen zusätzlich unterstützt wird.

4 Anwendung der GenderKriterien auf den vorliegenden Entwurf

Das vorliegende Planmaterial bestand vor allem aus Grundrissplänen. Andere Beurteilungsgrundlagen wurden später von den Auftragnehmerinnen angefordert, um neben der Inneren Organisation auch die Innen-Außen-Bezüge sowie Umfeld und Standort des Bettenhauses beurteilen zu können.

Abb. 9: Grundriss EG

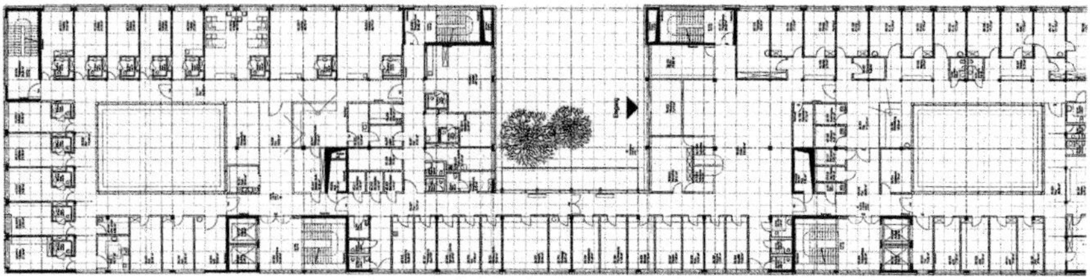

Tiemann-Petri und Partner, Freie Architekten, Stuttgart 2001

4.1 Innere Organisation

Mit der Inneren Organisation steht und fällt der reibungslose Ablauf eines Krankenhausbetriebes. Die Abläufe müssen so organisiert sein, dass sie den Ansprüchen der PatientInnen, der ÄrztInnen und des Pflegepersonals genügen, aber auch betriebswirtschaftlichen Berechnungen Stand halten können.

Die Beurteilung des Wettbewerbsentwurfs erfolgte nach dem im ersten Schritt entwickelten Kriterienkatalog.

Rückzug und Gemeinschaft

Unter dem Motto „soviel Rückzug wie möglich - soviel Gemeinschaft wie nötig" könnten die unterschiedlichen Bedürfnislagen der NutzerInnen betrachtet werden. Jeder Nutzerin / jedem Nutzer ist der individuelle Rückzug genau wie dem Bedürfnis nach Gemeinschaft zu ermöglichengewährleisten. Daher ist als ein Teil der Bauaufgabe die Möglichkeit einer eindeutigen Zuordnung der PatientInnen nach dem jeweiligen Krankheitszustand und eine entsprechende Gliederung des Gebäudes nach Funktionen zu schaffen (Bett = Wohnung), um einerseits Orientierung zu ermöglichen und andererseits eine effektive und bedarfsgerechte Pflege zu erleichtern. Im vorliegenden Entwurf für das Bettenhaus sind diese Aspekte gut gelöst. Die verschiedenen Pflegefunktionen wie Intermediate Care und Intensivpflege wurden jeweils gruppiert und in der Nähe der Personalräume und der Stützpunkte angeordnet, so dass sich eine einfache und nachvollziehbare Gebäudegliederung ergibt und den am stärksten Pflegebedürftigen die notwendige schnelle Aufmerksamkeit entgegen gebracht werden kann.

Bei wechselnden Bedürfnislagen gegenüber der räumlichen Situation, z.B. durch Verringerung der durchschnittlichen Krankenhausaufenthaltsdauer, erscheint es sinnvoll, eine entsprechende bauliche Flexibilität vorzusehen. Dabei geht es nicht nur um die Trennbarkeit von PatientInnenzimmern, sondern auch um die variable Nutzung gleich großer Räume; so können PatientInnenzimmer in Arzt- oder Sekretariatszimmer umgenutzt werden oder bei der Verringerung des Ärzteschlüssels die Umwandlung eines Arztzimmers in einen Therapieraum (Die Schwester, Der Pfleger 2004)[17] erfolgen.

Abb. 10: Teilausschnitte Grundriss EG - Trennbarkeit PatientInnenzimmer

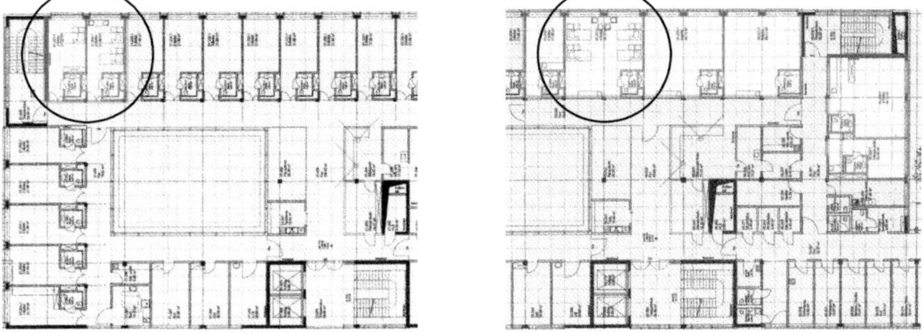

eigene Darstellung 2004

Um ein störungsfreies Miteinander sowohl unter den PatientInnen als auch unter den Beschäftigten zu gewährleisten, ist ein freundlicher und rücksichtsvoller Umgang untereinander Grundvoraussetzung. Neben dieser baulich nicht beeinflussbaren Selbstverständlichkeit müssen Schall- und Lärmschutz ausreichend dimensioniert sein, um möglichen Störungen weitestgehend vorzubeugen. Weiterhin ist die Anordnung der Betten und die materielle Infrastruktur im unmittelbaren Umfeld von Bedeutung. Der Entwurf sieht prinzipiell 1-bzw. 2-Bett-Zimmer incl. Nasszellen (ca. 25 m^2) vor. Bis auf den Intermediate-Care-Bereich sind im Erdgeschoss insgesamt 18 Betten in vier 4-Bett-Zimmern und zwei 1-Bett-Zimmern sowie auf den oberen Etagen in je zwei 4-Bett-Zimmern (à 49,12 m^2) angeordnet. Die 1- bzw. 2-Bett-Zimmer sind schaltbar und können - je nach aktuellem Pflegebedarf - zu 4-Bett-Zimmern zusammengelegt werden.

Intimität und Rückzug ist in den 1-Bett-Zimmern (PrivatpatientInnen) am besten gewährleistet. Nach Aussagen der OBB[18] waren 1- bzw. 2-Bett-Zimmer seit Ende der 1960er Jahre der bevorzugt gebaute Bettenhaus-Typus. Die Krankenkassen verlangten jedoch, 2-Bett-Zimmer nicht als Regelleistungen, sondern als Wahlleistungen anzubieten; deshalb entschied man sich, teilweise aus je zwei 2-Bett-Zimmern ein 4-Bett-Zimmer zu machen. Aus Gendersicht ist darauf zu achten, dass das Bedürfnis

17 dabei geht es um die Umwandlung von Krankenzimmern in stationseigene "Wohnzimmer" zur Unterstützung der Begleitung von schwer kranken Menschen und ihren Angehörigen.

18 Aussage von Herrn Werner-Rüdiger Hoffmann, Ministerialrat bei der Obersten Baubehörde im Bayrischen Staatsministerium des Innern, beim Auftaktworkshop am 19. April 2004 in Erlangen.

nach Intimität und Rückzug nicht durch Sparmaßnahmen beeinträchtigt wird und bei Bedarf auch weiterhin 1- bzw. 2-Bett-Zimmer vorgesehen werden.

Um dem Bedürfnis nach Ruhe und Muße nachzukommen, sind einzelne Funktionsbereiche voneinander zu trennen. Dabei ist eine klare Abstufung von den privaten zu den öffentlichen Bereichen vorzunehmen. Der private Bereich der PatientInnen ist das Bett; dieses sollte durch einen Sichtschutz zumindest zeitweise vom Nachbarbett abgegrenzt werden können. Die aus ärztlicher Sicht notwendige Überwachung muss dabei selbstverständlich jederzeit gewährleistet sein. Der vorliegende Entwurf weist für die meisten NutzerInnengruppen Rückzugsbereiche auf. Ärzte und Pflegepersonal haben ihre eigenen Zimmer in unmittelbarer Nähe, andere Beschäftigte, z.B. Reinigungspersonal, können sich in das Untergeschoss zurückziehen. Die Rückzugsräume haben durch Lichthöfe zwar eine direkte Beleuchtung, sind jedoch zu klein, um einen Austritt zu ermöglichen. Die Einsehbarkeit für das Personal zur Überwachung der PatientInnen ist in den meisten Bereichen notwendig, die Einsehbarkeit der Rückzugsräume des Personals durch den Patienten / die Patientin hingegen nicht erwünscht. Der Rückzugsraum der PflegerInnen, der am jetzigen Haupteingang gelegen ist, ist im vorliegenden Entwurf vom PatientInnenbalkon aus einsehbar; die Privatsphäre des Pflegepersonals ist hier nicht gewährleistet.

Abb. 11: Rückzugsraum der PflegerInnen

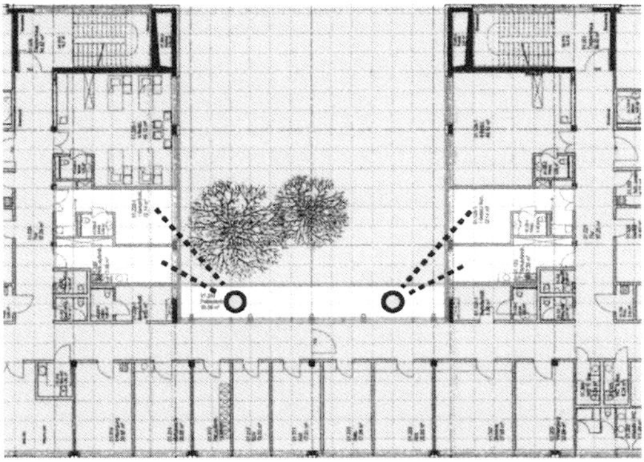

eigene Darstellung 2004

Der halbprivate Bereich ist für die Patientin / den Patienten das Zimmer. Hier haben nur das Pflegepersonal bzw. die Ärzteschaft und der Besuch (nach Ankündigung, z.B. durch Türklopfen) Zutritt.

Der halböffentliche Bereich („Wohnumfeld" der PatientInnen) ist die Station. Hier gibt es im Entwurf eine Teeküche und einen Aufenthaltsbereich, wo sich die PatientInnen untereinander oder auch mit BesucherInnen treffen können. Der Bereich liegt gegenüber dem Stützpunkt und ist somit sowohl für das Pflegepersonal einsehbar als auch für BesucherInnen leicht auffindbar.

Damit sich PatientInnen und BesucherInnen individuell beschäftigen bzw. einer konzentrierten Tätigkeit nachgehen können, müssen Zimmer/Station bzw. die verschiedenen Arbeitsplätze der Beschäftigten Identifikation und Aneignung ermöglichen. Hier sollten Teilbereiche zur freien Verfügung stehen. Bei PatientInnen kann es sich dabei unter Umständen nur um ein zusätzliches, flexibles Möbelstück handeln. Bei den Verwaltungsangestellten, die einer Tätigkeit über einen längeren Zeitraum nachgehen, könnte es sich z.B. um einen eigenen Schreibtisch mit abschließbaren Schubläden handeln, um private Dinge unterzubringen.

Zur Förderung von sozialer Nähe sind Begegnungsmöglichkeiten und entsprechende Räumlichkeiten zur Kontaktaufnahme erforderlich: diese sind in den Zimmern, auf den Fluren und in den Teeküchen aufgrund ausreichender Dimensionierung möglich.

Um dem Bedürfnis nach Glaube und Besinnung gerecht zu werden, ist im Entwurf des Bettenhauses ein Andachtsraum vorgesehen. Um diesen für verschiedene Religionen nutzbar zu machen, kommt es vor allem auf Toleranz Andersgläubigen gegenüber an.

Der Aufenthalt in einem Krankenhaus erfordert ein hohes Maß an Sicherheit. Sicherheit umfasst z.B. die Orientierungsmöglichkeiten und Übersichtlichkeit des Gebäudes, was im vorliegenden Beispiel eindeutig möglich ist. Die Gleichartigkeit der beiden symmetrischen Gebäudeteile erleichtert die Orientierung und ermöglicht es jeder und jedem, das Gebäude bereits beim ersten Besuch zu verstehen. Die Stützpunkte der einzelnen Stationen sind nach Verlassen des Aufzugs bzw. der Treppe unmittelbar zu sehen; auch die gleiche Anordnung der Funktionen auf den Etagen erleichtert die Orientierung. Um das Gefühl der individuellen Sicherheit zu fördern, ist ein möglicher Sicht- und Rufkontakt, die Übersichtlichkeit / potentielle Einsehbarkeit sowie eine gute Belichtung bzw. Beleuchtung erforderlich. Die Anordnung der Stützpunkte im vorliegenden Entwurf ermöglicht direkten Sicht- und Rufkontakt in die meisten Bereiche der Station. Die PatientInnenzimmer am Ende der Gebäudeteile befinden sich jedoch weder in Rufnähe noch im Sichtkontakt zum Stützpunkt, sondern die PatientInnen machen sich über Rufsignale durch Knopfdruck bemerkbar.

Weiterhin trägt die Anwesenheit einer PförtnerIn / eines Pförtners im Eingangsbereich und / oder die Präsenz von Personal auf den Stationen dazu bei, dass Zugangskontrollen ermöglicht werden. Im vorliegenden Fall sollen in den Nachtstunden die beiden Stationen einer Etage jeweils von einem Stützpunkt aus überwacht werden. Übersichtlichkeit und Sicherheitsgefühl ist in den Fällen z.B. durch ausreichende Beleuchtung zu gewährleisten.

Mobilität und Kommunikation

Räumliche Nähe spielt für einen reibungslosen Ablauf der Krankenhausorganisation eine große Rolle. Um diese herzustellen, ist die Zuordnung zusammenhängender Nutzungen und deren Verbindung über möglichst kurze Wege ausschlaggebend. Eine schnelle und bequeme Erreichbarkeit ist für alle NutzerInnen von Vorteil. Um kurze Wege zu ermöglichen, müssen zum Beispiel Querbeziehungen in der Gebäudestruktur gewährleistet sein. Im Entwurf des Bettenhauses beträgt der längste Weg vom Stützpunkt in das am weitesten entfernte Zimmer ca. 40 m. Die vertikalen Verbindungen werden über zwei Haupttreppenhäuser mit insgesamt vier Aufzügen gewährleistet; diese werden zusätzlich durch Fluchttreppenhäuser ergänzt.

Abb. 12: Aufzüge und Treppenhäuser

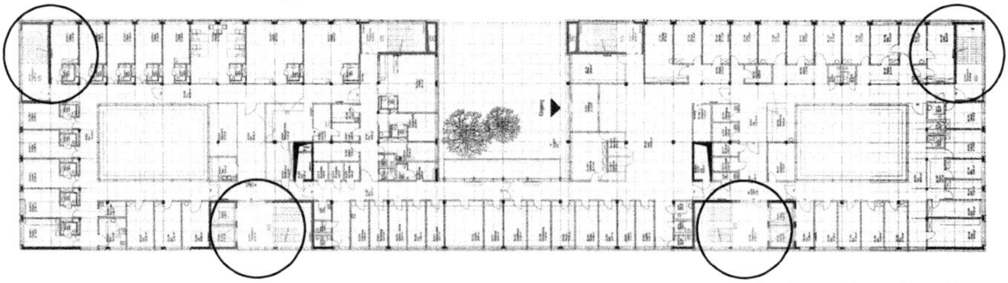

eigene Darstellung 2004

Das Pflegepersonal hat aufgrund der Konzeption der Stationen und der Anlage der Stützpunkte jeweils eine überschaubare Einheit vor sich. Zu Nachtzeiten, wenn zwei Stationen zu einer Überwachungseinheit zusammengefasst werden, verlängern sich die Wege hingegen um mehr als das doppelte.

Die weitesten Entfernungen müssen die Beschäftigten des Reinigungspersonals zurücklegen. Die Umkleideräume des Pflege- und Reinigungspersonals befinden sich im 1. Untergeschoss (U1). Von dort aus erreichen die Beschäftigten die höher gelegenen Etagen über das Haupttreppenhaus oder mit dem Fahrstuhl. Das Pflegepersonal muss erst nach Arbeitsschluss wieder in die U1-Ebene, das Reinigungspersonal muss jedoch ggf. auch für kurze Pausen während der Arbeitszeit hierhin zurückkehren, was jeweils relativ weite Wege (und damit Zeitverlust) bedeutet. Darüber hinaus müssen die Beschäftigten im Reinigungsdienst ihre Putzwagen vermutlich zur Pause mit in die U1-Ebene nehmen; in den oberen Etagen gibt es lediglich einen Abstellraum von 2,5 m^2, der zu klein dimensioniert sein dürfte, um einen Reinigungswagen abstellen zu können.

Eine eigenständige Fortbewegung ist für die Selbstbestimmung der PatientInnen von großer Bedeutung. In den vorliegenden Planunterlagen betragen die Abstände zwischen Betten und Wänden immer 1,20 bzw. 1,50 m. Dieser Abstand ist nach den Vorschriften der DIN 18024[19] nach Rollstuhlgerechtigkeit (1,50 m) und Barrierefreiheit (1,20 m) entwickelt worden, da im Krankenhausbau spezielle Richtlinien gelten, die auf die kleineren, im Krankenhaus verwendeten PatientInnenstühle ausgerichtet sind; so ist nach den im Freistaat Bayern geltenden Richtlinien pro Station nur ein rollstuhlgerechtes Zimmer gefordert. Im vorliegenden Bettenhaus-Entwurf ist pro Etage ein 2-Bett-tiefes Einbettzimmer für entsprechend gehandicapte PatientInnen vorgesehen, was in der Krankenhausplanung als Novum anzusehen ist.[20]

Das Zurechtfinden und die Orientierung innerhalb des Gebäudes ist durch die einfache Gebäudegliederung und Grundrissstruktur horizontal wie vertikal gut möglich. Unterstützend dazu sollten Beschilderungen und Leitsysteme angebracht werden, damit das Auffinden von Räumlichkeiten auch ohne fremde Hilfe erfolgen kann. Hierbei ist auf die Verwendung geschlechtsneutraler Symbole und Beschriftungen zu achten.

Um den unterschiedlichen Bedürfnissen nach Kontakten gerecht zu werden, sollten ausreichend und der Nutzung entsprechende Besprechungs- oder Gemeinschaftsräume vorgehalten werden. Zur unverbindlichen Kontaktaufnahme sind Aufenthaltsbereiche an Stütz- und Begegnungspunkten vorzusehen. Das geplante Bettenhaus bietet hierzu verschiedene Möglichkeiten: So gibt es für die PatientInnen pro Station den PatientInnenaufenthaltsraum (25,4 m^2) und die Teeküche (je 10,4 m^2)Sowie auf jeder Etage den PatientInnenbalkon (30,6 m^2), für das Pflegepersonal die Personalaufenthaltsräume (17,3 m^2) auf jeder Station. Des Weiteren ist je ein Seminarraum pro Etage vorgesehen (27,9 m^2). Erforderliche Teambesprechungen können ggf. auch in den Arbeitszimmern der Ärzte stattfinden (ca.21 m^2); in Konfliktsituationen sollten separate, nutzungsneutrale Ausweichräume zur Verfügung stehen.

Versorgen und versorgt werden

Die Versorgung der PatientInnen ist ein elementarer Bestandteil des Krankenhausaufenthaltes. Hier ist sowohl das Bedürfnis des Versorgtwerdens als auch die Pflicht zur Versorgung zu berücksichtigen.

Jedem Patienten und jeder Patientin ist die Pflege ein erstes und immanentes Bedürfnis. Damit das Krankenhaus schnellstmöglich wieder verlassen werden

19 DIN 18025 - Barrierefreies Bauen.

20 Lt. Aussage Herr MR Werner-Rüdiger Hoffmann, siehe Fußnote 3.

kann, sind die Einrichtungen von Therapie und Beratung sowie der gesundheitliche Service von besonderer Bedeutung. Im vorliegenden Entwurf sind die einzelnen Funktionsräume klar gegliedert und in ausreichender Anzahl vorhanden. Die Größen variieren zwischen 17 m^2 (Sekretariat und Arztzimmer) und 27 m^2 (Seminarraum). Für Therapie und Beratung sieht der Entwurf pro Obergeschoss je zwei Räume vor (ca. 21 m^2). Im EG befinden sich zusätzlich zu einem Untersuchungs- und Behandlungszimmer ein Therapieraum (ca. 31 m^2) sowie Behandlungs- und Beratungsräume für Seelsorge / PatientInnenbetreuung / Sozialdienst und Andacht.

Aus Sicht der PatientInnen ist eine ausreichende Information über den eigenen Krankenstand unabdingbar. Versorgungseinrichtungen und Kommunikationsräume - wie Kiosk, Café, Seelsorge, Fernsehraum u.a. - decken den Bedarf über das Lebensnotwendige hinaus. Zur Versorgung ist im Raumprogramm für das Bettenhaus lediglich ein Automatenraum vorgesehen. Für den 1. Bauabschnitt waren in der Ausschreibung weder Kiosk noch Café gefordert, diese sollen im 2. Bauabschnitt in der zentralen Eingangshalle platziert werden. Die Versorgung ohne Kiosk und Café scheint in Hinblick auf eine ggf. mehrjährige Übergangsphase schwierig.

Zur Ablenkung während des Krankenhausaufenthaltes gehört die Möglichkeit des Fernsehkonsums heute zur Standardausstattung von Krankenhauszimmern. Die Regelung des Fernsehkonsums kann in Zwei- und Mehr-Bett-Zimmern möglicherweise zu Konflikten führen. Hier stellt sich die Frage nach weiteren Angeboten außerhalb der PatientInnenzimmer – so könnte z.B. ein gemeinsamer Fernsehraum förderlich sein, bzw. nach Möglichkeiten einer weitgehend störungsfreien Abschirmung der PatientInnenbetten im Zimmer.

PatientInnen und Belegschaft verfügen in ihren Zimmern bzw. den Umkleideräumen über abschließbare Schränke für persönliche Gegenstände. Auch für BesucherInnen müssen Abstellflächen und Garderoben vorgesehen sein. So sollten zum Beispiel Kinderfahrzeuge oder Rollatoren an geeigneten Stellen vor oder in den Zimmern abgestellt werden können. In den vorliegenden Planunterlagen ist nicht erkennbar, ob hierfür Platz zur Verfügung steht.

Der durchschnittliche Aufenthalt eines Patienten / einer Patientin liegt heute zwischen 5,6 und 9,5 Tagen[21]. Möglicherweise besteht in dieser Zeit auch das Bedürfnis nach Rooming-In-Möglichkeiten für Eltern betroffener Kinder oder auch für Angehörige älterer PatientInnen. In Bezug auf das geplante Bettenhaus – so ein Ergebnis des abschließenden Workshops – wird zunächst davon ausgegangen, dass hierfür die 2-Bett-tiefen Einbettzimmer genutzt werden können. Das Rooming-In

21 Daten entnommen aus: Jahresbericht 2002 des Universitätsklinikums Erlangen, Kapitel II, Krankenversorgung, S. 39.

kann zur Entlastung des pflegenden Personals führen. Im Weiteren stellt sich die Frage nach Beschäftigungsmöglichkeiten für Eltern und Angehörige in separaten Aufenthaltsräumen und an flexibel nutzbaren Telearbeitsplätzen; solche sind im vorliegenden Entwurf bisher nicht erkennbar.

4.2 Baukörper

Stellung und Ausrichtung des Gebäudekörpers sind durch den Grundrisszuschnitt des Geländes größtenteils vorgegeben. Hier waren im Entwurf nicht viele Variationen möglich.

Durch die vorgenommene Stellung und Ost-West-Ausrichtung des Baukörpers sind die funktionalen Anforderungen an Licht und Helligkeit erfüllt. Die PatientInnenzimmer sind nach Osten, d.h. zur Straße, ausgerichtet; eine Belästigung durch Einblicke vom Straßenraum dürfte nicht entstehen, da das Gebäude vom Bürgersteig zurückgesetzt ist. Auch die Ausrichtung des Gebäudes ist vorbildlich, da die PatientInnenzimmer zum großen Teil von der Vormittagssonne beschienen werden, was sowohl für die Nutzung als auch vom Klima her angenehm sein dürfte, da die (zu) warme Einstrahlung von Süden verhindert wird. Die Funktions- und ÄrztInnenzimmer sind nach Westen, zum Innenbereich des Krankenhausgeländes, orientiert. Hier ist auf den zweiten Bauabschnitt hinzuweisen, der gerade in diesem Bereich eine repräsentative Eingangshalle vorsieht. Inwieweit diese Halle die bisher natürliche Belichtung der nach Westen ausgerichteten Zimmer beeinträchtigen wird, wäre im weiteren Entwurfsverfahren zu prüfen.

Das Gebäude entspricht in seinen baulichen Dimensionen einem überschaubaren menschlichen Maß. Zwar ist die umgebende Bebauung niedriger als die auf dem Gelände des Klinikums, die vier Geschosse des Bettenhauses bilden aber einen angemessenen Übergang von den höheren Klinikgebäuden zu der gegenüberliegenden dreigeschossigen Wohnbebauung. Die gebäudebezogenen Proportionen des Bettenhauses wirken ebenfalls angemessen; die Stationen sind durch ihre Größe leicht überschaubar.

Um sich in einem Gebäude geborgen bzw. behaglich zu fühlen, spielt die Beschaffenheit und Ausstattung des Innenraums eine wesentliche Rolle. Anhand des vorliegenden Planmaterials ließ sich zum Untersuchungszeitpunkt keine Aussage treffen. Hier kann möglicherweise davon ausgegangen werden, dass die Gestaltung der Oberflächen annähernd mit dem Gebäude des Neubaus an der Neuen Straße vergleichbar ist. Aus GenderSicht ist hier darauf zu achten, dass es z.B. rutschfeste Beläge und möglicherweise auch Pflanzen innerhalb des Gebäudes geben wird, damit nicht nur eine optische Abwechslung und ein Farbenreichtum entsteht, sondern unterschiedliche haptische Erfahrungsmöglichkeiten zur Abwechslung beitragen und die Behaglichkeit fördern.

Um den Aufenthalt so angenehm wie möglich zu gestalten, ist der Kontakt zur Außenwelt und die Möglichkeit, frische Luft einzuatmen, besonders wichtig. Dabei wird empfohlen, dass sich die Fenster selbstständig öffnen lassen und der Luftaustausch nicht ausschließlich über Klimaanlagen erfolgt.

4.3 Innen-Außen-Bezüge

Außen-Innen- und Innen-Außen-Bezüge geben Hinweise über die Transparenz und Zugänglichkeit eines Gebäudes. Hier spielt die Orientierung eine zentrale Rolle. Sie bezieht sich auf die Annäherung an und das leichte Auffinden der Zu- und Ausgänge von außen wie von innen.

Das Bettenhaus ist in den Erschließungsbereichen (Eingängen und Treppenaufgängen) transparent, in der Fassade unterschiedlich geschlossen bzw. offen gestaltet. Die Fassade nach Osten (vgl. Abb. 7), auf der Seite der primären Eingangszone, ist mit großen Fensteröffnungen versehen. Hier vermittelt das Gebäude in der Ansicht einen offenen Eindruck. Insbesondere der transparente Mittelkern wirkt einladend, u.a. durch die potentielle Belebtheit der PatientInnenbalkone (vgl. Abb.11).

Einen eher geschlossenen Eindruck vermittelt die Westfassade. Diese ist architektonisch ambitioniert, weist aber keine einladende Geste auf, im Gegenteil: Sie wirkt eher streng und zurückhaltend. Hier wird ein eher introvertierter Charakter provoziert. Es besteht die Gefahr, dass sich der Komplex dann eher aus dem Stadtraum zurückzieht und auf sich selbst konzentriert (vgl. Abb. 8).

Die Zugänge sind im vorliegenden Entwurf durch die verglaste Erschließung und die Symmetrie des Baukörpers leicht auffindbar. Der Eingang auf der Ostseite wird nach Fertigstellung des 1. Bauabschnittes durch seine mittige Anordnung und architektonische Ausformulierung eindeutig als solcher erkennbar und vom öffentlichen Straßenraum gut auffindbar sein. Mit Fertigstellung des 2. Bauabschnitts soll der Zugang über eine zentrale Eingangshalle erfolgen und auf die Hofseite im Westen verlegt werden, was in Hinblick auf die Eindeutigkeit des Zuganges von Außen eine Herausforderung für die gestalterische Leistung der ArchitektInnen bedeutet.

Aus GenderSicht wäre ein Angebot mehrerer Zu- und Ausgänge zu empfehlen, weil dadurch kurze Wege ermöglicht werden und die Wahl der Zu- und Ausgänge je nach Ankunfts- bzw. Zielort variieren könnte.

Einen weiteren Aspekt der Innen-Außen-Bezüge ist das Empfangenwerden bzw. das Zurechtfinden innerhalb des Gebäudes. Die Eingangshalle wirkt aufgrund ihrer Größe (230 m^2) einladend und großzügig. Die Zuordnung der Pforte und die PatientInnenaufnahme befinden sich momentan direkt neben der Eingangstür.

Um dem Bedürfnis nach Aufenthalt im Freien nachzukommen, bietet der Entwurf zwei bzw. mit dem Eingangsbereich drei Innenhöfe an, die in den Planunterlagen als Grün- bzw. Lichthof deklariert sind. Hier wäre ein direkter Austritt in der U1 Ebene sinnvoll, da hier der Aufenthaltsbereich des Reinigungspersonals vorgesehen ist. Der PatientInnenbalkon in den oberen Etagen bietet ebenfalls die Möglichkeit für einen Austritt ins Freie.

Beim Thema 'Blickkontakte versus Sichtschutz' ist die Frage der Einsehbarkeit ambivalent zu beurteilen. Einerseits wirkt eine offene und transparente Fassadengestaltung nach Außen einladend, andererseits muss von Innen ein Sichtschutz vor Blicken von Außen gewährleistet sein. Die Transparenz des Gebäudes ergibt sich u.a. durch die Anordnung der beiden Lichthöfe. So ergeben sich Blickkontakte in die Flure der gegenüberliegenden Bereiche der Station. Auch die Teeküche und der PatientInnenaufenthaltsraum sind einsehbar. Die privaten Zimmer der PatientInnen sind hingegen nicht einsehbar, daher ist die Privatsphäre gewahrt. Ein Konflikt kann jedoch durch die Einsehbarkeit in die Intensivpflege (Intermediate Care) entstehen. Der Aufenthalt auf den PatientInnenbalkonen ermöglicht ebenfalls Einblicke in die Intensivpflege, sowohl innerhalb der Geschosse als auch geschossübergreifend. Hier könnten individuell steuerbare Jalousien Abhilfe schaffen.

4.4 Standort und Umfeld

Standort

Bei dem Gelände des Universitätsklinikums handelt sich um einen größeren städtebaulichen Zusammenhang, der ein eigenes Quartier am Rande der Erlanger Altstadt bildet und nach Fertigstellung aller Bauabschnitte mehrere Blöcke umfassen soll. Die Entfernung zum Bahnhof beträgt ca. 10 Gehminuten. Der Maximiliansplatz als Übergang in die Stadtmitte grenzt direkt an den Bereich, in dem das neue Bettenhaus errichtet werden soll. Damit ist das Bettenhaus in die Stadt- und Krankenhausstruktur gut integriert (Abb. 5).

Das Gelände des Universitätsklinikums ist leicht auffindbar. Der Komplex ist in der Ausschilderung des Straßenleitsystems der Stadt berücksichtigt.

Das Ankommen und Wegfahren zum Gebäude erfolgt auf unterschiedliche Weise. Für PKW-FahrerInnen stehen Stellplätze in der Tiefgarage zur Verfügung; bei der Konzeption von Tiefgaragen ist auf eine ausreichende Beleuchtung, möglichst mit Tageslicht und bei Dunkelheit mit ausreichenden Lichtquellen, zu achten. Wer mit dem Fahrrad ankommt, kann dieses vor dem östlich gelegenen Nicht-Operativen Zentrum abstellen und muss nur die Neue Straße überqueren, um zum Eingang des Bettenhauses zu gelangen. Die Fußwegentfernungen sind zumutbar, so dass kein akuter Handlungsbedarf für weitere Abstellplätze besteht. Haltestellen für die innerstädtischen Buslinien des Öffentlichen Personennahverkehrs liegen in fußläufiger Entfernung in der Krankenhausstraße und am Maximiliansplatz. Die Erreichbarkeit ist u.a. für Beschäftigte von großer Bedeutung. Gerade das Personal im Schichtdienst ist auf eine regelmäßige Anbindung angewiesen. Der Busbetrieb verkehrt wochentags innerhalb des Stadtgebietes in Abständen von 15 Minuten, am Wochenende jedoch nur halbstündlich und nicht zwischen 0.00 und 5.30 Uhr.

Für das Bringen und Abholen von PatientInnen stehen unterschiedliche Möglichkeiten zur Verfügung: Die Zufahrt mit dem Krankenwagen erfolgt derzeit unterirdisch vor der Chirurgischen Klinik und muss in erster Linie den medizinischen Erfordernissen Rechnung tragen. Für die Zufahrt, die nicht notfallmäßig erfolgt oder / und in Begleitung von Angehörigen stattfindet, sollten sowohl Taxistände als auch Kurzparkplätze zur Verfügung stehen. Ob diese bereits berücksichtigt wurden, lässt sich an dem vorhandenen Planmaterial nicht erkennen.

Abb. 13: Krankenwagenzufahrt

eigene Aufnahme 2004

Bei der Warenanlieferung ist zu berücksichtigen, dass die Wagen möglichst nah an das Gebäude heranfahren können. Schwere Geräte und Verbrauchsmaterialien sollten schnell und unkompliziert abgegeben bzw. hineingetragen werden können. Wie die Organisation der Versorgung gelöst ist, lässt sich anhand des vorhandenen Materials nicht beurteilen.

Dank der zentralen Lage des Klinikums können individuelle Besorgungen von allen NutzerInnen in kurzer Entfernung vor dem Besuch, in der Mittagspause oder bei einem Spaziergang erledigt werden.

Umfeld

Die Ansprüche an die Nutzung des Außenraums sind unterschiedlich, jedoch haben alle NutzerInnen ein Bedürfnis nach frischer Luft und Bewegung. PatientInnen und Beschäftigte wollen evtl. auf einer Bank in der Sonne sitzen, BesucherInnen – vor allem die jüngeren - haben ggf. den Drang nach Bewegung.

Die Außenraumqualität sollte daher unterschiedlichen Bedürfnissen gerecht werden. Können sich z.B. PatientInnen bereits an der frischen Luft aufhalten, so haben sie dennoch eher das Bedürfnis nach Ruhe, während z.B. BesucherInnen mit Kindern oder auch das Pflegepersonal in den Pausen eher den Drang nach Bewegung verspüren können. Um Nutzungskonflikte zu vermeiden, sollte der Außenraum in Bereiche eingeteilt werden, die den unterschiedlichen Ansprüchen gerecht werden. Dabei sollten Einsehbarkeit und Übersichtlichkeit, aber auch die Beleuchtung in Wintermonaten und Abendstunden besonders berücksichtigt werden und dem Sicherheitsbedürfnis nach Unversehrtheit Rechnung tragen.

Abb. 14 und 15: Aktuelle Situationen im Innenhofbereich

eigene Aufnahmen 2004

Momentan sind die Außenflächen in erster Linie als Parkplätze vorgesehen. Ob und wie die Außenräume nach Fertigstellung des Bettenhauses gestaltet werden sollen, ist noch offen.

5 Abschließende Bewertung und Handlungsempfehlungen

Der vorliegende Entwurf für das neue Bettenhaus wurde unter GenderAspekten im Allgemeinen als gut beurteilt. Diese Bewertung bezogen die Bearbeiterinnen insbesondere auf den Baukörper selbst mit seiner zweiflügeligen Gliederung in übersichtliche Stationsstrukturen wie auch die meisten Aspekte der inneren Organisation des Gebäudes und nicht zuletzt die zentrale Lage im Stadtgebiet.

Die im Folgenden aufgeführten, den Auftrag der Obersten Baubehörde abschließenden Empfehlungen[22] zeigten auf, welche Maßnahmen unter GenderAspekten noch ergriffen werden müssten, um dem Bauwerk mit Überzeugung das Prädikat "gut" erteilen zu können. Den Abschluss bildeten zusätzliche Hinweise, die im weiteren Prozess der Krankenhausplanung und -entwicklung im Sinne des Gender Mainstreaming zu beachten wären.

Innere Organisation

Zur inneren Organisation ist die Erfüllung der Kriterien im Bereich Mobilität / Kommunikation besonders positiv hervorzuheben. Das Bettenhaus entspricht dem Leitbild einer "Stadt der kurzen Wege" in überzeugender Weise. Räumliche Nähe zwischen PatientInnenzimmern / Bettenstandorten und Versorgungseinrichtungen sowie bequeme Erreichbarkeit sind ebenso gewährleistet wie die Orientierung im Gebäude und auf den Etagen. Begegnung ist sowohl technisch als auch in sozialer Hinsicht möglich. Jedoch wäre hier eine stärkere Differenzierung für die unterschiedlichen Bedürfnisse der einzelnen NutzerInnengruppen erwünscht.

So sind die Bedürfnisse rollstuhlfahrender PatientInnen und BesucherInnen nicht gleichermaßen gewährleistet. Die Einrichtung eines patientInnenstuhlgerechten Zimmers pro Etage in der Krankenhausplanung ist als positives Signal zu werten; die selbstbestimmte Fortbewegung gehbehinderter PatientInnen und vor allem auch entsprechend behinderter BesucherInnen ist jedoch auf die Zimmer beschränkt. Durch eine flexible Handhabung der Belegungspraxis (Zweibett- und Einbettzimmer) kann hier im Einzelfall eine Kompensation erfolgen.

Zur positiven Beurteilung unter dem Aspekt Rückzug / Gemeinschaft trugen vor allem die klaren Abstufungen zwischen privaten bis öffentlichen Bereichen mit ihren deutlichen Zonierungen bei, des Weiteren die gleiche Größe der PatientInnenzimmer, die sowohl eine Flexibilität in der aktuellen Belegung als auch eine potentielle Umnutzung für andere Zwecke ermöglicht. Dem Sicherheitsbedürfnis wird auf vielfältige Weise durch Möglichkeiten und Einrichtungen der persönlichen, sozialen und formellen Kontrolle Rechnung getragen.

Nicht so gut weggekommen ist die Planung in Bezug auf drei weitere Kriterien: Rückzugsmöglichkeit / Intimität; soziale Nähe; individuelle Beschäftigung. Dies sind Kriterien, die insbesondere die Qualität des Aufenthalts für die PatientInnen betreffen, wie sie durch Maßnahmen der Ausstattung, z.B. Vorhang / Schiene im Bereich der Betten, zusätzliches, ggf. flexibles Mobiliar etc., erzielt werden können.

---

22 Kapitel 5 ist entnommen aus: Zibell, Barbara/ Schröder, Anke/ Sailer, Kerstin: „GenderKriterien im Krankenhausbau", Hannover Oktober 2004, Seite 45ff.

Eine Anforderung, die insbesondere vor dem Hintergrund der Zukunftsfähigkeit des Bettenhauses bzw. des Krankenhausbaus im Allgemeinen bedacht werden sollte, ist die Frage der Entlastung. Hier ist sowohl an die Entlastung von Beschäftigten gedacht, die z.B. an der Tagesversorgung eigener Kinder in einer klinikumseigenen Einrichtung interessiert sein könnten, als auch an die Entlastung potentieller BesucherInnen, deren Kinder (oder alte Eltern) von der Möglichkeit des Rooming-In Gebrauch machen möchten. Die 2-Bett-tiefen Einbettzimmer stünden einer solchen Nutzung grundsätzlich zur Verfügung. Zusätzlich wäre eine ganze Bandbreite an Vorrichtungen denkbar - von flexiblen Möbeln und Ausstattungsgegenständen über Beschäftigungsangebote aller Art bis hin zu Bibliotheken und Internetanschlüssen -, die den längeren Besuch, auch über mehrere Tage hinweg, für Begleitpersonen angenehmer und stressfreier gestalten könnten.

Baukörper

Insbesondere die Dimensionierung des Baukörpers mit den gewählten Proportionen und der Einhaltung eines menschlichen Maßes, aber auch die Orientierung ist - vor allem unter Berücksichtigung der realisierten 1. Bauetappe - als gut zu beurteilen: Die Ost-West-Ausrichtung kann geradezu als optimal gelten. Für den Verlauf der weiteren Planungsüberlegungen wäre zu prüfen, welche Konsequenzen sich daraus sowohl für die Beschäftigten, deren Arbeitsräume auf dieser Seite des Gebäudes angesiedelt sind, als auch für BesucherInnen bzw. für PatientInnen, die sich im Gebäude bewegen und aufhalten möchten, ergeben (Licht / Helligkeit).

Zum Gefühl der Geborgenheit / Behaglichkeit tragen auch Materialien und Farben bei; hier sollte zu gegebener Zeit ein Farbkonzept in Auftrag gegeben bzw. professionelle Beratung hinzugezogen werden, um eine maximale Aufenthaltsqualität zu erreichen, auch als Beitrag zur Vermeidung von Angst im Krankenhausbau (Durke / Schönpflu / Wischer 1992). Studien aus der Architekturpsychologie belegen, dass Licht und Farbe auf die Genesungsprozesse des Menschen positiv einwirken können (Walden 2004).

Freiraumbezüge

Hervorzuheben ist das leichte Auffinden des Gebäudes von der Straßenseite her bzw. aus dem Kontext des öffentlichen Stadtraumes, was vor allem nach der Realisierung des 1. Bauabschnitts von der Östlichen Stadtmauerstraße her bestens möglich ist. Auch das Empfangenwerden in einer großzügigen Eingangshalle gehört dazu.

Die klare Auffindbarkeit des Bettenhauses sollte auch bei dem Anbau einer mehrgeschossigen repräsentativen Empfangshalle auf der jetzigen Rückseite in der zukünftigen Planung berücksichtigt werden. Dies betrifft nicht nur die Zuordnung zum öffentlichen Stadtraum; auch die Empfangshalle mit der Pförtnerloge, die dann in die neue Eingangshalle verlegt wird, wäre zu bedenken.

Umfeld und Standort

Der Standort des Bettenhauses kann mit seiner zentralen Lage aus Sicht des Gender Mainstreaming als optimal beurteilt werden. Für PatientInnen, BesucherInnen und Beschäftigte ist die Zentralität im Hinblick auf Erreichbarkeit und die Möglichkeit, die Vielfalt der umgebenden Nutzungen für unterschiedliche Besorgungen in minimaler Zeit erledigen zu können (Wegeketten), von besonderer Bedeutung.

Als unzureichend muss jedoch das unmittelbare Krankenhausumfeld beurteilt werden: Der Innenbereich des betreffenden Klinikgeländes ist derzeit vollständig versiegelt und wird vor allem als Stellplatzfläche für PKW's genutzt. Es gibt - was insbesondere für PatientInnen und deren BesucherInnen, aber auch für kurze Erholungspausen der Beschäftigten von Bedeutung ist - angrenzend an das Gebäude keine qualitätvoll gestalteten Freiflächen. Hier liegt eine große Herausforderung für die Planungen des 2. Bauabschnitts bzw. im Zusammenhang mit der Freiraumplanung.

Für die weitere Planung wurde auf der Basis des vorliegenden Gutachtens empfohlen, die angesprochenen Aspekte und Kriterien zu berücksichtigen sowie die als weniger positiv beurteilten Aspekte nach Möglichkeit auszugleichen.

Hinweise zum weiteren Vorgehen

Für den Planungs- und Entscheidungsprozess im Krankenhausbau im Allgemeinen wurden weitere Hinweise gegeben, die über den Auftrag im engeren Sinne hinausgingen und hier der Vollständigkeit des GM-Prinzips entsprechend nicht unerwähnt bleiben sollen:

- Geschlechterdifferenzierte Belange sind grundsätzlich bereits im frühen Planungsstadium zu berücksichtigen.
- Personenbezogene Daten sind grundsätzlich nach Geschlechtern differenziert zu erfassen, um geschlechtsspezifische Unterschiede in den Bedürfnislagen angemessen berücksichtigen zu können. Im Hinblick auf den hier fokussierten Krankenhausbau „Bettenhaus“ könnte zum Beispiel untersucht werden, wie viele Frauen und wie viele Männer im Krankenhaus “wohnen” und arbeiten, ob es geschlechtsspezifische Anforderungen bei der Genesung von PatientInnen gibt und ob daher ggf. unterschiedliche Therapien erforderlich sind, die sich auf baulich-räumliche Qualitäten auswirken.

- Bezogen auf den Entscheidungsprozess wird aus Sicht einer geschlechtergerechten Perspektive die Einbeziehung von Gender- und anderen Fachleuten (Frauen und Männer) einerseits und ggf. potentiell planungsbetroffenen Frauen wie Männern aus den verschiedensten NutzerInnengruppen andererseits erhoben, also nicht nur VertreterInnen der Krankenhausverwaltung und leitende Ärzte / UniversitätsprofessorInnen, sondern auch MitarbeiterInnen im Pflegedienst sowie Hausmeister- und PförtnerInnen und Reinigungspersonal sowie ggf. PatientInnen und ihre Angehörigen. Der Einbezug sollte sowohl bei der Vorbereitung und Planung als auch bei der Evaluierung von Projekten erfolgen.
- Um GenderAspekte im alltäglichen Ablauf des Krankenhausbetriebes und bei der weiteren Krankenhausplanung und -entwicklung dauerhaft zu integrieren, wird es im Weiteren notwendig sein, Fortbildungsmaßnahmen für Führungskräfte und MitarbeiterInnen zur Sensibilisierung für GenderBelange und deren besondere Auswirkungen auf die jeweils konkrete Aufgabenstellung im Gesundheitswesen durchzuführen.

Inwieweit die im Gutachten enthaltenen Vorschläge im weiteren Planungsprozess berücksichtigt werden bleibt abzuwarten. Zunächst einmal wurden die Ergebnisse für die Internetseite des Bayrischen Staatsministerium des Innern aufbereitet. Das zuständige Universitätsbauamt Erlangen der Bayerischen Staatsbauverwaltung schreibt im Vorspann zu der von der Auftragnehmerin gestalteten Seite:

„Im Ergebnis hat die ‚GenderUntersuchung' den Wettbewerbsentwurf der Architekten Tiemann-Petri aus Stuttgart bestätigt. Gleichzeitig gilt das natürlich auch für das dem Wettbewerb zugrunde liegende Raumprogramm. Insbesondere das Vorhandensein und die Zuordnung von Räumen und Zonen, die nicht vordergründig im Raumprogramm stehen, sowie städtebauliche Erfordernisse aus Standort und Ausführung der Architektur wurden hinsichtlich ‚GenderKriterien' untersucht. Die weiteren Empfehlungen gehen mehrheitlich über die Baumaßnahme hinaus und befassen sich mit Organisationsfragen der späteren Nutzung."[23]

Es bleibt also zu hoffen, dass die aus dem GM resultierenden Verbesserungen im Gesundheitswesen künftig in die architektonischen Lösungen implementiert werden.

Im Weiteren wäre zu klären, welche prozessualen und strukturellen Maßnahmen zu treffen wären, um dem Prinzip des Gender Mainstreaming in allen seinen Facetten, nicht nur im Hinblick auf die Qualitäten der baulich-räumlichen Gestaltung, gerecht zu werden. Dazu gehören zum Beispiel auch Fragen nach der Beteiligung

23 Vgl. http://www.stmi.bayern.de/buerger/staat/gender/ - zugegriffen am 29.12.2007.

von Frauen bzw. Männern an Entscheidungen im Krankenhausbau bzw. deren Kompensation durch Einbezug von externen ExpertInnen sowohl bei Wettbewerben als auch bei der direkten Auftragsvergabe.

Diese Aspekte gingen über den Rahmen des hier beschriebenen Auftrags hinaus, müssten jedoch auf allen Ebenen und in allen Phasen der Planung berücksichtigt werden, um dem Prinzip des Gender Mainstreaming vollumfänglich Rechnung zu tragen.

Verwendete Literatur

Die Schwester, Der Pfleger (2004), 43 Jg. 9/04, Offizielles Organ des Deutschen Berufsverbands für Pflegeberufe (DBfK), Bibliomed-Medizinische Verlagsgesellschaft mbH, Melsungen 2004, S. 658 – 663.

Durke, S., Schönpflug, W., Wischer, R (1992).: Angst im Krankenhaus: Ein interdisziplinäres Forschungsprojekt. In: Pawlik, K., Stapf, K.H. (Hg.): Umwelt und Verhalten. Perspektiven und Ergebnisse ökopsychologischer Forschung. Verlag Hans Huber. Bern, S. 329-355.

Richter, Peter G. (Hg.) (2004): Architekturpsychologie. Eine Einführung, Lengerich.

Walden, Rotraut (2004): Architektur kann gesund machen, Koblenz.

Universitätsklinikum Erlangen (2002): Jahresbericht 2002.

Zibell, Barbara / Schröder, Anke (2007): Frauen mischen mit. Qualitätskriterien für die Stadt- und Bauleitplanung, Frankfurt a.M. u.a.

GENDER ASPEKTE BEIM NEUBAU DER HEINRICH-BÖLL-STIFTUNG IN BERLIN (D)

Henning von Bargen, Gabriele Schambach

VIELFALT BILDET

PRODUKT	Ideen- und Kriterienpapier; Gender- und Diversity-Kriterien-Matrix; Gender ScoreCard	
PROZESS	Vorbereitung und Begleitung des Projektes von der vorbereitenden Mitgliederversammlung bis zum baureifen Entwurf, Workshop zu Gender- und Diversity-Ziele-Matrix	
	2003	Entscheidung der Mitgliederversammlung über den Neubau, Workshop
	2004	Ideen- und Kriterienpapier zu Gender-und Diversity-Aspekten, Kriterienmatrix; BBR-Gespräche
	2005	Auswahl des Grundstücks
	2006	Wettbewerbsentscheidung und Beurteilung des Wettbewerbsentwurfs
	2007	Baubeginn im März
	2008	Fertigstellung und Umzug im Juni
VERFAHRENSSTAND	Einweihung und Eröffnung des Hauses am 25.09.2008; die Gestaltung der Außen- und Grünflächen erfolgt ab Herbst; abschließende Bewertung in 2009 angedacht	
AUFTRAGGEBERIN	Heinrich-Böll-Stiftung (hbs), Vorstand	
PROJEKTBETEILIGTE	Lenkungsgruppe, bestehend aus Geschäftsführerin, Abteilungsleiter IT / Technische Dienste, Architekt (Projektleiter), Leiter Finanzabteilung, Mitarbeiterin für das Immobilienmanagement und Immobilien-Arbeitsgruppe (Immo AG) GenderDiversityExpertise: intern: Henning von Bargen, Mekonnen Meshgena, Referenten für die Gemeinschaftsaufgaben „Geschlechterdemokratie“ und „interkulturelles Management / Diversity“, extern: Dr. Gabriele Schambach, Gender Beraterin	

Henning von Bargen, Gabriele Schambach

VIELFALT BILDET

Die Heinrich-Böll-Stiftung (hbs) in Berlin ist eine politische Stiftung und steht der Partei Bündnis 90 / Die Grünen nahe. Seit 1997 residierte sie in den Hackeschen Höfen in Berlin-Mitte - eine gut erreichbare Adresse mit schöner Veranstaltungsetage und einem quirligen Umfeld im „neuen" Berlin. Vorrangige Aufgabe der Stiftung mit ihren fast 200 MitarbeiterInnen ist die politische Bildung im In- und Ausland zur Förderung der demokratischen Willensbildung, des gesellschaftspolitischen Engagements und der Völkerverständigung. Darüber hinaus fördert die Stiftung Kunst und Kultur, Wissenschaft und Forschung und die Entwicklungszusammenarbeit.

Die Verwirklichung von Geschlechterdemokratie[24] und einer demokratischen Einwanderungsgesellschaft - multikulturelle Demokratie - hat die Stiftung bei ihrer Entstehung zu ihrem gesellschaftspolitischen Ziel und organisationspolitischenLeitbild erklärt. Als Strategie zur organisationsinternen Umsetzung sind diese

24 Geschlechterdemokratie ist ein normativer Begriff, der die Herstellung demokratischer Verhältnisse zwischen Frauen und Männern zum politischen Ziel deklariert. Dies bezieht sich auf die politischen Partizipationschancen von Frauen und Männern, auf die gesellschaftliche Ressourcenverteilung zwischen Frauen und Männern, auf die Kritik an autoritär-hierarchischen, undemokratischen Strukturen in den privaten Verhältnissen und an explizit gewaltförmiger Herrschaftsausübung von Männern über Frauen. Demokratie wird hier in einem erweiterten Sinne gebraucht. Der Begriff der Demokratie beinhaltet, zumindest als Potenz, die Anerkennung von gleichen Rechten und Chancen für Verschiedene (Bargen / Schambach 2003: 126).

Ziele als Gemeinschaftsaufgaben in der Satzung verankert. Alle MitarbeiterInnen berücksichtigen auf allen Ebenen und bei allen Tätigkeiten Geschlechterfragen und wirken im Rahmen ihrer jeweiligen Möglichkeiten auf die Verwirklichung von Geschlechterdemokratie und interkultureller Demokratie hin. Ein 2006 für die organisationsinternen Prozesse entwickeltes Gender- und Diversity-Konzept[25] ergänzt diese Perspektiven: Die Summe von Gemeinsamkeiten und Unterschieden von Menschen, „Diversity" genannt, gilt nicht nur in der Stiftung, sondern inzwischen auch in modernen gesellschaftlichen, institutionellen und unternehmerischen Zusammenhängen als Kompetenz, starkes Potential und Produktivkraft.

Im Jahr 2002 wurden der Stiftung als öffentlich geförderte Einrichtung aus dem Bundeshaushalt Baumittel zugewiesen und damit die Möglichkeit geschaffen, im Wege des Hauskaufs oder Neubaus ihre am gegenwärtigen Standort hohen Miet- und Betriebskosten zu senken. Es stellte sich natürlich die Frage, wie Geschlechterdemokratie und Diversity-Aspekte bei der Planung und Realisierung eines neuen Stiftungssitzes berücksichtigt bzw. integriert werden können. Die in den vergangenen Jahren für viele Bereiche der Stiftungsarbeit entwickelten und erprobten geschlechterdemokratischen Zielsetzungen, Kriterien, Indikatoren, Instrumente und Evaluationsmöglichkeiten etc.[26] lieferten das Grundgerüst für die Planung, denn für den Hochbau lagen kaum Gender- und Diversity-orientierte Untersuchungen und Erfahrungen vor. Die wissenschaftliche Forschung bezieht sich in Deutschland überwiegend auf städtebauliche Aspekte beziehungsweise im Wohnungsbau auf feministische Kriterien. Erschwerend kamen die teilweise einengenden Vorgaben der ZuwendungsgeberInnen, also der öffentlichen Hand, hinzu.

So wurden im Prozess auf bereits erarbeitete Ansätze und Vorhaben aus Deutschland, Österreich und der Schweiz zurückgegriffen. Diese dienten als Anknüpfungspunkte für die spezifische Situation und die Belange der Heinrich-Böll-Stiftung und wurden entsprechend weiterentwickelt. Die Herausforderung bestand darin, ein Konzept zu entwickeln, dass

- den eigenen Ansprüchen an eine geschlechterdemokratische und diversity-orientierte Gestaltung von Entscheidungs- und Planungsprozessen gerecht wird,
- mess- und überprüfbare Gender- und Diversity-Ziele beschreibt, die für alle Phasen von Standortsuche über Planung bis hin zum Um- oder Neubau opera-

25 Gender wird hier nicht als Teil eines übergeordneten Diversity-Begriffs verstanden, sondern als Konzept, dass die strukturwirksamen Aspekte der Kategorie Geschlecht im Kontext mit anderen sozialen und Vielfaltsdimensionen in den Vordergrund rückt. Diversity betont demgegenüber eher die personelle Ebene, auch wenn strukturelle Aspekte dabei nicht ausgeblendet werden.

26 siehe Auswahl in der Literaturliste.

tionalisiert werden können,
- kreativ mit den Grenzen umgeht, die sich aus den für öffentlich geförderte Einrichtungen geltenden Vorschriften und Richtlinien und dem gesetzten finanziellen Rahmen ergeben,
- offen ist für Erkenntnisse aus der gender-bezogenen Forschung und diese sukzessive integriert bzw. operationalisiert.

Da das Projekt noch nicht ganz abgeschlossen ist, werden in diesem Artikel der bisher gelaufene Prozess (Stand Juni 2008) sowie erste Ergebnisse beschrieben. Eine abschließende Bewertung ist für 2009 angedacht.

1 Der Prozess: von der Idee zur Planung und Umsetzung

1.1 Ausgangspunkt und Vorgehen

Am Anfang des gesamten Prozesses stand im Herbst 2003 die grundsätzliche Entscheidung der Mitgliederversammlung - dem höchsten beschlussfassenden Gremium der Stiftung - einen neuen Stiftungssitz zu kaufen oder zu bauen. Wichtige Eckpunkte dieses Beschlusses waren:

- einen Standort in Berlin-Mitte in der Nähe des Regierungsviertels zu suchen
- möglichst einen Altbau zu kaufen und zu sanieren
- eine größere Veranstaltungsetage mit flexiblem Raumkonzept einzuplanen
- ein ökologisches Energiekonzept zu verwirklichen
- ausreichend Arbeitsplätze und bessere Arbeitsbedingungen für die Mitarbeiterinnen und Mitarbeiter zu schaffen und dabei
- Gender- und Diversity-Aspekte zu berücksichtigen.

Mit der Steuerung des gesamten Projektes wurde die Geschäftsführerin der Stiftung beauftragt und eine Lenkungsgruppe gebildet. Dieser gehören die Geschäftsführerin, der Abteilungsleiter IT/Technische Dienste, der für dieses Projekt eingestellte Architekt (Projektleiter), der Leiter der Finanzabteilung sowie die für das Immobilienmanagement zuständige Mitarbeiterin an. Damit das Know-how und die Interessen und Bedürfnisse der MitarbeiterInnen ausreichend einbezogen werden können, wurde zusätzlich eine Immobilien-Arbeitsgruppe (Immo-AG) mit VertreterInnen aus allen Abteilungen und dem Betriebsrat eingerichtet. Die Immo-AG tagte zu Beginn des Projektes im Abstand von sechs Wochen. Ihre Aufgabe bestand vor allem darin, die interne Kommunikation zu fördern und die inhaltlichen Vorgaben für das Immobilienvorhaben wie z.B. Kriterien für den Veranstaltungsbereich, das geschlechterdemokratische und interkulturelle Erscheinungsbild, ökologische

Anforderungen oder künftige Arbeitsplatzmodelle zu beraten. Die beiden Referenten für die Gemeinschaftsaufgaben Geschlechterdemokratie und interkulturelles Management/Diversity waren ebenfalls Mitglieder der Immo-AG und begleiteten das Projekt in beratender Funktion.

1.2 Standortsuche und Objektauswahl

Die Suche nach einem geeigneten Objekt in Berlin-Mitte gestaltete sich nicht so einfach. Der Erwerb eines den räumlichen Anforderungen entsprechenden Altbaus scheiterte, da für notwendige Anbauten keine Baugenehmigung erteilt wurde. Die Stiftung entschied sich daher im Frühjahr 2005 für die Errichtung eines Neubaus. Damit verbunden war aus vergaberechtlichen Gründen die Ausschreibung eines Architektenwettbewerbes (beschränkt offener Wettbewerb). Eine Jury, zusammengesetzt aus vier renommierten ArchitektInnen (3 F, 1 M), dem Präsidenten des Bundesamtes für Bauwesen und Raumordnung (BBR), der Bezirksbaurätin, einem Stiftungsvorstandsmitglied (M) sowie zwei technischen Sachverständigen (1 F, 1 M), prämierte im Januar 2006 mehrere der eingereichten Entwürfe und wählte schließlich das Modell des jungen schweizerischen Architekturbüros „e2a eckert eckert architekten, Zürich" aus. Bis zum Herbst 2006 wurde die Architektur des Gebäudes ausformuliert, die Verdingungsunterlagen erstellt und das Vergabeverfahren zur Auswahl eines Generalübernehmers im Sinne eines Public-Private-Partnership Modells durchgeführt. Der Bau des Gebäudes begann 2007.

Abb. 1: Entwurf e2a eckert eckert architekten ag, Zürich

1.3 Gender- und Diversity-Perspektiven

Um den Blick möglichst frühzeitig auf Gender- und Diversity-Aspekte zu lenken, erarbeiteten die beiden Gemeinschaftsaufgaben-Referenten im Jahr 2004 erste Ideen- und Kriterienpapiere. Sie wurden in der Immo-AG und im ehrenamtlichen Frauenrat der Stiftung diskutiert, ergänzt und zu einem Arbeitspapier zusammengeführt, das für den weiteren Prozess die Grundlage bildete. Als wichtige Eckpunkte wurden darin festgehalten:

- Die Grundsätze des Gender Mainstreaming sollen berücksichtigt werden, ohne die funktionalen Anforderungen bei der Planung und Ausführung des Objektes einzuschränken. Diesbezügliche Zielkonflikte sind zu benennen und der Umgang damit zu dokumentieren. Gender- und Diversity-relevante Dimensionen sind u.a. urbaner Ort mit guter Infrastruktur, Erreichbarkeit/Sicherheit des Objektes, Zugänglichkeit, Raumgestaltung, Kommunikation und Visualisierung.
- Ausschreibungen sollen so gestaltet sein, dass kleine und mittlere Betriebe nicht durch zu große Lose oder Zusammenfassung von Gewerken oder zu hohe Anforderungen an finanzielle Sicherheiten (Gewährleistung) ausgeschlossen werden. Denn hier findet sich auch eine Reihe von Betrieben, die einen hohen Frauenanteil aufweisen bzw. reine Frauenbetriebe sind.
- In Angeboten zu Ausschreibungen sollen AnbieterInnen darlegen, in welchem Umfang Männer und Frauen bei den Planungen und Bauausführungen beteiligt werden und in welchem Maße die anbietenden Unternehmen selbst genderorientierte Maßnahmen durchführen (Frauenförderpläne, Maßnahmen zur Vereinbarkeit von Familie und Beruf, Väterförderung etc.). An der Durchführung des gesamten Projektes sollten mindestens 40% Frauen beteiligt sein.

Das Arbeitspapier bildete dann z.B. die Grundlage für ein Gespräch mit VertreterInnen des BBR. Das BBR als Aufsicht führende Behörde verlangte seinerseits die Berücksichtigung von Gender Mainstreaming bei allen öffentlichen und öffentlich geförderten Bauten, konnte aber selber im Bereich Hochbau noch wenig Konkretes zur Umsetzung von GenderAspekten anbieten. Das Gespräch über mögliche Anforderungen, die sich im Hinblick auf Gender Mainstreaming ergeben, war aber für beide Seiten bereichernd.

1.4 Kriterien-Matrix

Nach der Entscheidung für einen Neubau wurde es Zeit, die im Arbeitspapier benannten geschlechterdemokratischen und Diversity-Aspekte näher auszuformulieren und für den weiteren Prozess handhabbar zu machen. Anregungen dazu bekam die Stiftung von dem Zentrum ‚Frau und Beruf' in Castrop-Rauxel, die die Entwicklung eines kulturwirtschaftlichen Gründerinnenzentrums unter Berücksichtigung von Gender-Aspekten begleitet hatte.[27] Als wichtiges Instrument war hier eine Gender ScoreCard entwickelt worden. Davon ausgehend erarbeitete die Immo-AG der Stiftung in einem Workshop eine Gender- und Diversity-Ziele-Matrix zu den Dimensionen

- Standort (räumliche Lage/Umfeld, Erreichbarkeit, Infrastruktur, Vereinbarkeit)
- Arbeiten und Leben (Aufenthaltsqualität im Gebäude und den Außenanlagen, Sicherheit, Vereinbarkeit, Barrierefreiheit, Kommunikation)
- Lernen und Bilden (Ausstattung, flexibles Raumangebot, Veranstaltungsmanagement)
- Integration in die Corparate Identity / Öffentlichkeitsarbeit
- Repräsentation und Partizipation (Zusammensetzung der Gremien, Beteiligung der MitarbeiterInnen, NutzerInnen, AnwohnerInnen).

Zu jeder der Dimensionen wurden in der Matrix Ziele, Teilziele und Indikatoren formuliert.

1.5 Gender- und Diversity - Kriterien - Matrix

I. Dimension: Standort (räumliche Lage/Umfeld, Erreichbarkeit, Infrastruktur, Vereinbarkeit)

Ziel	Teilziele	Indikatoren	Umsetzung, Situation
Unterschiedliche Bedürfnisse hinsichtlich Mobilität von Frauen und Männern in ihrer Vielfalt werden berücksichtigt.	Der Stiftungssitz ist für alle Nutzerinnen und Nutzer gut mit ÖPNV erreichbar.	Behindertengerechte U-Bahn/S-Bahnhöfe oder Bus-Haltestelle im Umkreis von xxx Metern	S+U-Bahn Friedrichstr. (500 m) U-Bahn Oranienburger Tor (300m) Bus Xy (xxx m)
	Parkplätze für mobilitätseingeschränkte Personen sind ausreichend vorhanden.	X Behindertenparkplätze unmittelbar vor bzw. an der Stiftung	Halteplatz für Taxi vorhanden Öffentliches Parkhaus ggü. der Charité 2 Behindertenparkplätze vor dem Eingangsbereich

27 Siehe Zentrum Frau in Beruf und Technik 2003.

	Die Verkehrswege im Umfeld der Stiftung sind übersichtlich und barrierefrei.	Ampelanlagen für Blinde Rollstuhl- und Kinderwagengerechte Übergänge Im Winter geräumte Strassen und Wege Ausreichende Beleuchtung	Umgebung ist vergleichbar dem Hackeschen Markt; sehr von Institutionen und öffentlichen Bauten, inkl. entsprechender Infrastruktur, geprägt
Unterschiedliche Anforderungen der Nutzerinnen und Nutzer an Versorgungsstruktur und Infrastruktur sind berücksichtigt	Einkaufsmöglichkeiten für den täglichen Bedarf sind vorhanden.	X Lebensmittelgeschäfte im Umkreis von xx m	2 Supermärkte, kleinere Lebensmittel- und Feinkostläden im Karree Friedrichstraße, S Friedrichstraße, Charité, Schumannstraße
	Gaststätten mit für alle Beschäftigten bezahlbarem Angebot an Mittagstisch sind ausreichend vorhanden.	X Gaststätten mit Verpflegungsangeboten in der Spanne von x bis y Euro	vglb. Hackescher Markt: mindestens 6 Bäcker, ca. 15 Einrichtungen für preiswertes Essensangebot zwischen 3 und 5 Euro (Coffeeshops, Imbiss, Kantinen, Bistros), ca. 6 Restaurants mit Lunchangeboten zwischen 5 und 8 Euro und einer Reihe von Restaurants mit höherpreisigen Angeboten
	Für die Beschäftigten mit Kindern nutzbare Kinderbetreuungseinrichtungen sind im näheren Umkreis vorhanden.	X Kitas mit Ganztagesbetreuung (xxx m) Y Schülerläden/Hort	im Umkreis von 500 m 6 Kitas mit Ganztagsbetreuung und im Umkreis von 1000 m 11 Kitas mit Ganztagsbetreuung 1 Grundschule mit Hort und eine Ganztagsschule Schülerläden befinden sich in der Rosenthaler Vorstadt und in Tiergarten
	Spielplatz bzw. Spielmöglichkeiten für Kinder sind auf dem Stiftungsgelände bzw. in unmittelbarer Umgebung vorhanden und nutzbar.		wird im Rahmen der Grünflächengestaltung in unmittelbarer Umgebung des Hauses und unter Berücksichtigung der gleichlautenden AnwohnerInneninteressen umgesetzt
Ein angst- und gefahrfreier Aufenthalt am Standort ist jederzeit möglich.	Es gibt keine potentiellen Angsträume.	Durchgänge und Außenanlagen sind gut einsehbar Wege, Parkplätze und Fahrradabstellplätze sind gut beleuchtet	Sehr luftiges und offenes architektonisches Gestaltungsprinzip gewährleistet Anforderungen Thema wird auch bei der Grünflächengestaltung berücksichtigt
		Sichtverbindungen zu markanten Orientierungspunkten sind vorhanden	

	Das Umfeld und die Sicherheitslage sind für Nutzerinnen und Nutzer und insbesondere Menschen verschiedener ethnischer Herkunft akzeptabel.	Einschätzung von Migrantinnen und Migranten (Beschäftigte, StipendiatInnen, AnwohnerInnen) Sozialberichterstattung / Aussagen der Integrationsbeauftragten der Stadt	mehrere MigrantInnen in der hbs befragt, die unisono die Gegend als sicher bezeichneten (genug beleuchtet, keine negativen Erlebnisse, bisher kein Risiko wahrgenommen) Nach mündlicher Auskunft der Senatsleitstelle gegen Diskrimminierung gilt der ganze Stadtbezirk als sehr sicher (Einzelaussagen zur Gegend konnten nicht getroffen werden) Anfrage beim Integrationsreferenten des Stadtbezirks Mitte läuft noch

2. Dimension: Arbeiten und Leben (Aufenthaltsqualität im Gebäude und den Außenanlagen, Sicherheit, Vereinbarkeit, Barrierefreiheit, Kommunikation)

Ziel	Teilziele	Indikatoren	Umsetzung, Situation
Der Zugang zu und Aufenthalt in allen Räumlichkeiten ist für alle Mitarbeiterinnen und Mitarbeiter sowie Besucherinnen und Besucher (in ihrer Vielfalt) unabhängig von ihrer körperlichen Verfassung möglich.	Alle Verkehrsflächen sind barrierefrei begehbar	Keine Schwellen Aufzüge sind vorhanden Ausschilderung: große Schrift, Blindenschrift Treppengeländer für kleine Personen und Kinder Rollstuhlgerechte Türbreiten und Durchgänge maschinell öffnende (Durchgangs)Türen (RollstuhlfahrerInnen, Kinderwagen)	Der barrierefreie Zugang ist durch verschiedene Maßnahmen gewährleistet (Braillebeschriftung in den Etagen und im Fahrstuhl für blinde BesucherInnen, Induktionsschleifen im Veranstaltungsbereich für Hörgeschädigte, Zugang zu allen Räumen für gehbehinderte Personen)
	Der Zugang von außen ist barrierefrei	Maschinell öffnende (Durchgangs-)Türen Klingel in Rollstuhlhöhe / Kinderhöhe Keine Schwellen	siehe oben
	Frauen und Männer, die nicht Deutsch verstehen, können sich ohne Desorientierung in der Stiftung selbständig bewegen.	Mehrsprachige Beschilderung Mehrsprachiger Empfang / Übersicht / Wegweiser	wird berücksichtigt in Projekt Leitsystem

	Sanitärräume für Frauen und Männer sind behindertengerecht und werden nicht „neutralisiert".	Mindestens eine Damen- und eine Herrentoilette pro Stockwerk/Bereich ist jeweils behindertengerecht ausgebaut.	Pro Etage 1 Behindertentoilette, im Veranstaltungsbereich je 1 Behindertentoilette für Frauen und Männer
Ein angst- und gefahrfreier Aufenthalt im Gebäude ist jederzeit möglich.	Es gibt keine potentiellen Angsträume.	Durchgänge und Treppenhäuser sind gut einsehbar Wege/Flure sind gut beleuchtet und belebt Sichtverbindungen zu markanten Orientierungspunkten sind vorhanden Sprech- und Sichtkontakt im Treppenraum möglich	sehr helle, luftige Archi-tektur im gesamten Objekt umgesetzt Sichtachsen in den Etagen Freitreppe zur Veranstaltungsetage Licht schaltet sich automatisch beim Betreten ein (Bewegungssensoren)
	Gute Orientierungsmöglichkeiten sind gegeben.	Leitsystem im Gebäude vorhanden (barrierefrei, mehrsprachig)	Projekt Leitsystem
	Die Gebäudestrukturen sind übersichtlich.	Keine starken Vor- und Rücksprünge entlang von Wegen oder Flurenden	geradlinige Gebäudestrukturen sind Architekturprinzip
Alle Arbeitsplätze und Arbeitsräume haben hohe Aufenthaltsqualitäten.	Hohe Transparenz innerhalb des Gebäudes ist gegeben.	Arbeitsplätze mit natürlicher Beleuchtung und Sichtbezügen zum Außenraum	ist gewährleistet, da sich alle Arbeitsplätze zur Fensterfront ausrichten
	Gestaltung und Ausstattung entspricht den Anforderungen der Nutzerinnen und Nutzer (in ihrer Vielfalt).	Einschätzung der MitarbeiterInnen, differenziert nach Geschlecht, ethnische Herkunft, Behinderung zum Zeitpunkt x	Arbeitsplatzmodell wird derzeit diskutiert
Die (Raum-) Organisation bietet die Möglichkeit des „Sich-selbst-Organisierens" und unterstützt die Kommunikation zwischen den Mitarbeiterinnen und Mitarbeitern in ihrer Vielfalt.	Kommunikationsorte sind vorhanden.	Teeküchen auf jeder Etage „Diversity-Cafe" im Haus vorhanden „Treffpunkte" auf Fluren / Wegen (z.B. Sofaecken), Gestaltung als „Deeskalationsraum" für die Belegschaft Besprechungsräume auf jeder Etage (Mindestanzahl?)	Teeküchen werden etagenweise realisiert 1 große Küche im 2. OG. Im Cateringbereich des EG großflächer Treffpunkt in der Planung berücksichtigt Mindestens ein Besprechungsraum ist pro Etage vorgesehen Nutzung der Zusatzflächen durch die Bereiche ist noch offen
	Zugang zu Informationen und Netzwerken ist für alle Mitarbeiterinnen und Mitarbeiter gleichberechtigt möglich.	Informationsaustausch ist organisiert Erfahrungsaustausch ist organisiert Netzwerke sind bekannt und zugänglich	ist organisatorische Frage die Zusammenführung aller Stiftungsabteilungen in ein Gebäude erleichtert die Kommunikation

Rahmenbedingungen für die Vereinbarkeit von Familie und Beruf sind gegeben.	Kinderbetreuung in Notfallsituationen ist möglich und wird unterstützt.	Separater Raum zur Betreuung bzw. zum Aufenthalt für Kinder ist vorhanden Wickelraum /-möglichkeit vorhanden	ist zuwendungsrechtlich nicht möglich. Notfallsituationen werden wie bisher pragmatisch gelöst Im Veranstaltungsbereich realisiert
	Spielplatz bzw. Spielmöglichkeit auf dem Außengelände ist vorhanden.	Spielplatz vorhanden Spielgeräte vorhanden	siehe oben. Spielfläche ist derzeit vorhanden, soll gemeinsam mit Anwohnerinnen und Anwohnern optimiert werden
	Die Mitarbeiterinnen und Mitarbeiter sind mit den Vereinbarkeitsmöglichkeiten zufrieden.	Zufriedenheit zum Zeitpunkt x	Systematische Mitarbeiterinnenbefragung derzeit nicht vorgesehen. Sprengt den Rahmen des Immobilienprojekts
Die Arbeitsplatzgestaltung wird partizipativ organisiert und auf verschiedenene Bedürfnisse Rücksicht genommen.	Es gibt Spielraum für „Eigenheiten" der Mitarbeiterinnen und Mitarbeiter bei der Raumgestaltung.	Grünpflanzen sind möglich Bilder können aufgehängt werden ...	in der Bürolandschaft ist es grundsätzlich möglich, den Arbeitsplatz durch persönliche Dinge zu gestalten
	Es gibt einen Platz für Raucherinnen und Raucher.		Raucherraum wird voraussichtlich nicht umgesetzt Platz zum Rauchen in angenehmer Atmosphäre muss außerhalb des Stiftungshauses von Rauchern und Raucherinnen entdeckt werden

3. Dimension: Lernen und Bilden (Ausstattung, flexibles Raumangebot, Veranstaltungsmanagement)

Ziel	Teilziele	Indikatoren	Umsetzung, Situation
Die Stiftung bietet Frauen und Männern in ihrer Vielfalt angemessene Veranstaltungsräumlichkeiten für die politische Bildung.	Die räumliche Gestaltung und Gestaltbarkeit der Räume unterstützt den Einsatz unterschiedlichster Methoden und Veranstaltungsformen.	Verschieden große Räume sind möglich, von kleinen Arbeitsgruppenräumen bis großem Saal Bestuhlung ist variabel, von Tisch- über Kino- bis zu Kreisbestuhlung Bühne mit entsprechender Beleuchtung ist möglich Farbliche Gestaltung ist zurückhaltend	Veranstaltungsbereich, der die hier genannten Punkte beinhaltet wurde aufwändig geplant Alle Indikatoren sind in der Planung verwirklicht

	Die technische Ausstattung berücksichtigt unterschiedliche Bedürfnisse der Nutzerinnen und Nutzer.	Dolmetschmöglichkeit Induktionstechnik für Gehörgeschädigte Große Schrift bei Anzeigetafeln /Schildern /Leitsystem für Sehbehinderte Ausstattung mit vielfältiger Moderations- und Veranstaltungstechnik, wie Wireless LAN und Internetzugang	Alle Indikatoren sind in der Planung verwirklicht
Die Aufenthaltsqualität für internationale Gäste ist insbesondere bei Veranstaltungen hoch.	Rückzugsmöglichkeiten stehen zur Verfügung.	Gebets-/Aufenthaltsraum raum vorhanden	Im Veranstaltungsbereich steht ein Vorbereitungsraum für ReferentInnen zur Verfügung
	Die Betreuung kann optimal auf die jeweiligen Besucherinnen und Besucher abgestimmt werden.	Mehrsprachige Orientierungshilfe ist vorhanden Betreuungspersonal kann zur Verfügung gestellt werden Übersetzungshilfen sind vorhanden	wird im Leitsystemprojekt geplant ist organisatorische Frage ist organisatorische Frage
	Es gibt mehr Toiletten für Frauen, als nach Bauvorschrift üblich (Erfahrung Warteschlange bei Veranstaltungen).		Nicht umgesetzt

4. Dimension: Integration in die CI / Öffentlichkeitsarbeit

Ziel	Teilziele	Indikatoren	Umsetzung, Situation
In der öffentlichen Darstellung wird deutlich, dass der Stiftungssitz gleichberechtigt Frauen und Männern in ihrer Vielfalt zur Verfügung steht.	Die Ausschreibungsunterlagen, Veröffentlichungen und Werbematerialien sprechen Frauen und Männer in ihrer Vielfalt an.	Sprache ist „gegendert" Sprachbilder sind „gegendert" Bildmaterial ist „gegendert" Mehrsprachigkeit ist gewährleistet	Bei der Ausschreibung wurde die Bewerbung von Unternehmen, die Frauen und Vereinbarkeit fördern ausdrücklich hervorgehoben
	Bei öffentlichen Auftritten sind Frauen und Männer in ihrer Vielfalt präsent.	Geschlechterverhältnis Beteiligung von Migrantinnen und Migranten Beteiligung von Menschen mit Behinderungen Alte und Junge sind beteiligt	keine Frage des Immoprojekts

	Möglichkeiten zur Präsentation von. internationaler Kunst ist gegeben.	Ausstellungsflächen vorhanden Eingangsbereich der Stiftung ist international gestaltet	Ausstellungsfläche ist im vorderen Teil des Foyers (EG) vorgesehen Umsetzung des Projekts „Kunst am Bau" orientiert sich an den Werten und Leitbild der hbs

5. Dimension: Repräsentation und Partizipation (Zusammensetzung der Gremien, Beteiligung der MitarbeiterInnen, NutzerInnen und AnwohnerInnen)

Ziel	Teilziele	Indikatoren	Umsetzung, Situation
In den Gremien zum Stiftungsneubau werden alle Gruppen (Mitarbeiter/innen, Stipendiat/innen, Ehrenamtliche) in ihrer Vielfalt berücksichtigt.	Die Auswahlgremien für den Planungsentwurf und die Jury sind geschlechterparitätisch und vielfältig besetzt.	Geschlechterverhältnis MigrantInnenanteil Anteil von Menschen mit Behinderungen	Zusammensetzung ImmoLenK-Gruppe: 3 Frauen, 3 Männer
	bzw. die jeweiligen Perspektiven werden einbezogen.	Anteil der Mitarbeiterinnen und Mitarbeiter Anteil der Nutzerinnen und Nutzer, AnwohnerInnen Entsprechende Zusammensetzung der Sachverständigen Verfahren zum Einbezug der jeweiligen Perspektiven vorhanden	Zusammensetzung Jury: 7 Frauen, 6 Männer MitarbeiterInnenversammlung nach Bedarf, Abteilungssitzungen, Leitungskoordination, Betriebsrat, ImmoAG nach Bedarf, UmzugsAG, Angebot an die AnwohnerInnengemeinschaft zur Mitwirkung an der Grünflächenplanung
	In Gremien, Arbeitsgruppen, Beiräten etc. je eine Person mit Gender-Kompetenz und mit interkultureller Kompetenz vertreten.	Anteil der Gremien, in denen Gender-Kompetenz und interkulturelle Kompetenz vertreten sind	Anteil der Gremien, in denen Gender-Kompetenz und interkulturelle Kompetenz vertreten sind
	Die vielfältigen Kompetenzen der Mitarbeiterinnen und Mitarbeiter werden genutzt.	Anteil der Entscheidungen und Verfahren, zu denen die Einschätzung von Mitarbeiterinnen und Mitarbeitern in ihrer Vielfalt eingeholt wird	Anteil der Entscheidungen und Verfahren, zu denen die Einschätzung von Mitarbeiterinnen und Mitarbeitern in ihrer Vielfalt eingeholt wird

Bei der Vergabe von Aufträgen wird besonderer Wert auf Unternehmen mit Gender-Kompetenz und interkultureller Kompetenz gelegt.	Mindestens bei 40% der auftragnehmenden Unternehmen sind Frauen und Männer in ihrer Vielfalt gleichberechtigt beschäftigt und berücksichtigt.	Frauenförderplan, genderdifferenzierte Personalstatistik vorhanden Geschlechterverhältnis im Betrieb Anteil von Migrantinnen und Migranten an den nicht prekär beschäftigten MitarbeiterInnen Anteil von Frauen in „typischen“ Männergewerken	Nicht umsetzbar im Verhandlungsverfahren, da vergaberechtswidrig. Thema ist jedoch in der Ausschreibung angesprochen, als Wunsch der hbs, dass Unternehmen Frauen und Vereinbarkeit von Beruf und Familie fördern
	Die auftragnehmenden Unternehmen setzen Gender und Diversity berücksichtigende Managementverfahren ein.	Managing Diversity Gender Mainstreaming Gleichstellungsplan, Frauenförderplan	Siehe zuvor

2 Umsetzung der Kriterien in den Entwurf

2.1 Architekturkonzept

Dem Konferenz- und Tagungszentrum mit Büroflächen der Heinrich-Böll-Stiftung auf dem 2.106 m² großen Grundstück Albrechtstraße 1 / Schumannstraße 8 liegt der Entwurf von e2A eckert eckert architekten, Zürich folgende Leitidee zugrunde:[28]

„Die Anforderungen an das neue Haus der Heinrich-Böll-Stiftung in Berlin-Mitte ermöglichen eine unverwechselbare architektonische Form. Die normative Funktion eines Bürobaus wird mit einer ausladenden, über dem Stadtboden schwebenden Beletage kombiniert. So wird der Funktionalität und Ergonomie moderner Arbeitsplätze ein sowohl nach Außen wie nach Innen gerichtetes Stadtpodium in der Funktion eines Konferenz- und Tagungszentrums eingeschoben. Die konzeptionelle Verwebung von effizienten Büroflächen und expansiven Raumeigenschaften für Tagungen kommuniziert, bildlich wie szenisch, Arbeitsvorgänge in der Heinrich-Böll-Stiftung und liefert dem Betrachter sowohl die Ökonomie wie die Transparenz politischer, demokratischer und diskursiver Willensbildung.“

Der Neubau positioniert sich als schlanker Solitär und besetzt die Ecksituation eines als Stadtgarten interpretierten, öffentlichen Raums. Die kontinuierliche Blockrandbebauung entlang der Schumannstraße wird durch die Vegetation - als kleiner Park - fortgeführt und spielt den Solitär frei. Das Volumen antwortet in Größe und Position auf die

28 Dieses und die folgenden Zitate stammen aus dem nicht veröffentlichen Entwurf des Architekturbüros e2a eckert eckert architekten, Zürich sowie internen Stiftungsberichten.

Maßstäblichkeit des schräg gegenüberliegenden Vorplatzes des Deutschen Theaters. Die Architektur der Heinrich-Böll-Stiftung konzipiert eine hohe Effizienz und Flexibilität. Der Baukörper wird durch eine sachliche Reduktion in Fassade und Ausrüstung bestimmt und orientiert sich referenziell an den transparenten Berliner Solitärstudien des Bauhausdirektors Mies van der Rohe. Die für die Heinrich-Böll-Stiftung in jeder Hinsicht herausragend in Erscheinung tretende Beletage stellt sich offen als eine Architektur der Möglichkeiten dar. Vielfältige Raumtrennungen in unterschiedlichen Größen und Ausrichtungen lassen sich mit einfachen Mitteln, ähnlich einer Bühne, umsetzen und ergeben einen hohen szenischen Gebrauchswert, der nach Außen hin erfahrbar und ablesbar wird.

Abb. 2: Modell Siegerentwurf e2a eckert eckert architekten ag, Zürich

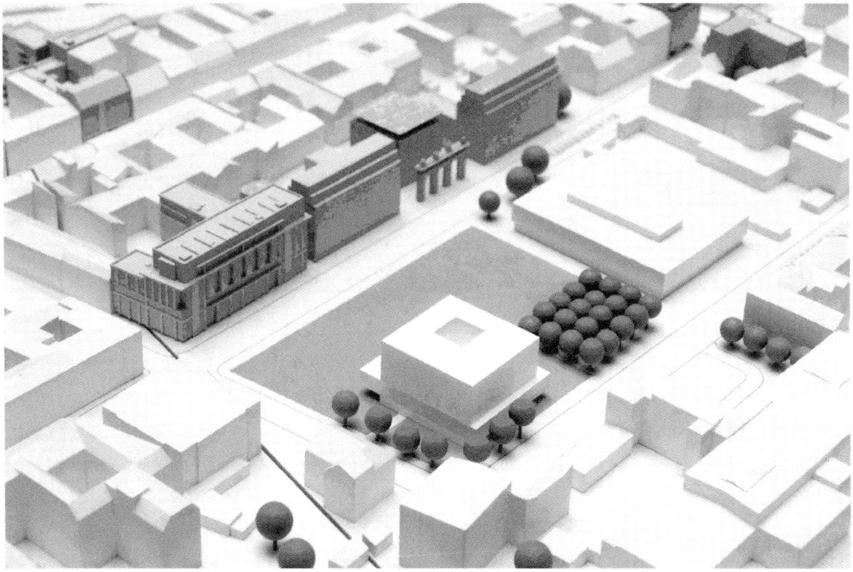

Copyright: H.-J. Wuthenow

Die unmittelbare Nähe und Präsenz des Stadtgartens spiegelt sich in den großen Fenstern der Beletage als ein idealer Kontext, die Heinrich-Böll-Stiftung in der vitalen Urbanität Berlins zu verorten.

„Die neue hbs entwickelt architektonisch zwei Protagonisten: ein vertikales, kompaktes ökonomisches Volumen und eine horizontal über dem Parkboden schwebende Beletage. Die Verbindung dieser beiden architektonischen Strategien formt einen spezifischen Gebäudetypus, der die typische Anlage eines Bürohauses mit einer situativ besonderen und kontextuellen Ebene eines Konferenz- und

Tagungszentrums als Bühne in einem Stadtgarten inszeniert. Die konzeptionelle Verwebung von konzentrierten und expansiven Raumeigenschaften kommuniziert, bildlich wie szenisch, Arbeitsvorgänge der hbs und liefert dem Betrachter sowohl die Ökonomie wie die Transparenz politischer, demokratischer und diskursiver Willensbildung".

„Besonderes Augenmerk galt den ökologischen Projektzielen sowie der konzeptionellen Umsetzung der Themen ‚Geschlechterdemokratie und Diversity'."

2.2 Standort

Das Grundstück (Schumannstr. 8 / Albrechtstr. 1) war vor Baubeginn ein betonierter Parkplatz an der Ecke des Stadtgartens zur Schumannstraße vis à vis des Deutschen Theaters, der Ukrainischen Botschaft und in der Nähe des ehemaligen Hochbunkers an der Ecke Reinhardtstraße/Albrechtstraße. Das Gelände wurde von der bisherigen Eigentümerin, der Immobilienverwaltung des Bundes, gekauft und befindet sich im südlichen Teil der sogenannten Friedrich-Wilhelm-Stadt, die im 18. und 19. Jahrhundert entwickelt wurde und deren Gesicht insbesondere durch das Klinikum der Charité sowie einige Theater geprägt ist. Auf dem Grundstück selbst befand sich zunächst eine Kaserne, später eine Polizeistation und zuletzt ein Polizeiamt, das vermutlich im Zweiten Weltkrieg zerstört wurde.

Der Standort ist aus der Gender-Diversity-Perspektive besonders unter den Aspekten der Erreichbarkeit und der Frage der Versorgungsstruktur der MitarbeiterInnen und Gäste von Interesse.

In der Matrix (vgl. Kap. 1.4) wurde als Ziel formuliert, dass die unterschiedlichen Bedürfnisse hinsichtlich Mobilität von Frauen und Männern in ihrer Vielfalt zu berücksichtigen sind. Der neue Standort ist als sehr gut zu bewerten, da alle NutzerInnen die Stiftung mit dem öffentlichen Nahverkehr erreichen können, denn die behindertengerechten U- und S-Bahnhöfe Friedrichstraße und Oranienburger Tor sowie einige Bushaltestellen liegen in 500 beziehungsweise 300 Metern Entfernung.

Aus diesem Grund war es nicht erforderlich, Parkmöglichkeiten für Angestellte und BesucherInnen der Stiftung zu errichten. Da im näheren Umkreis des Standortes relativ wenig Parkmöglichkeiten im öffentlichen Raum vorhanden sind, wurde das Ziel formuliert, dass aber für mobilitätseingeschränkte Personen ausreichend Parkmöglichkeiten vorhanden sein müssen. Gemäß der Berliner Bauordnung sind Stellplätze für Mobilitätsbehinderte vorgesehen. Außerdem ist ein Halteplatz für Taxen vor dem Neubau und ein öffentliches Parkhaus gegenüber der Charité vorhanden.

Darüber hinaus wurden ca. 50 Fahrrad- beziehungsweise Motorradstellplätze eingeplant, wobei sich allerdings die Frage stellte, ob dies tatsächlich ausreichend ist, da eine große Anzahl von MitarbeiterInnen und Gästen erfahrungsgemäß mit dem Fahrrad kommen.

Im Sinne einer „Stadt der kurzen Wege“ wurde für den Standort auch die unterschiedlichen Anforderungen der NutzerInnen an Versorgungs- und Infrastrukturen thematisiert. Für die Erledigungen eines Teils der Reproduktionsaufgaben wurde in der Matrix formuliert, dass Einkaufsmöglichkeiten für den täglichen Bedarf vorhanden sein müssten. Tatsächlich gibt es in der unmittelbaren Umgebung zwei Supermärkte, kleinere Lebensmittel- und Feinkostläden im Karree Friedrichstraße, Charité, Schumannstraße. Darüber hinaus befinden sich im S-Bahnhof Friedrichstraße neben Bekleidungs- und Schuhgeschäften auch eine Drogerie, Apotheke, Schuster, Reinigung etc..

Abb. 3: Detail Entwurf e2a eckert eckert atchitekten ag, Zürich

Copyright: H.-J. Wuthenow

Auch für die Reproduktion der eigenen Arbeitskraft sind Gaststätten mit für alle Beschäftigten bezahlbarem Angebot an Mittagstisch ausreichend vorhanden: Es gibt mindestens sechs Bäckereien, circa 15 Einrichtungen für preiswertes Essensangebot zwischen 3 und 5 € (Coffeeshops, Imbiss, Kantinen, Bistros), circa sechs Restaurants mit Lunchangeboten zwischen 5 und 8 € und eine Reihe von Restaurants mit höherpreisigen Angeboten.

2.3 Nutzungskonzept

Wie bereits erwähnt, gliedert sich das Stiftungshaus in einen Tagungs- und Konferenzbereich und Büronutzung.

Veranstaltungsbereich

In der Ausschreibung wurde besonderer Wert auf die Gestaltung des Konferenz- und Tagungszentrums gelegt, denn dieses stellt die „Visitenkarte“ dar, mit der sich die Stiftung nach außen präsentiert. Die Priorität in der Außendarstellung lag auf dem Aspekt der Kommunikation: „Für sie soll deshalb ein positiv wirkender Rahmen in einer besonderen Ästhetik geschaffen werden, in der sich die Grundwerte der Heinrich-Böll-Stiftung widerspiegeln. Kern des Gebäudes soll funktional das Konferenz- und Tagungszentrum mit seiner öffentlichen beziehungsweise halböffentlichen Nutzung bilden“.

Im Entwurf des Architekturbüros e2a eckert eckert architekten ag, Zürich, befindet sich der Veranstaltungsbereich in der so genannten Beletage im ersten Obergeschoss, in dem der bildungspolitische Auftrag der Stiftung umgesetzt wird. Diese Etage ist „Begegnungs-, Arbeits-, Debatten- und Denkraum und zugleich professionell arbeitendes Konferenz- und Veranstaltungszentrum. Mit den umlaufenden Glasflächen wird der Eindruck eines großzügigen Panoramas in den Stadtgarten hinein erweckt. Dies alles lässt sich durch Metaphern wie schön, fein und kontinuierlich beschreiben, ohne den Anspruch auf intellektuellen Austausch zu vernachlässigen.“

Im Plan wurde eine Hauptnutzfläche (Räume ohne Flure und Servicebereiche) von 1.357 m^2 mit einem großen und einem kleinen Saal, einem Videokonferenzraum und zwei Konferenzräumen für circa 250 TeilnehmerInnen geschaffen.

Ausgehend von den Erkenntnissen und Forderungen geschlechtergerechter Didaktik wurde als Ziel formuliert, dass die Stiftung Frauen und Männern in ihrer Vielfalt angemessene Veranstaltungsräumlichkeiten für die politische Bildung bietet. Das heißt, die räumliche Gestaltung und Gestaltbarkeit der Räume unterstützt den Einsatz unterschiedlichster Methoden und Veranstaltungsformen. Die formulierten Indikatoren wie verschieden große Räume, von kleinen Arbeitsgruppenräumen bis großem Saal mit variabler Bestuhlung, von Tisch- über Kino- bis zu Kreisbestuhlung sowie einer Bühne mit entsprechender Beleuchtung wurden aufwändig zusammengestellt und in die Planung aufgenommen.

Aber nicht nur bei den Räumlichkeiten, sondern auch bei der technischen Ausstattung wurden die unterschiedlichen Bedürfnisse der NutzerInnen berücksichtigt.

So sind in der Planung Dolmetschmöglichkeiten und Induktionstechnik für Gehörgeschädigte ebenso eingeplant wie die Ausstattung mit vielfältiger Moderations- und Veranstaltungstechnik wie Wireless LAN und Internetzugang.

Angesichts der umfangreichen Auslandsarbeit der Stiftung wurde in der Matrix das Ziel einer hohen Aufenthaltsqualität für internationale Gäste, insbesondere bei Veranstaltungen formuliert. Ein Gebets-/Aufenthaltsraum als Rückzugsmöglichkeit wurde im Vorbereitungsraum für ReferentInnen in die Planung integriert. Für die optimal auf die jeweiligen BesucherInnen abgestimmte Betreuung können Betreuungspersonal und Übersetzungshilfen zur Verfügung gestellt werden; diese sind allerdings organisatorische Fragen und weniger Fragen des Baus.

Aufgrund der Vorgaben des Zuwendungsgebers konnte in der Planung allerdings nicht das Ziel umgesetzt werden, mehr Toiletten für Frauen als nach Bauvorschrift üblich vorzusehen, da sich erfahrungsgemäß bei Veranstaltungen meist Warteschlangen bilden.

Büros

Der fast 2.700 m^2 große Bürobereich für die 180 MitarbeiterInnen nimmt in dem Hauskonzept die meiste Nutzfläche ein, denn er „ist ‚Werkstatt' oder ‚Denkfabrik', wo handwerklich solide politische Bildungs- und Auslandsarbeit sowie Studienförderung vorbereitet wird und sich Kreativität entfalten kann."

In der Ausschreibung wurde zwar betont, dass der nicht-öffentliche Bereich der Büroflächen den verschiedenen Abteilungen zuzuordnen sei, mit entsprechenden Zuordnungen der Quadratmeter nach Abteilungen und Einkommens- beziehungsweise Hierarchiegruppen[29]. Es sollte aber keine grundsätzliche Festlegung für die Anordnungen der Arbeitsplätze getroffen werden, damit auch nach Fertigstellung verschiedene Lösungen gewählt werden können. Denn einige Abteilungen tendieren zu open-space-office Lösungen, andere zu traditionellen Räumen mit je zwei Arbeitsplätzen.

In der Matrix wurde als Ziel formuliert, dass alle Arbeitsplätze und Arbeitsräume eine hohe Aufenthaltsqualität mit natürlicher Belichtung und Sichtbezügen zum Außenraum besitzen sollen. In der Planung umgesetzt wurde dies, indem alle Arbeitsplätze entlang der Außenfassade mit Fensterblick angeordnet sind, während rund um den Innenhof Funktions- und Besprechungsräume vorgesehen sind. Die

[29] Die Richtlinien für öffentlich geförderte Bauten schreiben durchschnittlich 36 m^2 für den Vorstand vor, für Bereichsleitungen je nach Größe der Abteilung/des Bereiches zwischen 25,50 m^2 und 31,50 m^2, für ReferentInnen zwischen 16,50 m^2 und 19, 50 m^2 und für Sachbearbeitungen und Schreibkräfte 12,00 bzw. 9,00 m^2.

Stellung des Gebäudes als Solitär in einem Stadtgarten wird damit im Sinne der MitarbeiterInnen optimal genutzt.

Darüber hinaus wurde angestrebt, dass die Gestaltung und Ausstattung den Anforderungen der NutzerInnen (in ihrer Vielfalt) entspricht sowie die Arbeitsplatzgestaltung partizipativ organisiert und auf verschiedene Bedürfnisse Rücksicht genommen wird. Als Indikator dafür galt die Einschätzung der MitarbeiterInnen, differenziert nach Geschlecht, ethnischer Herkunft, Behinderung etc.. Es gab im Vorfeld mehrfach Beratungen in den Abteilungen mit dem zuständigen Projektleiter des Neubaus. Entsprechend wurde in der Ausschreibung formuliert, dass eine einheitliche Lösung nicht angestrebt werde, denn die Entscheidung für die eine oder andere Lösung wurde in Diskussion mit den MitarbeiterInnen in den einzelnen Abteilungen „bewusst in Abhängigkeit von der Attraktivität der von den ArchitektInnen angebotenen Lösungen getroffen werden“.

Im Ergebnis haben die Bereiche auf ihre jeweiligen Arbeitszusammenhänge abgestimmte Umsetzungsvorschläge entwickelt, die sowohl Bürolandschaften als auch kleinere Büroeinheiten berücksichtigen. Einzelbüros für Vorstand, Geschäftsführung und Abteilungsleitungen werden wegen der zu wahrenden Vertraulichkeit und dem Umfang des Besprechungsbedarfes sowie aus repräsentativen Gesichtspunkten berücksichtigt.

Bürolandschaften wurden einerseits befürwortet, weil sich damit erhebliche Kosten und Nutzflächen einsparen lassen, besonders angesichts des hohen Anteils an Teilzeitkräften und des praktizierten Telearbeitsmodells. Andererseits spiegeln diese die flachen und teamorientierten Arbeitsstrukturen der Stiftung wider und fördern Transparenz und Kommunikation. Auch wissenschaftliche Untersuchungen gehen davon aus, dass Büroflächen kommunikationsfördernder sind als kleine Büroeinheiten und sich positiv auf das Zusammengehörigkeitsgefühl der MitarbeiterInnen auswirken. Die Arbeit fördert nicht nur die Teamorientierung, sondern man kann auch schneller am Wissen der anderen partizipieren. Bürolandschaften könnten die teambezogene Arbeitsweise am besten abbilden und Teams und Referate in offenen Bürostrukturen sehr gut aufgaben- und arbeitsbezogen planen.

Dass das in der Matrix formulierte Ziel „Spielraum für 'Eigenheiten' der MitarbeiterInnen bei der Raumgestaltung“ wurde berücksichtigt, indem beispielsweise Grünpflanzen hingestellt oder Bilder aufgehängt werden können. Hierdurch besteht auch in der Bürolandschaft die Möglichkeit, den Arbeitsplatz durch persönliche Dinge zu gestalten.

Neben der Raumaufteilung von Arbeitsplätzen war es auch Ziel, dass räumlich die Kommunikation zwischen den MitarbeiterInnen in ihrer Vielfalt unterstützt wird;

das heißt, Kommunikationsorte sind geschaffen worden. Pro Etage gibt es einen etwa 40 m^2 großen Besprechungsraum, wobei sich allerdings noch zeigen wird, ob dieser beispielsweise auch als Pausenraum zu nutzen ist. Dafür gibt es eine große Küche in der zweiten Etage und auch der Cateringbereich im Erdgeschoss wurde als Treffpunkt in der Planung berücksichtigt. Die in jedem Stockwerk befindliche Teeküchen dienen eher der kurzzeitigen Kommunikation, da sie ohne Tageslicht und lediglich als Küchenzeile eingerichtet sind. Die Vorstellung, dass auch Flure und Wege beispielsweise durch Sitzgelegenheiten oder durch Gestaltung der Belegschaft als Aufenthaltsorte entstehen, wurde in der weiteren Planung nicht umgesetzt. Fest steht jedenfalls, dass es den in der Matrix genannten Raum für RaucherInnen innerhalb des Gebäudes nicht geben wird. In dem Architekturentwurf ist stattdessen vorgesehen, dass der Platz „zum Rauchen in angenehmer Atmosphäre [...] außerhalb des Stiftungshauses von Rauchern und Raucherinnen entdeckt werden" muss.

2.4 Freiflächen

Die Stellung des Stiftungsgebäudes als Solitär in einem Stadtgarten verlangte bereits in der Ausschreibung, dass die WettbewerbsteilnehmerInnen sowohl auf die Gestaltung der Freiflächen auf dem Grundstück eingehen als auch eine Ideenskizze zur Gestaltung der angrenzenden Grünflächen liefern, die dem qualitätsvollen Aufenthalt der MitarbeiterInnen der Stiftung und anderer NutzerInnen aus der Nachbarschaft dienen sollen.

Bisher wurde die Grünflächengestaltung im Detail noch nicht ausformuliert. Hier ist die Stiftung abhängig von den Planungsprozessen im zuständigen Bezirksamt. Vorgesehen ist eine Veranstaltung, bei der Gestaltungsideen im Interesse von AnwohnerInnen, BürgerInnen und der Stiftung entwickelt werden sollen.

Abb. 4: Modell Entwurf

e2a eckert eckert architekten ag, Zürich

2.5 Übergreifende Aspekte

Neben den Themen, die einzelne Punkte des Neubaus betreffen, gibt es auch Aspekte, die aus einer Gender-Diversity-Perspektive übergreifend stehen. Dazu gehören die geschlechterdemokratischen Ziele der Vereinbarkeit von Beruf und Familie, Zugänge und Sicherheit.

Vereinbarkeit

In der Matrix wurde formuliert, dass die Rahmenbedingungen für die Vereinbarkeit von Familie und Beruf zu berücksichtigen sind.

Ein Teilziel ist dabei, dass für die Beschäftigten mit Kindern nutzbare Kinderbetreuungseinrichtungen im näheren Umkreis vorhanden sind. Tatsächlich befinden sich im Umkreis von 500 m sechs und im Umkreis von 1000 m elf Kindertagesstätten mit Ganztagsbetreuung. Eine Grundschule mit Hort und eine Ganztagsschule sowie ein SchülerInnenladen befinden sich in der Rosenthaler Vorstadt und in Tiergarten (500 – 3000 m).

Das Teilziel, einen Spielplatz beziehungsweise Spielmöglichkeiten für Kinder auf dem Stiftungsgelände oder in direkter Nähe zu realisieren, wird im Rahmen der Grünflächengestaltung in unmittelbarer Umgebung des Hauses und unter Berücksichtigung der gleichlautenden AnwohnerInneninteressen umgesetzt. Es ist geplant, die derzeit vorhandene Spielfläche gemeinsam mit AnwohnerInnen durch Neugestaltung zu optimieren.

Stiftungsintern wurde formuliert, dass Kinderbetreuung in Notfallsituationen möglich sein sollte und unterstützt wird durch einen separaten Raum zur Betreuung beziehungsweise zum Aufenthalt für Kinder sowie einen Wickelraum oder eine Wickelmöglichkeit. Dieses Anliegen kann jedoch aus zuwendungsrechtlichen Gründen nicht umgesetzt werden, sondern wird wie bisher pragmatisch gelöst werden müssen.

Zugänge

Der Aspekt der Zugänge berührt aus einer Gender-Diversity-Perspektive Frauen und Männer hinsichtlich der Vielfalt und Unterschiedlichkeit ihrer Lebenssituationen besonders, da sowohl die Zugänge zum als auch im Haus maßgeblich dazu beitragen, ob sie einerseits an dem Bildungs- und Veranstaltungsangebot der Stiftung und andererseits am Beschäftigungsangebot der Stiftung als Arbeitgeberin teilnehmen können.

Sämtliche Bereiche des Gebäudes sind gemäß DIN 18024, Teil 2[30], nutzungs- und funktionsgerecht für Mobilitätsbehinderte anzulegen; dies betrifft sowohl Baukörper als auch Außenanlagen. Entsprechend galt es, dass bei der Erschließung des Gebäudes, der horizontalen und vertikalen Erreichbarkeit der jeweiligen Ebenen sowie der sanitären Anlagen für mobilitätsbehinderte Personen auf möglichst direkte Zugänglichkeiten bzw. zentral gelegene Anbindungen zu achten ist.

So wurde als Ziel formuliert, dass der Zugang zu und der Aufenthalt in allen Räumlichkeiten für alle MitarbeiterInnen sowie BesucherInnen (in ihrer Vielfalt) unabhängig von ihrer körperlichen Verfassung möglich sein soll.

Dies betrifft zunächst die Verkehrswege im Umfeld der Stiftung, die übersichtlich und barrierefrei sein müssen, zum Beispiel durch Ampelanlagen für Blinde, Rollstuhl- und Kinderwagen gerechte Übergänge sowie im Winter geräumte Straßen und Wege und ausreichende Beleuchtung. Der Standort des neuen Stiftungsgebäudes ist dahingehend, vergleichbar mit dem Standort am Hackeschen Markt, sehr von Institutionen und öffentlichen Bauten, inklusive entsprechender Infrastruktur, geprägt.

Der unmittelbare Zugang zur Stiftung und auch die Bewegungsmöglichkeiten innerhalb des Hauses sind als Ziel so formuliert, dass das Gebäude von außen und alle Verkehrsflächen im Haus barrierefrei begehbar sind. Dies wird verwirklicht, indem (Durchgangs-) Türen maschinell öffnen für RollstuhlfahrerInnen oder Kinderwagen, Klingeln in Rollstuhlhöhe / Kinderhöhe angebracht sind und es keine Schwellen gibt. Neben Treppengeländern für kleine Personen und Kinder werden sowohl die Aufzüge wie die Türbreiten und Durchgänge rollstuhlgerecht sein.

Das Ziel, Sanitärräume für Frauen und Männer behindertengerecht zu gestalten und nicht zu „neutralisieren“, wurde durch eine Behindertentoilette pro Etage und im Veranstaltungsbereich durch je eine behindertengerechte Damen- und Herrentoilette umgesetzt.

Darüber hinaus wurde als Ziel formuliert, dass gute Orientierungsmöglichkeiten im Haus gegeben sein sollen. Dies bezieht sich sowohl darauf, dass Frauen und Männer, die nicht Deutsch verstehen, sich ohne Desorientierung in der Stiftung selbstständig bewegen können, als auch auf Menschen mit Sehbehinderung oder Hörschwäche.

---

30 DIN 18024 - Barrierefreies Bauen. Teil 1: Straßen, Plätze, Wege, öffentliche Verkehrs- und Grünanlagen sowie Spielplätze. Planungsanforderungen. Teil 2: Öffentlich zugängige Gebäude und Arbeitsstätten. Planungsgrundlagen.

Dieses Anliegen wird in dem so genannten Projekt „Leitsystem“ umgesetzt, indem es mehrsprachige Beschilderung Übersicht und Wegweiser sowie einen mehrsprachigen Empfang geben wird bzw. bereits gibt. Ebenso sind eine Braillebeschriftung in den Etagen und im Fahrstuhl für blinde BesucherInnen und Induktionsschleifen im Veranstaltungsbereich für Hörgeschädigte vorgesehen.

Das gesamte Leitsystem, also die Hinführung zum Gebäude sowie das Orientierungs- und Informationssystem innen, ist für den Bekanntheitsgrad der hbs und die Akzeptanz des neuen Standorts von großer Bedeutung. Geplant sind Hinweisschilder an den umliegenden S- und U-Bahnstationen und Tram-Haltestellen sowie am Karree Deutsches Theater / Albrechtstraße und eine Ausschilderung zur Schumannstraße. Im Gebäude ist im Foyer in Höhe des Empfangs ein Informationsband als eine Art „Terminal“ zur Veranstaltungsübersicht und -ankündigung vorgesehen. Die Beschilderung im Corporate Design umfasst auch die Tagungsräume, Organisationseinheiten, Notausgänge, Fahrstühle, Cafeteria, Toiletten etc. und wird gut sichtbar an verschiedenen zentralen Orten vorhanden sein.

Insgesamt laden der Eingangsbereich und das Foyer als offene Bereiche BesucherInnen für informellere Begegnungen ohne Pförtnerloge ein und erschließen den Zugang zur Stiftung als „verinnerlichten Außenraum“. Ästhetisch ist der Blick auf den Zugang zur „Beletage“ orientiert, d.h. innerhalb des Hauses werden BesucherInnen durch den markanten Treppenaufgang direkt in die „Beletage“ geleitet. Im vorderen Teil ist Platz für wechselnde Ausstellungen, Buchpräsentationen und die Darstellung von Stiftungsaktivitäten. Der Cateringbereich ist optisch durch die Treppe und Funktionsräume getrennt. Er lässt sich flexibel durch Stehtische oder Sitzgruppen möblieren. Eine kleine Espressobar ist hier vorgesehen. „Blickfang und Leitweg für den Zugang zur hbs entstehen durch die markante Treppenlösung“.

Sicherheit

Die Frage der Sicherheit bezieht sich sowohl auf den Standort des Stiftungsgebäudes als auch auf das Gebäude an sich.

Als Ziel wurde in der Matrix formuliert, dass ein angst- und gefahrfreier Aufenthalt am Standort jederzeit möglich sein soll. Ein besonderes Ziel sind die Akzeptanz des Umfeldes und die Sicherheitslage für Nutzerinnen und Nutzer und insbesondere Menschen verschiedener ethnischer Herkunft. Hierzu wurden mehrere MigrantInnen in der hbs befragt, die unisono die Gegend als sicher bezeichneten (genug beleuchtet, keine negativen Erlebnisse, bisher kein Risiko wahrgenommen). Nach mündlicher Auskunft der Berliner Landesstelle für Gleichberechtigung -gegen

Diskriminierung (Antidiskriminierungsstelle)[31] gilt der ganze Stadtbezirk als sehr sicher (Aussagen zu einzelnen Gebieten des Bezirkes konnten nicht getroffen werden). Eine Anfrage beim Integrationsreferenten des Stadtbezirks Mitte hat keine anderen Ergebnisse gebracht.

Auch Architektur und Außenraumgestaltung können dazu beitragen, dass es keine potentiellen Angsträume gibt. Die geradlinigen Gebäudestrukturen führen dazu, dass das Haus übersichtlich ist, ohne starke Vor- und Rücksprünge entlang von Wegen oder Flurenden, so dass Sichtverbindungen zu markanten Orientierungspunkten vorhanden sind. Darüber hinaus sind Durchgänge und Außenanlagen gut einsehbar sowie Wege, Parkplätze und Fahrradabstellplätze gut beleuchtet. Auch bei der Gestaltung der Grünflächen soll dies berücksichtigt werden.

Ziel ist ebenfalls ein angst- und gefahrfreier Aufenthalt ohne potentielle Angsträume im Gebäude. Die sehr helle und luftige Architektur im gesamten Objekt unterstützt dieses Ziel: Die Durchgänge sind gut einsehbar, die Treppenhäuser allerdings nicht. Wege und Flure sind gut beleuchtet und belebt. Sichtverbindungen zu markanten Orientierungspunkten in den Etagen sind vorhanden. Der Sprech- und Sichtkontakt im Treppenraum wird durch die Freitreppe zur Veranstaltungsetage möglich.

Darüber hinaus besteht das Sicherheitskonzept darin, dass es eine strikte Trennung zwischen Bürobereich vom Foyer und der Beletage geben wird. Um einen Zugang von fremden Personen in den Bürobereich zu vermeiden, werden Gäste am Empfang abgeholt. Die Veranstaltungsetage ist BesucherInnen während Veranstaltungen frei zugänglich, ansonsten in Begleitung von MitarbeiterInnen. Vermietete Räume werden nur für diesen Bereich zugänglich gemacht. Die Benutzung des Kellers ist ausschließlich MitarbeiterInnen möglich. Auf Überwachungskameras wurde verzichtet.

3 Fazit

Die größte Schwierigkeit nach den Erfahrungen in diesem Projekt bei der Implementierung von Gender- und Diversity-Kriterien im öffentlichen Hochbau bestehen in den Vorgaben der Zuwendungsgeber.

31 Der Stadtstaat Berlin ist verwaltungsmäßig unterteilt in die Senatsverwaltung (Landesebene) und Bezirksverwaltungen (kommunale Ebene). Die Berliner Landesstelle für Gleichbehandlung - gegen Diskriminierung (Antidiskriminierungsstelle) bietet Beratung und Expertise an und unterstützt die Umsetzung des Allgemeinen Gleichbehandlungsgesetzes auf Länderebene.

So wurde für die Heinrich-Böll-Stiftung das Ziel formuliert, dass bei der Vergabe von Aufträgen besonderer Wert auf Unternehmen mit Gender- und interkultureller Kompetenz gelegt wird, zum Beispiel, indem mindestens bei 40% der auftragnehmenden Unternehmen Frauen und Männer in ihrer Vielfalt gleichberechtigt beschäftigt und berücksichtigt sind und die Auftrag nehmenden Unternehmen gender und diversity berücksichtigende Managementverfahren einsetzen. Indikatoren hierfür wären Frauenförderpläne, genderdifferenzierte Personalstatistiken, ausgewogenes Geschlechterverhältnis im Betrieb, Anteil von MigrantInnen an den nicht prekär beschäftigten MitarbeiterInnen und ein relevanter Anteil von Frauen in „typischen" Männergewerken sowie das Einsetzen von Managing Diversity und/oder Gender Mainstreaming.

Die Umsetzung dieser Ziele war jedoch aufgrund der anvisierten Public-Private-Partnership, das heißt einer Finanzierung des Neubaus durch die Stiftung gemeinsam mit privaten Investoren, vergabewidrig. Das Thema wurde in der Ausschreibung angesprochen, als Wunsch der hbs, dass die beauftragten Unternehmen Frauen und Vereinbarkeit von Beruf und Familie fördern.

Des Weiteren war genau vorgegeben, wie viel Quadratmeter Bürofläche den einzelnen Hierarchiestufen (Vorstand und Geschäftsführung, Abteilungsleitung, ReferentInnen, SachbearbeiterInnen und Sekretariat) zustehen. Sicherlich lassen sich besonders bei Bürolandschaften mit team- und arbeitsbezogenen Zusammenhängen diese Vorgaben verflüssigen, dennoch werden damit durch das Besserstellungsverbot im Zuwendungsrecht[32] Geschlechterhierarchisierungen festgeschrieben, in denen in den meisten Verwaltungen und Organisationen Männer die Führungsebenen besetzen und Frauen die ausführenden Tätigkeiten innehaben. Diese Stereotypen könnten in den Vorgaben der Zuwendungsgeber durch eine Lockerung der Nutzflächenzuteilung zumindest räumlich aufgelöst werden.

Kritikwürdig am Vergabeverfahren erscheint auch der Zwang zu Ausschreibungen. Unumstritten ist, dass durch Ausschreibungen sichergestellt werden soll, die preisgünstigsten AnbieterInnen ausfindig zu machen. Es stellt sich allerdings - auch aus Kostengründen - die Frage, wie sinnvoll es ist, aus 250 interessierten Architekturbüros aus dem In- und Ausland 25 auszuwählen, die dann ihre Entwürfe einreichen und von denen eines den Wettbewerb gewinnt. Vorstellbar wäre, dass durch eine Befragung oder Analyse die Interessen und Bedürfnisse der künftigen NutzerInnen ermittelt werden, die dann ein - möglichst regional angesiedeltes Architekturbüro - in einen Entwurf umwandelt. Dies würde zwar der Vorgabe zuwiderlaufen, dass

32 Die Stiftung darf seine MitarbeiterInnen nicht besser stellen als vergleichbare Angestellte des Bundes. Sie muss daher alle Regelungen und Vorgaben, die für den öffentlichen Dienst gelten, analog anwenden. Sie darf die MitarbeiterInnen schlechter, aber nicht besser stellen.

europaweit Büros die Möglichkeit gegeben ist, sich an Wettbewerben zu beteiligen. Aber es böte die Chance, gezielt gegebenenfalls kleinere Büros anzufragen oder zu beauftragen, die beispielsweise von Frauen geleitet werden und die häufig über geringe zeitliche und finanzielle Ressourcen verfügen, um an Wettbewerben teilzunehmen. Oder es könnten gezielt Büros angesprochen werden, die in ihre Arbeit Gender- und Diversity-Aspekte integrieren.

Da die hbs in Bezug auf die Entwicklung von Gender- und Diversity-Kriterien mit dem BBR im Gespräch war, wäre es wünschenswert, wenn über diesen Weg Anregungen zu Veränderungen in der Vergabeordnung an den Gesetzgeber herangetragen werden könnten.

Anzumerken ist, dass jedoch auch Spielräume innerhalb der Vergabeordnung existieren. So sind für Kunst am Bau für öffentliche Bauten 2 % der Bausumme einzusetzen. Damit kann das Ziel verfolgt werden, Möglichkeiten zur Präsentation von internationaler Kunst zu geben. Diskutiert wird, Leihgaben aus Beständen des Bundes oder Zeichnungen der Romankompositionen von Heinrich Böll zu seinen Büchern auszustellen. Für die Umsetzung des Projekts „Kunst am Bau“ wurde der Treppenaufgang zur Beletage ausgewählt. Der Berliner Künstler Via Lewandowsky überzeugte die Jury mit seiner Installation „Treppenläufer”, die Motive aus der Erzählung „Die schwarzen Schafe“ von Heinrich-Böll aufgreift.

Die Entwicklung von GenderKriterien beim Neubau der Heinrich-Böll-Stiftung steht in einem Spannungsverhältnis von einerseits geschlechterdemokratischen Zielen, die sich mit „Menschenfreundlichkeit“ charakterisieren lassen, und andererseits einer auf Antidiskriminierung und/oder Minderheitenschutz angelegten Zielsetzung.

Geschlechterdemokratie bezieht sich als politisches Ziel nicht nur auf die Partizipationschancen von Frauen und Männern, sondern auch auf die gesellschaftliche Ressourcenverteilung zwischen Frauen und Männern, auf die Kritik an autoritär-hierarchischen, undemokratischen Strukturen in den privaten Verhältnissen und an explizit gewaltförmiger Herrschaftsausübung von Männern über Frauen. Es geht für alle Geschlechter mehr um die Fähigkeit, die Kraft und die strukturelle Möglichkeit, zu handeln, zu verhandeln, Widerstand gegen Herrschaft zu leisten, zu definieren, zu entscheiden, zu gestalten und auszugleichen (vgl. Rodenberg/Wichterich 1999).

Für den Neubau der Stiftung wurden diese Ziele, unter Einbezug weiterer diverser Kategorien wie Ethnizität und körperliche Einschränkungen, im Wesentlichen auf die Partizipation oder Teilnahme an den Angeboten der Stiftung, sowohl der politischen Bildung wie der Arbeitsplätze, fokussiert. Es wurde davon ausgegangen, dass Frauen und Männer in ihrer Vielfalt unterschiedliche Interessen und Bedürfnisse haben, die explizit gesondert neben anderen Zielen, wie Corporate Identity oder ökologische Kriterien, aufgenommen werden müssen. Dabei wurde von Vorannahmen ausgegangen, die zum Teil weder benannt noch in Zusammenhang mit geschlechterdemokratischen Zielsetzungen gebracht wurden. Von der Berücksichtigung oder Verbesserung von Aspekten wie Infrastruktur, Vereinbarkeit, Mobilität, Zugänge, Sicherheit etc. profitieren alle NutzerInnen, es ist somit „menschenfreundlich". Die entwickelten GenderKriterien lassen sich damit zum Teil nicht mehr mit ihrer geschlechterdemokratischen Zielsetzung in Zusammenhang bringen. Denn besonders in der Heinrich-Böll-Stiftung sind im Vergleich zu anderen Organisationen eine Reihe von gängigen geschlechtsspezifischen Zuschreibungen wie Vollzeit - Teilzeit, „FamilienernäherIn" - „HinzuverdienerIn" etc. verflüssigt. In dem jedoch nicht mehr sichtbar ist, ob, wie und inwiefern eine zu behebende Ungleichheit tatsächlich existiert, besteht die Gefahr, dass Geschlechterstereotypen reproduziert werden.

Mit der Berücksichtigung der „Vielfalt von Frauen und Männern" geht darüber hinaus ein Minderheitenschutz beziehungsweise eine Antidiskriminierungspolitik einher. So sinnvoll dies generell ist, werden damit gleichzeitig „defizitäre Gruppen" und „Minderheiten" im Vergleich zur „Normalität" geschaffen. Indem beispielsweise Maßnahmen besonders für „Mobilitätsbehinderte" festgelegt werden (zusätzliche Parkplätze, Barrierefreiheit), geraten diese Vorzüge für zum Beispiel Menschen mit Kinder(wage)n aus dem Blick und richten sich ausschließlich auf eine„defizitäre" Gruppe.

Vergleichbar sind Maßnahmen für internationale Gäste und Menschen mit nichtdeutscher Herkunft. Beispielsweise lässt sich deren Interesse nach Sicherheit und Angstfreiheit als „Besonderheit" lesen, wobei doch davon auszugehen ist, dass alle NutzerInnen diese Bedürfnisse teilen. Ohne die entwickelten Ziele und Maßnahmen in Frage zu stellen, wäre es überlegenswert, zukünftig Formulierungen zu finden, die diskriminierende Implikationen vermeiden.

Insgesamt steht die Entwicklung von Gender Kriterien vor der (bisher) ungelösten Aufgabe, Geschlechtersterotype auflösen zu wollen, ohne geschlechterpolitische Zielsetzungen beliebig zu machen, und andererseits Ungleichheiten zu beseitigen, ohne Stigmatisierungen und Ausgrenzungen zu (re)produzieren. Allerdings ist hier mitunter die Reichweite architektonischer Belange erreicht, beziehungsweise müssen diese in den jeweiligen gesellschaftlichen Kontext gesetzt werden.

Literaturhinweise

Bargen, Henning von / Blickhäuser, Angelika (2006): Mehr Qualität durch Gender-Kompetenz, Ulrike Helmer-Verlag, Königstein.

Bargen, Henning von / Blickhäuser, Angelika (2005): Gender-Mainstreaming-Praxis. Arbeitshilfen zur Anwendung der Analysekategorie „Gender“ in Gender-Mainstreaming-Prozessen, Schriften zur Geschlechterdemokratie Nr. 12, Heinrich Böll Stiftung, Berlin.

Bargen, Henning von / Schambach, Gabriele (2003): Geschlechterdemokratie in der Praxis. In: Heinrich-Böll-Stiftung (Hrsg.): Geschlechterdemokratie wagen. Königstein/Taunus, S. 126 - 143.

Blickhäuser, Angelika (2003): Beispiele zur Umsetzung von Geschlechterdemokratie und Gender Mainstreaming in Organisationen, Schriften zur Geschlechterdemokratie Nr. 3, Heinrich Böll Stiftung, Berlin.

Heinrich Böll Stiftung (Hrsg.) (2004): Akteure des Wandels - Männer in Gender Mainstreaming. Dokumentation einer Fachtagung in Kooperation mit dem Forum Männer in Theorie und Praxis der Geschlechterverhältnisse, Schriften zur Geschlechterdemokratie Nr. 9, Berlin.

Kanton Sankt Gallen: http://www.hochbau.sg.ch/home/gender.html (28.11.2006)

Land Tirol (2005): Dokumentation Symposion: Gender-Mainstreaming für öffentliche Bauten, Pilotprojekt Landhaus 2, Innsbruck.

Land Tirol (2005): Gender-Mainstreaming für öffentliche Bauten oder: Was macht das Gender am Geländer? Eine Checkliste zur Umsetzung der Gender-Mainstreaming Strategie bei öffentlichen Bauten, Innsbruck.

Schambach, Gabriele (2006): Das unsichtbare Geschlecht der Stadtplanung. Genderkonstruktionen in der Planung des Potsdamer / Leipziger Platzes, Münster.

Zentrum Frau in Beruf und Technik (2003): Gender im Projektmanagement. Erfahrungsbericht und Materialsammlung für die Praxis, Zentrum Frau in Beruf und Technik, Erinstraße 6, 44575 Castrop-Rauxel.

Weitere Hinweise und Literaturangaben finden sich unter:

www.boell.de/Publikationen

www.gwi-boell.de

www.migration-boell.de

Doris Königer

VERWALTUNG IM GENDER TEST

KRITERIEN FÜR EIN AMTSHAUS DER KANTONALEN BAUVERWALTUNG ST. GALLEN IN ST. GALLEN (CH)

PRODUKT	Umsetzungsbeispiel im Rahmen des Interreg IIIA-Projektes „3LänderGender“ (Vorarlberg, Liechtenstein, St. Gallen) Kriterienkatalog für gendergerechtes Bauen, Dokumentation an Hand eines Beispiels, elektronische Umsetzung in Form einer Datenbank	
PROZESS	Zwei GenderWorkshops für Führungskräfte, zehn Arbeitssitzungen der interdisziplinären Arbeitsgruppe	
	November 2004	1. GM-Workshop für Führungskräfte der Verwaltung
	März 2005	Kick-Off-Sitzung der interdisziplinären Arbeitsgruppe, Teilnahme am Symposion „Gender Mainstreaming für öffentliche Bauten Landhaus 2“ in Innsbruck.
	Januar 2006	2. GM-Workshop für Führungskräfte der Verwaltung, Präsentation an der Tagung im Rahmen des Interreg IIIA-Projektes „3LänderGender“
VERFAHRENSSTAND	Projekt abgeschlossen - keine Fortsetzung geplant	
AUFTRAGGEBERIN	Baudepartement Kanton St. Gallen	
PROJEKTBETEILIGTE	intern: Stefan Knobel, Stv. Kantonsbaumeister (Co-Projektleiter); Marcel John, Stv. Kantonsingenieur; Alex Keller, Stv. Leiter Rechtsabteilung; Franziska Schmitt, Mitarbeiterin Rechtsabteilung extern: Doris Königer, dipl. Architektin ETH/SIA (Co-Projektleiterin); Vreny Gross-Rindlisbacher, Architektur Gross AG, St. Gallen	

Doris Königer

VERWALTUNG IM GENDER TEST

Gendergerechtes Bauen bedeutet eine neue Strategie der Qualitätssicherung und -entwicklung für die Planung und eröffnet die Chance, bisher vernachlässigte gesellschaftlich, sozial und kulturell geprägte Geschlechterrollen von Frauen und Männern aufzugreifen[33].

1 Anlass/Auftrag

Das Projekt „Kriterienkatalog für gendergerechtes Bauen" ist eines von zwölf Umsetzungsbeispielen des Vorhabens „3LänderGender – Gleichstellung in Politik und Verwaltung", welches im Rahmen des Interreg IIIA-Programms von November 2004 bis Januar 2006 durchgeführt wurde[34]. Ausgangslage war, dass die lokalen Regierungen und Verwaltungen in Vorarlberg, Liechtenstein und St. Gallen bisher noch wenig Erfahrung in der Umsetzung von Gender Mainstreaming (GM) gemacht hatten. So entstand die Idee, in öffentlichen Verwaltungen GM als Strategie zur Gleichstellung von Männern und Frauen zu fördern und in aktuelle Aufgaben zu integrieren. Die Umsetzungsbeispiele wurden von Führungskräften aus den ver-

33 Leitsatz der Arbeitsgruppe bei der Aufgabenstellung „Kriterienkatalog für gendergerechtes Bauen".

34 Abschlussbericht 3LänderGender - Beispiele für die Umsetzung von GenderMainstreaming, Januar 2006: http://www.vorarlberg.at/pdf/laendergender-abschlussbr.pdf.

schiedenen Verwaltungen ausgearbeitet. Von dem Engagement auf höchster Ebene versprach man sich eine größere Wirkung der Projekte, den so genannten Top-Down-Effekt. So richteten sich die einzelnen Projekte in erster Linie denn auch an die Entscheidungsträgerinnen und Entscheidungsträger und deren Mitarbeiterinnen und Mitarbeiter in den Verwaltungen und erst in zweiter Linie an die Gesellschaft als Nutznießerin der Ergebnisse. In St. Gallen stellte sich das kantonale Baudepartement als typische „Männer"-Verwaltungsstelle zur Verfügung. Hier wurden zwei verschiedene Vorschläge zum Thema „Gender Mainstreaming" ausgearbeitet. Am Schlussanlass, dem 13. Januar 2006 in Bregenz, wurde das hier beschriebene Schweizer Projekt vorgestellt.

Um die Führungskräfte der Verwaltungen in das Thema einzuführen, fand im November 2004 und Januar 2006 je ein grenzüberschreitender Workshop zum Thema „GenderMainstreaming" unter der Leitung von Zita Küng, Zürich[35], statt. Drei Vertreter des Baudepartementes (Hochbauamt, Tiefbauamt und Rechtsabteilung) stellten sich zu diesem Zeitpunkt die gemeinsame Aufgabe, einen Kriterienkatalog für gendergerechtes Bauen zu erarbeiten. Ihr Gleichstellungsziel war es, mit diesem Katalog geschlechterspezifische Bedürfnisse bei Projektorganisation, Planung und Realisierung von kantonalen Bauvorhaben einbeziehen zu können.

2 Projektgruppe

Die drei Baudepartementsvertreter waren sich bewusst, dass ein solches Projekt nur in einer Gruppe von gleichwertigen Personen, die nicht in irgendeinem Abhängigkeitsverhältnis zueinander stehen, erarbeitet werden konnte. Auch war ihnen klar, dass es nicht möglich sein würde, eine solche Aufgabe an untergeordnete Projektleiter bzw. Projektleiterinnen zu delegieren. Da aber zu diesem Zeitpunkt weder im Hoch- noch im Tiefbauamt Frauen in Kaderstellen arbeiteten, wurden zwei externe Fachfrauen (selbstständige Architektinnen) für dieses Projekt beigezogen, um diese Gruppe paritätisch zusammenzustellen. Dabei wurde auch darauf geachtet, dass die beiden Architektinnen unterschiedliche Hintergründe vorweisen konnten: Die eine hat langjährige Bau-Erfahrung und leitet ein mittelgroßes St. Galler Architekturbüro, die andere ist bekannt als Vertreterin von Umweltanliegen und Frauenfragen und hatte bereits an mehreren Konzepterarbeitungen wie z.B. zum Thema Mobilitätsmanagement mitgewirkt. Zu einem späteren Zeitpunkt wurde eine interne weibliche Verstärkung, eine junge Juristin, aus der Rechtsabteilung hinzugezogen.

35 Zita Küng, Leiterin des Büros für die Gleichstellung von Frau und Mann der Stadt Zürich; Firma EQuality, Agentur für Gender Mainstreaming, Zürich.

3 Vorphase

Die interdisziplinäre Gruppe kam im März 2005 zu einer ersten Kick-off-Sitzung zusammen. Es wurde festgestellt, dass keine und keiner der Gruppe sich zuvor mit dem Thema GM in Hoch- und Tiefbau auseinandergesetzt bzw. vertiefte Kenntnisse davon hatte. Sie waren alle gänzlich unvoreingenommen. Das Fehlen von Vorbildern und schriftlichen Grundlagen, auch nach langer Suche im Internet, gab der Gruppe die Freiheit, einen völlig neuen Ansatz zu wählen und nicht irgendwelche Idealbilder und Ziele vor Augen zu haben. Das Thema steckte 2005, mindestens in der Schweiz, noch in den Anfängen.

Bereits an dieser ersten Sitzung wurde festgehalten, dass die Teilnehmenden eine pragmatische Vorgehensweise wählen wollten und keine theoretische universitäre Studie zum Ziel führen könnte, welche später in einer Verwaltungsschublade verschwinden würde. Der Weg, der Prozess sollte nachvollziehbar sein und auch von einer anders zusammengesetzten Gruppe weiterbehandelt werden können.

Wichtig waren auch das Festhalten des Diskussionsstandes und die Vorbereitung der jeweils nächsten Sitzung. Deshalb wurde nach Überprüfung der jeweiligen Zeitressourcen die Projektleitung vom internen Vertreter an die externe Architektin übergeben, welche den doch großen Arbeitsaufwand leisten konnte. Geplant waren 6 bis 10 regelmäßige Sitzungen bis zum Abschluss des Projektes. Das Team wollte zu jenem Zeitpunkt einen Output vorweisen, welcher der Verwaltung mindestens zum internen Gebrauch nützen sollte.

Der Kriterienkatalog, als Arbeitsinstrument, sollte von der Idee bis zur Verwirklichung eines Bauvorhabens hinzugezogen werden, analog den „Richtlinien für behindertengerechtes Bauen". Das Zielpublikum dieses Kataloges sollten beteiligte Amtsstellen, externe Planungs- und Ingenieurbüros sowie Nutzerinnen und Nutzer der Bauvorhaben sein.

Die Einladung zum Symposi „Gender Mainstreaming für öffentliche Bauten - Landhaus 2, Innsbruck; ein Pilotprojekt"[36] nahmen die Projektmitarbeitenden zum Anlass, sich in das Thema einzufühlen und einen Einblick in die Thematik zu erhalten.

Diskussion im Vorfeld

Der Nutzen von GM wurde breit diskutiert und das Team kam zu folgenden Leitsätzen als Grundlage für die spätere Projektphase:

---

36 siehe Beitrag Krismer / Stögerer-Schwarz in diesem Band, S. 5-38.

- Frauen und Männer haben unterschiedliche Bedürfnisse, wenn es um öffentlichen Verkehr, Kinderbetreuung, Wohnsituation, Bürostandort, Gebäudegestaltung und Ausstattung geht.
- Frauen und Männer stehen im Mittelpunkt. Es profitieren dabei alle! „Gegenderte" Bauten und Eingriffe werden präziser, treffsicherer und bedarfsgerechter.
- Frauen und Männer haben in vielen Bereichen unterschiedliche Verhaltensweisen, Interessen und Bedürfnisse. Sie werden mittels GM in gleicher Weise berücksichtigt, anerkannt und gefördert.
- Frauen und Männer werden aktiv in den Veränderungsprozessen. Sie können schnell sensibilisiert werden.
- GM ermöglicht die Chancengleichheit aller Beteiligten durch entsprechend gestaltete Bauten (Frauen, Männer, Kinder, Jugendliche, Alte, Behinderte ...).
- „Wir bauen für Menschen" – die vermeintliche Geschlechterneutralität der Projektplanung kann mit Hilfe von GM angepackt werden.

Zukünftige Fragestellungen und Ansätze im Baudepartement

Ziel sollte es sein, das Thema „Gendergerechtes Bauen" mindestens in der St. Galler Verwaltung aktiv einzuführen. Bei allen kantonalen Planungs- und Entscheidschritten sollten in Zukunft folgende Fragen gestellt werden:

- Wie sieht in dem entsprechenden Bereich das Geschlechterverhältnis aus?
- Wie wirkt sich das geplante Vorhaben auf die Situation von Frauen und Männern aus?
- Ist es nötig, mit externen Maßnahmen weibliche und männliche Positionen/ Anforderungen bei der Projektierung einfließen zu lassen (z.B. bei fehlender Frauenvertretung im Planerteam oder bei der Nutzervertretung)?
- Wie kann ein Beitrag zur Gleichstellung von Mann und Frau geleistet werden?
- Die Architektur soll auf geschlechtspezifische Rahmenbedingungen und geschlechtersensible Möglichkeiten der Gestaltung Rücksicht nehmen.

Vorgehensweise

Das Team legte folgende Vorgehensweise fest: Gemeinsames analysieren während der Sitzungen, indem Beobachtungen festgehalten werden. Dies sollte in einer Art Brainstorming, ohne Wertung und gegenseitige Kritik stattfinden. Danach sollte die Projektleiterin das Gesagte aufarbeiten und versuchen, dies in eine vorgegebene Ordnung einzugliedern. Beim darauffolgenden Treffen sollte infolge der Diskussion in der Gruppe die Endformulierung erarbeitet werden. Individuelle Bewertungen sollten zu einem späteren Zeitpunkt ohne Einsicht der Restgruppe eingebracht werden.

4 Sensibilisierungsphase

An zwei gemeinsamen Sitzungen analysierte die Gruppe einen Autobahnrastplatz[37] als Schnittpunkt zwischen den Arbeitsbereichen des Hochbau- und des Tiefbauamtes. Da das Team zum ersten Mal zusammen arbeitete, war dies auch eine Möglichkeit, um sich kennen zu lernen.

Ein Rastplatz als Ort, welcher auch in vielen Augen als Un-Ort angesehen werden kann, erwies sich als ideales Thema, um gendergerechte Kriterien aufzustellen. Anhand von bestehenden Grundrissen und Bildern wurden verschiedene Problemfelder erörtert, festgehalten und Lösungsansätze formuliert. Die Problemwertungen für Frauen und Männer wurden diskutiert und verschiedene Sichtweisen erörtert. In dieser Diskussion wurden Probleme und Lösungen sowie Maßnahmen, Prioritäten und Kosten festgehalten. Die einzelnen Problempunkte wurden von Männern und Frauen meist sehr unterschiedlich bewertet. Es entstand eine Tabelle mit folgenden Hauptthemen:

1 Erschließung
2 Gebäude
3 Außenanlagen
4 Betriebs-/ und Orientierungssystem
5 Sicherheit.

Die erarbeiteten Problempunkte und Maßnahmen können bei der anstehenden Renovation und Erneuerung der Rastplätze auf dem St. Galler Straßennetz vom Hochbauamt und Tiefbauamt als Anregung und Gedankenstütze beigezogen werden.

37 Doppelautobahnraststätte Kriessern, Kanton St. Gallen, Erbauungsjahr 1969: keine Verpflegungsmöglichkeit außer einer mobilen Verkaufstätte, ein Ruheort für Weitreisende, Familien mit Kindern. Vermehrte Nutzung in den Nachtstunden. Parkraum für 4-6 Lastwagen und 11 Personenwagen.

Tab. 1: Problemfelder und -wirkungen (Auszüge)

Nr.	Problem	Priorität Männer	Priorität Frauen	Maßnahme	Kosten	Nachrüstung
1. Erschließung						
1.1	Dichte Büsche bzw. Bepflanzung auf Augenhöhe im Bewegungsraum sind unerwünscht (fehlende Übersichtlichkeit).	x	xxx	Auslichten der Bepflanzung.	0	zwingend
				Wahl von geeigneten Bäumen, z.B. Hochstämmer. Sie sollten aber trotzdem Schatten spenden. Keine dichten Büsche.	1	nicht möglich
2. Gebäude						
2.1	Die Eingänge zu den Toiletten sind nicht vom Parkplatz bzw. vom Hartplatz sichtbar.	x	xxx	Alle Eingänge für Benützerinnen und Benützer vom Vorplatz aus zugänglich. Dies gilt auch für Behinderten-WCs.	0	nicht möglich
2.2	Begleitperson muss bei Regen oder starker Sonneneinstrahlung ungeschützt vor dem Gebäude warten.	xx	xx	Großzügiges Vordach als Unterstand, als Schutz.	0	empfohlen
2.4	Es gibt sowohl männliche wie auch weibliche Behinderte und meist nur ein IV-WC *. * IV = Invalidenversicherung bzw. solche, die daraus Unterstützung beziehen	xx	xxx	Behinderten-WCs wenn immer möglich in die WC-Anlage integrieren, dafür muss eines der WCs den Minimalmaßen für Behinderte entsprechen. Wenn nur ein Einziges geplant ist, muss dieses auch von vorne (Hauptzugang) zugänglich sein.	0	nicht möglich

Priorität:	0 neutral	x wünschenswert	xx nötig	xxx sehr wichtig
Kosten:	0 neutral	1 klein	2 mittel	3 hoch

2.5	Wickelvorrichtung wird bei mangelhafter Sauberkeit nicht benützt.	x	xxx	Bei einem dichten Reinigungsintervall den Wickeltisch in einem für Männer und Frauen zugänglichen Raum anbringen, sonst darauf verzichten.	0	-
2.6	Unsicherheit beim Betreten des Toilettenraumes.	x	xxx	Die Sicht vom Eingang aus nicht mit Wänden und Mobiliar verstellen; die Wand beim Lavabo nicht zu weit in den Raum ragen lassen, eventuell durch Glasbausteine oder eine leicht durchscheinende Glaswand (bruchsicher) ersetzen.	0	nicht möglich
2.9	Zu kleine Papierrollen; WC-Rollen landen oft auf dem Boden, werden mitgenommen oder werden nicht regelmäßig nachgefüllt; die Papierrollen sind zu weit von der WC-Schüssel entfernt bzw. zu tief angebracht.	x	x	Große Papierrollenspender; regelmäßige Kontrolle. Bei der Montage der WC-Papierrollenhalterung auf die Körpermaße von Mann bzw. Frau achten.	0	empfohlen
2.13	Zu wenig Hängemöglichkeiten.	x	xxx	Sowohl in den WCs wie auch beim Lavabo braucht es mindestens zwei Haken (für Handtasche und Jacke).	0	zwingend
2.16	Aus hygienischen Gründen drückt man nicht gerne beim WC auf eine Spültaste.	xx	xx	Fußtaster im WC.	1	empfohlen
2.20	Pissoir: Männer müssen oft auf einem nassen Boden stehen.	xxx	-	Die Rinne vor dem Pissoir durch einen Gitterrost ersetzen und als Fläche ausgestalten, auf der man stehen kann, diese ist dann sicher trocken. Eine andere Maßnahme wären erhöhte Trittmarkierungen (wie bei den Steh-WCs).	1-2	empfohlen

2.21	Die Pissoirwand ist oft verunreinigt und stinkt.	xx	-	Die Wasserspülung sollte durch einen Fusstaster verstärkt oder eingeschaltet werden können, eventuell wäre auch ein Sensor eine Lösung, welcher die Spülung einsetzen lässt, sobald jemand vor dem Pissoir steht.	1-2	empfohlen

3. Außenanlagen

3.2	Spielende Kinder können ungehindert auf die Fahrbahn rennen.	xxx	xxx	Niedriger Zaun zur Fahrbahn, mindestens 50 cm hoch, keine Büsche.	1	empfohlen
3.3	Schweizer Wetter: Picknicktische auf der nassen Wiese können nur bei lang anhaltendem trockenen Wetter benutzt werden.	xx	xx	Picknicktische auch auf Kies, bzw. Schotterrasen stellen, wenn möglich die Hälfte auf einem schnelltrocknenden Belag.	1-2	empfohlen
3.5	Außerhalb der WC-Räume braucht es fließendes Wasser zum Reinigen der Tische, zum Trinken und um sich zu erfrischen.	xxx	xxx	Einen Brunnen aufstellen, nicht direkt vor den Eingängen der WC-Anlagen.	2	nötig
3.7	Hundehalter lassen ihre Tiere frei laufen und nehmen die Exkremente nicht auf. Die Wiese wird verschmutzt.	xxx	xxx	Robidog (Hundekotabfallbehälter mit Säckchenspender) aufstellen. Eine Tafel mit Verhaltensregeln aufstellen, diese muss international verständlich sein.	1	nötig

4. Betriebs- /Orientierungssystem

4.3	Männer- und Frauen-WCs werden oft verwechselt.	xx	xx	Große und gut sichtbare Beschriftung; farbig, internationale Piktogramme bzw. Text, so ist es für alle klar verständlich.	1	empfohlen
4.4	Beschriftung der Behinderten-WCs nicht für alle verständlich.	xx	xx	Falls das Behinderten-WC in die geschlechtergetrennte Toilettenanlage integriert ist, muss dies beim Eingang klar ersichtlich sein.	0	zwingend

5. Sicherheit

5.1	Bei engen Platzverhältnissen fühlt man sich nicht so sicher. Jeder / jede braucht einen sauberen "Raum" um seine Person (Hygiene).	x	xx	Großzügige WCs, keine Minimalmaße.	1	Nicht möglich
5.2	Abgeschlossener Toilettenraum.	-	xx	Die Anlage sollte offen sein, die Umgebung kann so besser wahrgenommen werden (Ein- und Aussicht; Geräusche können sowohl innen wie außen wahrgenommen werden).	0	Nicht möglich
5.3	Sicherheitsgefühl im WC-Raum.	x	xxx	Die Türen sollten eine gewisse Bodenfreiheit haben, damit man sieht ob jemand hinter der Tür steht bzw. sich im WC befindet; der Einstieg muss durch entsprechende Vorkehrungen verunmöglicht werden.	0	empfohlen
5.6	Die Beleuchtung der Gesamtanlage ist nicht optimal. Ein schlechtes Beleuchtungskonzept bestärkt das "Unsicherheitsgefühl".	xxx	xxx	Die Raststätte sollte eine Grundbeleuchtung aufweisen. Unterstützt durch "Platzbeleuchtungen", die durch Bewegungsmelder eingeschaltet werden. Es sollen alle Orte beleuchtet werden, wo sich jemand aufhält.	2	empfohlen
5.7	Die Beleuchtung der WC- Anlage ist nicht optimal.	xx	xxx	Das WC muss nicht permanent beleuchtet sein. Wichtig ist die Ausleuchtung des Vordaches vor den Toiletten. Automatische Einschaltung der Beleuchtung des Toilettenraumes durch einen Bewegungsmelder. So weiß jeder/jede, dass sich jemand im Raum befindet. Voraussetzung ist eine genügend lange Leuchtzeit.	1	empfohlen

Das Team stellte einstimmig fest, dass viele Problemstellen mit kleinen Eingriffen behoben werden können. Durch die Diskussion über die verschiedenen Problempunkte konnten die Mitglieder der Arbeitsgruppe sich in die Rolle des anderen Geschlechts bzw. in die einer anderen Benutzergruppe besser einfühlen, so z.B. in den Familienvater mit kleinen Kindern, der Geschäftsfrau bei einem kurzen Zwischenstopp etc..

5 Projektphase

Nach der Sensibilisierungsphase wollte das Team das bereits zu Anfang angepeilte Ziel in Angriff nehmen: die Erarbeitung eines Kriterienkataloges für ein Verwaltungsgebäude. Die Wahl fiel auf das eigene Verwaltungsgebäude, das Baudepartement des Kantons in der Stadt St. Gallen. Das Team wählte das Kantonale Baudepartement als zu analysierendes Gebäude, da es mit seinen verschiedenen Gebäudeteilen unterschiedliche Zeiten und Planungsepochen widerspiegelt und zusätzlich mehrere recht unterschiedliche Ämter beherbergt.

Abb. 1: Eingang

Foto: Doris Königer

Der Sitz der kantonalen Verwaltung besteht aus einem Haus aus der Gründerzeit, einem nüchternen Bau aus den 1960er Jahren, einem Hochhaus und – als Verklammerung dieser Gebäude – einem Neubau aus Sichtbeton. Der leicht geschwungene, sechsgeschossige Bürotrakt fasst Gründerzeit- und Sechziger-Jahr-Bau wie ein Rückgrat zusammen. Ein Flachbau mit großzügiger Eingangshalle und Cafeteria stellt die Verbindung zwischen der verglasten zweigeschossigen Sockelzone des Neubaus und dem Hochhaus her [38].

38 „Eckhaus“: Baujahr 1904, Baumeister Cl. Grizetti; Umbau und Renovation 1999, Hubert Bischoff, dipl. Architekt BSA, St. Margrethen.
„Sanitas Gebäude“: Baujahr 1960, Stäheli & Frehner, Architekten, St. Gallen; Umbau und Renovation 1999, Hubert Bischoff, dipl. Architekt BSA, St. Margrethen.

Im Kantonalen Baudepartement sind folgende Einheiten untergebracht:

- Generalsekretariat
- Wohnbauförderung
- Rechtsabteilung
- Amt für Raumentwicklung
- Hochbauamt
- Tiefbauamt
- Amt für Umweltschutz.

In diesem Verwaltungsgebäude arbeiten z. Zt. 251 Personen, davon sind 59 Frauen und 192 Männer. Von den 14 Leitungsstellen bzw. deren Stellvertretungen wird nur eine von einer Frau besetzt, dies seit Herbst 2005. Das Verwaltungsgebäude wird kaum von Externen besucht. Eine Zählung während zwei Wochen hat gezeigt, dass sich zwischen 35 und 60 Personen pro Tag beim Empfang anmelden, dies sind zu 85 % Männer.

5.1 Analyse

Unvoreingenommen wurden verschiedene Punkte aufgenommen, von Vorteil war die Zusammensetzung der Gruppe mit externen und internen Mitgliedern. Letztere kannten das Gebäude, hatten sich aber bereits an verschiedene Unzulänglichkeiten gewöhnt und störten sich nicht mehr daran.

Nach einem eingehenden Studium der Pläne, so dass alle Beteiligten sich über die Verteilung der Ämter und die Struktur des Hauses im Klaren waren, begann die erste Begehung des Baudepartementes. Die gewählte Vorgehensweise war die vom Außenraum zum Innenraum, beginnend mit der städtebaulichen Situation, den Zugangsmöglichkeiten sowie der internen Erschließung, danach die verschiedenen Gebäudeteile mit den zugeordneten Räumen. Grundlage zur Einordnung bildeten auch die Problemfelder aus der Sensibilisierungsphase „Autobahnraststätte“: Erschließung; Gebäude; Außenanlage; Betriebs- und Orientierungssystem; Sicherheit.

Die Beteiligten äußerten ihre Wahrnehmungen des Ist-Zustandes, Problemfelder und -stellen wurden festgehalten, Lösungsansätze bereits andiskutiert, gute Teile besprochen. Zusammen kam in den zwei gemeinsamen Begehungen eine große Anzahl von Problemen, welche in den Kriterienkatalog aufgenommen werden sollten. Mit einer Digitalkamera wurden die einzelnen Stellen fotografisch festgehalten.

„Hochhaus“: Baujahr 1966-68, Willi Schuchter mit Glaus & Stadlin, St. Gallen; Renovation Fassade inkl. Umbau Sockel 2000; Jörg + Peter Quarella, Architekten BSA, St. Gallen.

Gender Mainstreaming ist ein Prozess und noch nicht das Ziel. Eine Diskussion muss stattfinden, denn nur der Wahrnehmungsaustausch führt zu besseren Lösungen.

Abb. 2: Grundriss Baudepartement

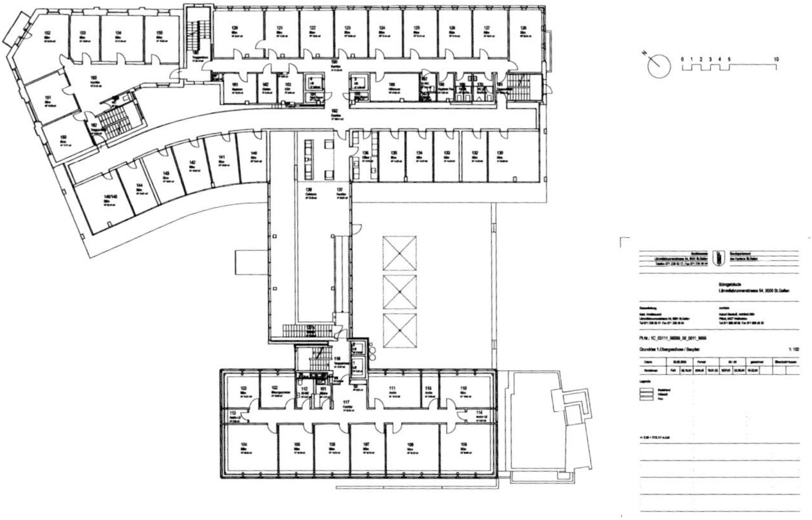

Kantonales Baudepartement, Lämmlisbrunnenstrasse 54, St. Gallen

5.2 Baubezogene Genderthemen

Gendergerechtes Bauen erfordert die Erkenntnis, dass die BenutzerInnen eines Gebäudes individuelle und somit unterschiedliche Bedürfnisse haben. Einerseits weisen Männer und Frauen von Natur aus körperliche Unterschiede auf, anderseits wurden diese durch das gesellschaftliche Rollenverhalten über Generationen geprägt. So haben Frauen und Männer unterschiedliche Denkweisen, verhalten sich in vergleichbaren Situationen anders, finden verschiedene gesellschaftliche Bedingungen vor, nehmen unterschiedlich wahr, haben andere Bedürfnisse und Sichtweisen, fühlen anders und messen den Dingen eine unterschiedliche Bedeutung bei.

Das Team ging davon aus, dass es verschiedene Themenbereiche gibt, in denen sich bei Männern und Frauen tendenziell deutlich unterschiedliche Ansätze zeigen. Um diese Unterschiede bei einem Bauvorhaben berücksichtigen zu können, wurden sie vom Team in sechs Themenbereiche zusammengefasst:

- Sicherheit
- Kurze Wege
- Orientierung

- Wohlgefühl
- Ergonomie
- Soziale Kontakte.

Die unterschiedliche Sensibilisierung auf die oben genannten Aspekte verdeutlicht, wie wichtig es ist, sowohl Männer wie auch Frauen in die Planung von Gebäuden mit einzubeziehen. Es ist selbstverständlich nicht auszuschließen, dass sich einzelne Männer bzw. Frauen in das entgegengesetzte soziale Geschlecht einfühlen können, dies setzt aber eine vertiefte Auseinandersetzung mit dem gendergerechten Bauen voraus.

Bei der Erarbeitung des Kriterienkataloges wurde dem Team bewusst, dass es noch weitere Themen gibt, welche die unterschiedliche Beurteilung und Diskussion ermöglichen und vertiefen. Die folgende Liste ist nicht abschließend und widerspiegelt nur die momentanen Erkenntnisse des Teams bis Ende 2005[39].

mögliche Unterthemen (Themenbereiche Kriterienkatalog)[40]

Sicherheit

- Geschlechtertrennung
- Soziale Kontrolle

Kurze Wege

- Unterschiedliches Mobilitätsverhalten
- Kurze Pausen

Orientierung

- Für Interne / Für Externe
- Unterschiedliche Wahrnehmung
- Unterschiedliches Informationsbedürfnis

Wohlgefühl

- Intimsphäre
- Immissionen
- Gesundheit
- Flexibilität
- Unterschiedliche/Individuelle Bedürfnisse
- Unterschiedliche/Individuelle Lebensweisen (Familie; Alleinstehende; Alleinerziehende …)
- Funktionalität

39 10 Sitzungen á 3 bis 4 Stunden.

40 nicht abschließende Aufzählung.

- Geschlechtertrennung
- Unterschiedliches Ordnungsempfinden
- Unterschiedliches Informationsbedürfnis
- Unterschiedliche Benützungsdauer und -frequenz

Ergonomie
- Gesundheit
- Flexibilität
- Funktionalität
- Geschlechtertrennung
- Unterschiedliches Ordnungsempfinden

Soziale Kontakte
- Begegnungsstätte
- Kurze Pausen

Soziale Gerechtigkeit
- Hierarchie und Statusdenken
- Gleichberechtigung.

5.3 Kriterienbereiche

Die Themenbereiche, die bereits beim Rastplatz die Kriterien strukturiert hatten, wurden im nächsten Schritt neu überprüft und erweitert. Neu ergaben sich die baulichen Bereiche 0 bis 3 und die thematischen Bereiche A bis D. Eine angestrebte matrixartige Darstellung der sich überlagernden Kriterienbereiche war in dieser beschränkten Projektzeit nicht möglich. Auch diesmal wurde eine Tabelle als Arbeitsinstrument mit folgenden Überschriften erstellt:

0 Städtebauliche Situation
1 Erschließung
2 Gebäude
3 Außenanlagen

A Orientierung
B Betrieb
C Sicherheit
D Soziales.

5.4 Ziel – eine Datenbank

Das Projektteam hatte sich zu Anfang ein Handbuch vorgestellt, welches einzelne erweiterbare Projektblätter beinhaltet hätte. Dieses sollte jederzeit verdichtet bzw.

ergänzt werden können. Die Projektblätter hätten jeweils ein Foto der Situation aufgewiesen sowie eine Problemanalyse und eine oder mehrere Verbesserungsmaßnahmen für die Benutzerinnen und Benutzer. Zusätzlich noch eine Priorisierung und eine Kostenannahme. Nach einem Gespräch mit einer Informatikspezialistin[41] eröffnete sich die Möglichkeit, mit Hilfe von Filemaker Pro eine Datenbank, welche sowohl für Mac- wie auch für PC-Anwenderinnen und Anwender lesbar wäre, zu erstellen. Diese sollte auch Auswärtigen zur Verfügung stehen.

Folgende Bereiche wurden vom Team beurteilt[42]:

Akustik	Akustische Maßnahmen in den Begegnungszonen
Auffindbarkeit	Qualität der Orientierungshilfen
Aussicht	Außenbezug
Beleuchtung Außen	Qualität
Betreuungsangebot	Lage / Anzahl und Qualität
Büro / Ausbau	Ausbauqualität
Büro / Größe	Größe und Belegung
Büro / Möblierung	Standard
Büro / Proportion	Ausdehnung, Form
Cafeteria / Mensa	Ausgestaltung, Ausstattung und Akustik
Einkaufsmöglichkeit	Lage / Anzahl und Qualität
Empfangshalle	Ausgestaltung
Endarchiv	Ausgestaltung und Lage
Erreichbarkeit Auto	Lage und Qualität der Erschließung
Erreichbarkeit Fahrrad	Lage und Qualität der Erschließung
Erreichbarkeit öffentlicher Verkehr	Lage und Qualität der Erschließung
Erreichbarkeit zu Fuß	Lage und Qualität der Erschließung
Garderoben Angestellte	Ausgestaltung und Ausstattung
Garderoben Reinigungspersonal	Ausgestaltung und Ausstattung
Hauptzugang	Ausgestaltung
"Kontakt"-Zonen/Korridore/Kombizonen	Lage / Ausgestaltung und Ausstattung
Korridore	Ausstattung und Dimensionierung
Naherholung	Lage / Anzahl und Qualität
Öffnungszeiten Haupteingang	Ausgestaltung, Ort und Inhalt Informationstafel
Orientierung	Standard
Parkplätze im Außenbereich	Ausgestaltung und Lage
Parkplatzangebot/Fahrräder Angestellte	Standard

41 Sara Hämmerli; sportima GmbH; Vadianstrasse 24, 9000 St. Gallen; http://www.sportima.ch

42 nach Alphabet geordnet, nicht abschließend.

Parkplatzangebot/Fahrräder BesucherInnen	Standard
Raumfarbe	Farbwahl der Raumhülle
Raumtrennung	Ausgestaltung Übergang Erschließungs-/ Arbeitsraum (Büro/Sitzungsraum)
Serviceräume	Ausgestaltung und Lage der Entsorgungs- und Materialräume
Sitzungszimmer	Lage, Ausgestaltung und Möblierung
Sportmöglichkeit	Lage, Anzahl und Qualität
Tageslicht / Blendschutz	Tageslicht, Sonneneinstrahlung
Tiefgarage	Ausgestaltung
Verpflegungsmöglichkeit	Lage, Anzahl und Qualität
Vertikalerschließung allgemein	Lage
Vertikalerschließung Lift	Ausgestaltung / Dimensionierung Lift
Vertikalerschließung Treppenhaus	Lage, Anordnung und Ausgestaltung
Vorplatz	Ausgestaltung Vorplatz
Vortragssaal	Lage, Ausgestaltung und Möblierung
Wartebereich	Ausgestaltung / Geschützter Warteraum
WC-Anlagen allgemein	Anzahl und Anordnung
WC-Anlagen Ausgestaltung	Infrastruktur des Vorraumes / der WC-Kabine
Wohnmöglichkeit	Lage, Anzahl und Qualität
Zwischenarchiv	Ausgestaltung und Lage / Temporäre Ablage von Akten und Arbeitsunterlagen

5.5 Elektronische Datenbank

Die elektronische Datenbank[43] hat eine äußerst benutzer- und benutzerinnenfreundliche Oberfläche mit einfachem Einstieg.

Abb. 3: Einstieg Elektronische Datenbank

43 Die Datenbank kann in einer Demoversion vom Netz heruntergeladen werden: http://www.hochbau.sg.ch/home/gender.html.

Sie weist einen allgemeinen Grundlagenteil auf, welcher einen/eine direkt zum analysierten Gebäude führen kann. Zudem besteht eine elektronische Suchhilfe.

Für eine zukünftige Entwicklerversion sind die Weichen bereits gestellt.

Die „Vertikalerschließung Treppenhaus" betrifft die vom Team festgelegten Themenbereiche Erschließung, Gebäude, Betrieb, Sicherheit und Soziales.

Abb. 4: Vertikalerschließung Treppenhaus: Gebäudetyp / Themenbereich

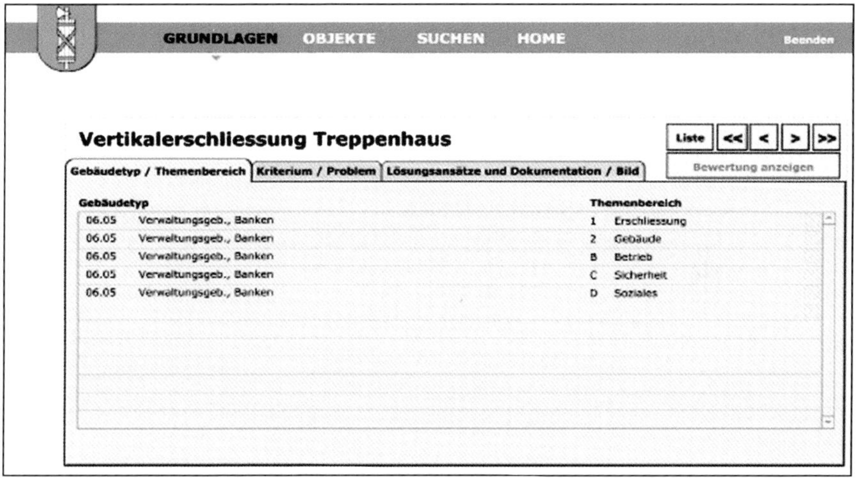

Abb.5: Vertikalerschließung Treppenhaus: Kriterium / Problem

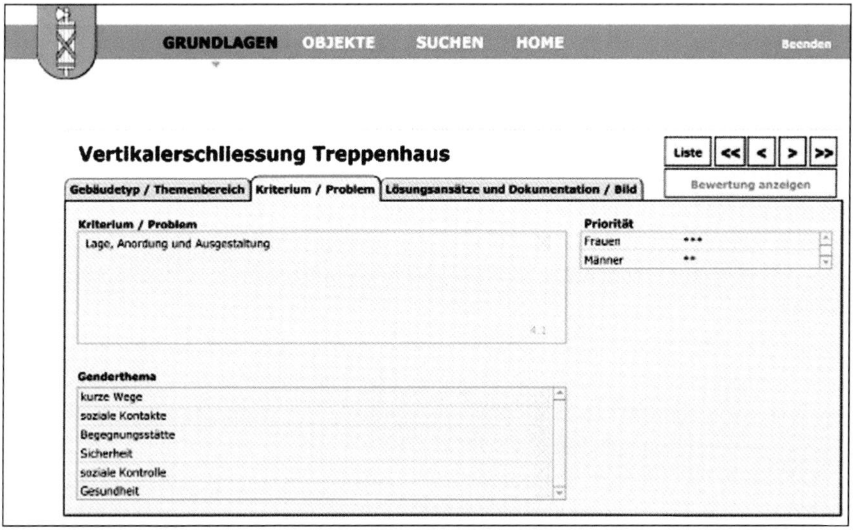

Die Frauen im Team priorisierten das Kriterium leicht höher als die Männer. Die Problemstelle „Vertikalerschließung Treppenhaus" ließ das Team verschiedene Genderthemen andiskutieren.

Diese waren die Wichtigkeit der kurzen Wege in einer Verwaltung, die Möglichkeit der Sozialen Kontakte, das Treppenhaus als interne Begegnungsstätte, das Sicherheitsgefühl und damit die Möglichkeit, diese durch soziale Kontrolle zu erreichen, und die Verbesserung des Gesundheitszustandes der Benützerinnen und Benützer durch die regelmäßige Bewegungsmöglichkeit beim Treppenlaufen.

Abb.6: Vertikalerschließung Treppenhaus: Lösungsansätze und Dokumentation

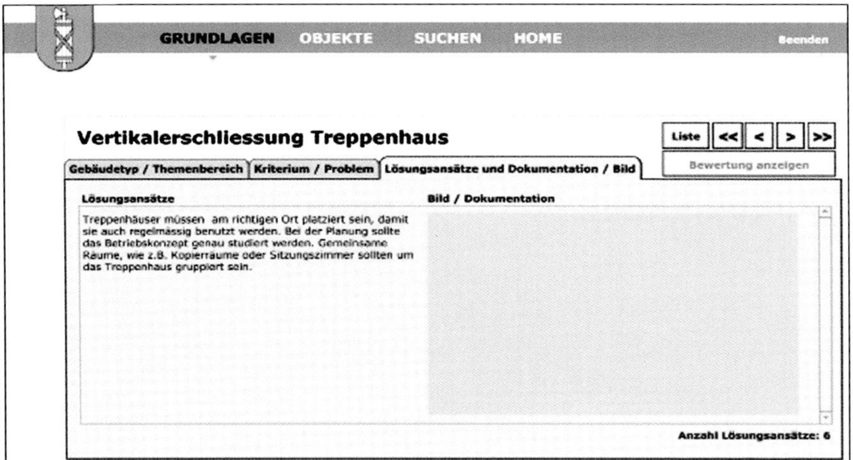

Zum Problem „Vertikalerschließung Treppenhaus" gab es gesamthaft sechs allgemeine Lösungsansätze, welche auch am Objekt „Baudepartement" untersucht und bewertet wurden.

Das Treppenhaus übernimmt mehrere wichtige Aufgaben in einem Verwaltungsgebäude. Deshalb ist bei der Gestaltung auf mehrere Dinge zu achten: Großzügigkeit, sowohl in den Grundrissmaßen wie auch in den Türmaßen, ansprechende Materialisierung, Beachtung der akustischen Immissionen, Unterbindung von Geruchsimmissionen.

Bewertung: Die Treppenhäuser im Hochhaus sind zu klein dimensioniert. Die Lift- bzw. Treppenpodeste sind viel zu eng. Der Materialeinsatz in den Treppenhäusern ist eher zurückhaltend (kein Repräsentationsbau). Die Immissionen müssten mit betrieblichen und baulichen Maßnahmen noch eingedämmt werden.
Nachrüsten: nicht möglich
Kosten: -

Abb.7: Vertikalerschließung Treppenhaus: Bemerkungen

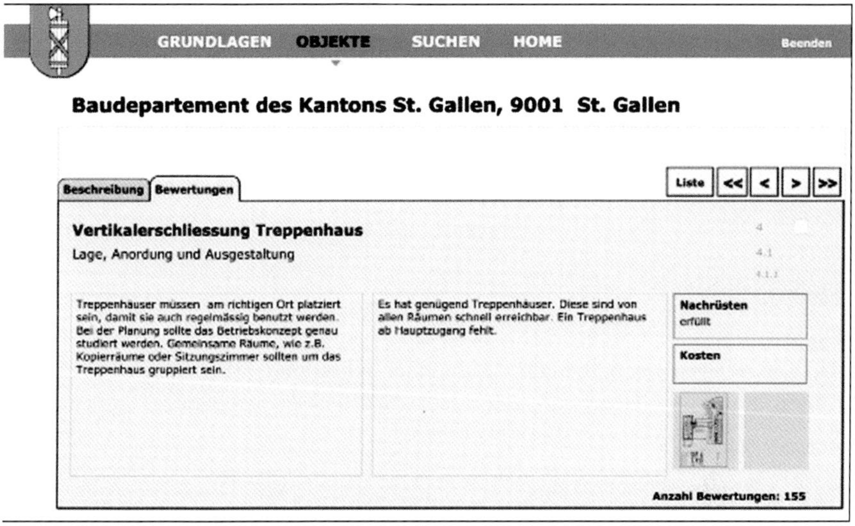

Soweit möglich, sollte Tageslicht ins Treppenhaus geführt werden. Falls dies nicht möglich ist, sollte eine dem Tageslicht nahe kommende Beleuchtung eingeplant werden.
Bewertung: Die Treppenhäuser haben alle Tageslicht.
Nachrüsten: erfüllt
Kosten: -

Bei der Planung sollte darauf geachtet werden, dass das Treppenhaus gut ausgeleuchtet ist, keine dunklen Ecken aufweist. Wenn immer möglich, sollte das Treppenhaus durch einen Bewegungsmelder erleuchtet werden.
Bewertung: Die Treppenhäuser sind genügend ausgeleuchtet, z.T. mit Bewegungsmeldern.
Nachrüsten: erfüllt
Kosten: -

Das Treppenhaus sollte von mehreren Seiten einsehbar sein. wünschenswert ist auch ein Blick auf die Zwischenpodeste. Zu vermeiden sind geschlossene Treppenhäuser. Minimale Einsicht gewähren Glaseinschnitte in den Türen, optimal wären Glastüren.
Bewertung: Die Treppenhäuser sind alle geschlossen, es hat nur kleine Glasausschnitte in den Türen. Einsicht ist kaum möglich. Eine soziale Kontrolle besteht nicht.
Nachrüsten: erwünscht
Kosten: gering

Bei der Planung des Treppenhauses ist auf Ergonomie besonders zu achten, wie z.B. Stufenverhältnis, Handlaufhöhe, Türmaße...
Bewertung: Auf Ergonomie ist nur bei den Stufenverhältnissen geachtet worden. Ein zweiter Handlauf für unterschiedliche Körpergrößen ist nicht vorhanden, dieser könnte nachgerüstet werden. Bei den Gebäudeübergängen sind die Türmaße zum Teil unter 2.00m. Dies ist bei den heutigen Körpergrößen zu niedrig.
Nachrüsten: erwünscht
Kosten: eher gering

Suchoption

Die Elektronische Datenbank hat auch eine Suchoptionsseite, auf welcher man in den Grundlagen nach Themen, Themenbereichen und Prioritäten sowie in den Objekten nach der Notwendigkeit des Nachrüstens suchen kann.

Abb. 8: Suchoption

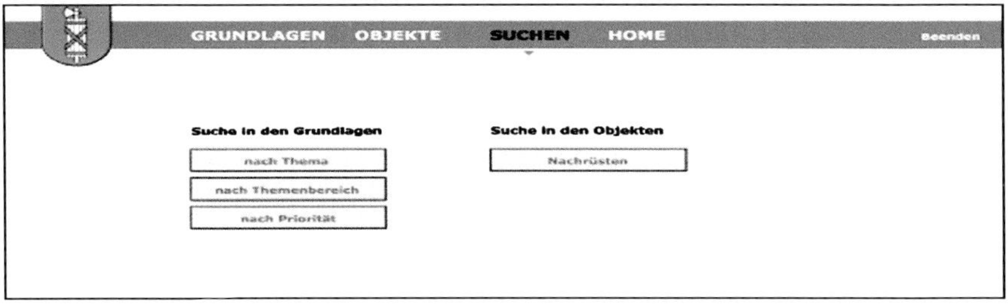

6 Anwendungsbeispiele

Weitere Beispiele aus der elektronischen Datenbank, die auch in anderen öffentlichen Gebäuden relevant sein können:

Büro / Möblierung

Themenbereich	2 Gebäude B Betrieb
Kriterium / Problem	Standard
Genderthema	Individuelle Bedürfnisse Funktionalität Wohlgefühl Gesundheit Soziale Gerechtigkeit (Hierarchie und Statusdenken)
Priorität	Frauen xxx Männer xx

Lösungsansätze

Die Büromöblierung muss eine stimmige Gesamtatmosphäre aufweisen. Mit zusammen gewürfelten Teilen ist dies nur schwer zu erreichen. Zurückhaltung gegenüber Modeströmungen ist geboten.
Bewertung: Im Hochhaus sind die Büros sehr unterschiedlich möbliert, z.T. Möblierung der Vorgänger bzw. Zusammenstellungen aus verschiedenen Büros.
Nachrüsten: erwünscht
Kosten: mittel

Das Büromöbelprogramm sollte ein individuelles Ordnungssystem ermöglichen. Genügend Ablageflächen sind einzuplanen.
Bewertung: Das Ordnungssystem lässt sich nur minimal individuell ausgestalten, je nach Funktion der Angestellten braucht es mehr Ablagefläche/Staufläche.
Nachrüsten: erwünscht
Kosten: mittel
Zu achten ist auf Funktionalität beim Arbeitsablauf.
Bewertung: -

Das Büromöbelprogramm sollte an die verschiedenen Körpergrößen und -formen anpassbar sein (Ergonomie).
Bewertung: Die bestehenden Tische aus älteren Möbelprogrammen lassen sich nur umständlich verstellen. Bei den Bürostühlen besteht noch Nachholbedarf.
Nachrüsten: erwünscht
Kosten: gering

Das Büromöbelprogramm sollte in der Farbgebung zurückhaltend sein. Farbe soll nur gemäß durchdachtem Konzept eingesetzt werden. Dieses ist eventuell zusammen mit den MitarbeiterInnen zu ermitteln.
Bewertung: Im Hochhaus sind einige Büros farblich dominant eingerichtet (alte Büroprogramme).
Nachrüsten: erwünscht
Kosten: gering

Auf gute Beleuchtung ist zu achten; erforderlich sind eine ausgewogene Raumbeleuchtung sowie eine regulierbare Arbeitsplatzbeleuchtung.
Bewertung:

„Kontakt"-Zonen / Korridore / Kombizonen

Themenbereich	2 Gebäude B Betrieb D Soziales

Kriterium / Problem	Lage, Ausgestaltung und Ausstattung
Genderthema	Begegnungsstätte Soziale Kontakte Wohlgefühl Sicherheit
Priorität	Frauen xxx Männer xx

Lösungsansätze

Es braucht Zonen oder Nischen, in denen kurze Gespräche, Besprechungen stattfinden können. Ein zufälliges Treffen sollte möglich sein sowie ein zufälliges Dazukommen.
Bewertung: Im Hochhaus sind die Korridore zum Teil verstellt mit Kopiergeräten, Aktenvernichtungsgeräten und Postregalen. Man/frau kann nicht im Gang stehen bleiben, da dann die Verkehrsfläche zu eng wird für weitere Personen. Es gibt kaum Ausweichmöglichkeiten.
Nachrüsten: erwünscht
Kosten: mittel

„Kontakt"-Zonen

Die „Kontakt"-Zonen sollten direktes Tageslicht aufweisen. Falls dies nicht möglich ist, auf eine tageslichtähnliche Beleuchtung achten.

Abb. 9: Küche

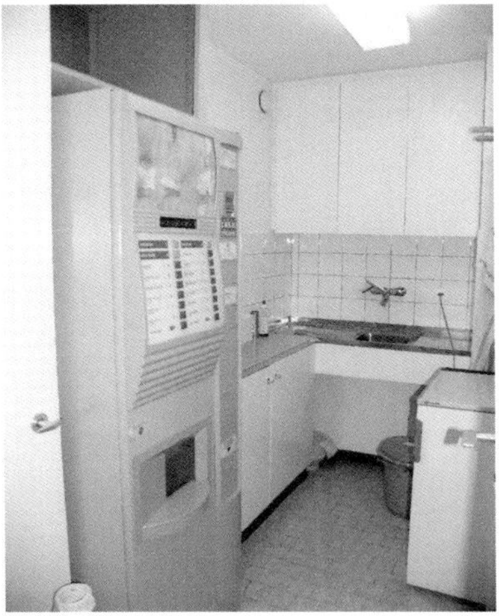

Foto: Franziska Schmitt

Bewertung: Die Teeküchen im Hochhaus könnten als Kombizonen benützt werden, aber es ist kein Tageslicht vorhanden.
Nachrüsten: erwünscht
Kosten: mittel

Bei der Möblierung ist auf maximale Flexibilität zu achten (leichte kombinierbare Möblierung, keine ausgefallenen Formen ...). Die Minimalausstattung ist eine Sitzgelegenheit mit einem Tisch.
Bewertung: -

Die „Kontakt"-Zonen könnten mit Kopierräumen, Archiven, Bibliotheken, Teeküchen, Materialräumen kombiniert werden.

Bewertung: Im Neubau sind die Kopier- und andere Nebenräume etwas zu klein, um als „Kontakt“-Zone nutzbar zu sein.
Nachrüsten: nicht nötig
Kosten: -

Korridore

Themenbereich	2 Gebäude B Betrieb	
Kriterium / Problem	Ausstattung und Dimensionierung	
Genderthema	Kurze Wege Soziale Kontakte Begegnungsstätte Unterschiedliches Ordnungsempfinden Wohlgefühl Intimsphäre	
Priorität	Frauen	xx
	Männer	xx

Lösungsansätze

Korridore sollten nicht zu eng sein. Minimalmaße sind zu vermeiden (> 1.20m). Wenn möglich als Doppelnutzung (Kombizone) ausgestalten.

Abb. 10: Korridor

Foto: Franziska Schmitt

Bewertung: Im Hochhaus sind die Korridore zu eng.
Nachrüsten: nicht möglich
Kosten: mittel

Korridore dürfen nicht durch Mobiliar (wie z.B. Aktenvernichter, Kopierer, Archivschränke ...) verstellt werden.
Bewertung: Im Hochhaus werden die Korridore mit Aktenvernichtern, Kopierern und Archiven verstellt. Sie wirken eng und unordentlich.
Nachrüsten: erwünscht
Kosten: gering

Sitzungszimmer

Themenbereich	2 Gebäude A Orientierung B Betrieb
Kriterium / Problem	Lage, Ausgestaltung, Möblierung
Genderthema	Wohlgefühl Orientierung Orientierung für Externe Kurze Wege Soziale Kontakte Funktionalität
Priorität	Frauen xx Männer xx

Sitzungszimmer sollten in der Nähe des Einganges oder der Vertikalerschließung liegen (öffentlich).
Bewertung: Die Sitzungszimmer sind zum Teil weit vom Eingang entfernt. Auswärtige werden beim Eingang abgeholt und hingeführt (aus Sicherheitsgründen).
Nachrüsten: nicht nötig
Kosten: -

Ein Sitzungszimmer sollte Tageslicht haben. Belichtung ausschließlich über ein Oblicht sollte vermieden werden.
Bewertung: Im Baudepartement gibt es einige Sitzungszimmer ohne Tageslicht und Aussicht.
Nachrüsten: nicht möglich
Kosten: -

Sitzungszimmer müssen vor direkter Sonneneinstrahlung geschützt werden. Ein Blendschutz muss eingeplant werden.
Bewertung: Die Sitzungszimmer sind nicht der direkten Sonneneinstrahlung ausgesetzt.
Nachrüsten: erfüllt
Kosten: -

Ein Sitzungszimmer sollte auch für interne kurze Gespräche, Teamsitzungen kurzfristig benutzt werden können. Dafür braucht es organisatorische Maßnahmen (Besetzt-Tafel mit Zeitangabe, Outlook ...).
Bewertung: Die Sitzungszimmer werden per Outlook reserviert. Meist mit großzügiger Zeitangabe, auch werden sie oft bei Wegfall des Termins nicht freigegeben. Die Organisationsform sollte überprüft werden.
Nachrüsten: erwünscht
Kosten: neutral

Einsicht in ein Sitzungszimmer sollte möglich sein (z.B. mit einem Glasausschnitt in der Türe), bei Bedarf aber auch verhindert werden können (sekundäre Maßnahmen).
Bewertung: Die Türen der Sitzungszimmer sind nicht einsehbar. Im Eckhaus gibt es Ausnahmen. Auch hier sieht man nur, ob Licht im Raum ist.
Nachrüsten: erwünscht
Kosten: gering

Abb. 11 und 12: Sitzungszimmer

Fotos: Franziska Schmitt

Die Tische im Sitzungszimmer sollten nicht zu viel Raum benötigen. Es braucht genügend Raum hinter den Sitzgelegenheiten. Die Raumgröße sollte sich an die Personenzahl anpassen lassen (Zwischenwände).
Bewertung: Es gibt nur ein vergrößerbares Sitzungszimmer im Erdgeschoss. Zum Teil sind die bestehenden Sitzungszimmer etwas eng. Die Möblierung unterstreicht diese Enge.
Nachrüsten: erwünscht
Kosten: gering

Bei der Wahl der Sitzgelegenheiten ist darauf zu achten, dass sie für verschiedene Körpergrößen und -formen geeignet sind.
Bewertung: -

Die Sitzgelegenheiten sollten leicht sein und nicht zu breit, damit zwischen den Personen noch ein Zwischenraum möglich ist.
Bewertung: Hier besteht in einigen Sitzungszimmern Nachholbedarf. Sehr breite oder sehr enge Stühle sind für einige Körpergrößen ungeeignet.
Nachrüsten: erwünscht
Kosten: gering

Die Möblierung sollte viel Flexibilität zulassen (kleine/große Gruppe, Ablageflächen, Flipcharts, Beamer, Hellraumprojektor ...).
Bewertung: Hier besteht in einigen Sitzungszimmern Nachholbedarf. Meist nur ein Tisch im Raum, welcher nicht unterteilbar ist. Zum Teil fehlende Infrastruktur.
Nachrüsten: erwünscht
Kosten: gering

Vertikalerschließung / Lift

Themenbereich	1 Erschließung 2 Gebäude B Betrieb C Sicherheit D Soziales
Kriterium / Problem	Ausgestaltung und Dimensionierung Lift
Genderthema	Kurze Wege Soziale Kontakte Begegnungsstätte Intimsphäre Sicherheit
Priorität	Frauen xxx Männer xx

Lifte müssen bei mehrgeschossigen Gebäuden eingeplant werden (für Transporte, Behinderte).
Bewertung: -

Die Liftkabine sollte keine große Tiefe aufweisen und längsseitig verlassen werden können. Auf eine großzügige Türbreite sollte geachtet werden. Zu bevorzugen sind Glastüren.
Bewertung: -

Es gibt keine Minimalmaße für Lifte. Körperkontakte sowohl beim Ein- und Aussteigen, wie auch in der Liftkabine, sind unerwünscht (Dimensionierung, Ausweichmöglichkeit).
Bewertung: Die Liftkabinen sind fast im gesamten Gebäude eher von minimaler Größe. Glastüren sind keine vorhanden.
Nachrüsten: nicht möglich
Kosten: -

Vor dem Lift sollte sich eine größere Plattform befinden, wo mehrere Personen Platz haben, um auf den Lift zu warten bzw. herauskommenden Personen auszuweichen. Diese Vorplätze sind wichtige Begegnungsstätten und sollten als solche ausformuliert werden.

Bewertung: Im Hochhaus sind die Plattformen vor dem Lift zu eng.
Nachrüsten: nicht möglich
Kosten: -

WC-Anlagen allgemein

Themenbereich	2 Gebäude A Orientierung B Betrieb C Sicherheit
Kriterium / Problem	Anzahl und Anordnung der WC-Anlagen
Genderthema	Unterschiedliche Benützungsdauer und –frequenz Männer/Frauen Gleichberechtigung Geschlechtertrennung Intimsphäre Kurze Wege Orientierung für Externe
Priorität	Frauen xxx Männer x

Es ist darauf zu achten, dass es genügend WC-Anlagen für beide Geschlechter gibt. Da Frauen sich zum einen länger auf dem WC aufhalten und dies zum anderen auch öfter aufsuchen, sollte dieser Faktor bei der Planung berücksichtigt werden (Verhältnis Männer : Frauen = 1 : 2).
Bewertung: Im Baudepartement arbeiten wesentlich mehr Männer als Frauen. Es hat genügend WC- Anlagen.
Nachrüsten: erfüllt
Kosten: -

In der Nähe von durch BesucherInnen frequentierten Räumen (Sitzungszimmer, Mensa, Cafeteria) sollten sich WCs befinden. Die WCs sollten für Externe ohne Fragen erreichbar sein. Ein Verweis zu ihrer Lage mit einem hohen Auffindungsgrad ist nötig. Wenn immer möglich, sind WCs an eine öffentliche Zone anzugliedern.
Bewertung: Vor einer Sitzung oder beim Besuch der Cafeteria möchte man/frau das WC besuchen. Wegen der Sicherheitsmaßnahmen kann der Gast sich im Gebäude nicht frei bewegen. Gäste finden nicht ohne Nachfragen zum WC.
Nachrüsten: zwingend
Kosten: gering

Die Intimität muss jederzeit gewahrt werden.
Bewertung: Im Hochhaus braucht es z.T. eine betriebliche Regelung, damit die WC-Anlage nur von einer Person benutzt werden kann. Die niederschwellige Lösung mit dem eingeschalteten Licht als Zeichen des Besetztseins ist nur für InsiderInnen klar.

Ein innen angebrachtes Drehschloss ist effektiver. Die Intimität ist in gemeinsam genutzten Anlagen mit gemeinsamem Vorraum und nur geschlechtergetrennten Kabinen nicht möglich. Da der Vorraum auch zum Zähneputzen benutzt wird, sollte eine individuelle Benutzung des Raumes möglich sein.
Nachrüsten: erwünscht
Kosten: gering

Da es sowohl männliche wie auch weibliche Gehbehinderte gibt, sollten die rollstuhlgängigen WCs jeweils in einem geschlechtergetrennten WC eingeplant werden.
Bewertung: Es gibt in jedem Gebäudeteil ein rollstuhlgängiges WC. Da kaum gehbehinderte Auswärtige das Gebäude besuchen bzw. kein Gehbehinderter im Baudepartement arbeitet, genügt diese Anzahl. Die Tür zum WC im Altbau ist etwas schmal (Minimalmaß).
Nachrüsten: nicht nötig
Kosten: -

Falls es kein geschlechtergetrenntes rollstuhlgängiges WC gibt, ist dieses auch als Unisex-WC für andere benutzbar zu halten (kurze Wege).
Bewertung: Es gibt zwei rollstuhlgängige WCs, welche auch als Unisex-WC benutzt werden könnten (Beschriftung).
Nachrüsten: erwünscht (dies wurde bereits geändert).
Kosten: -

Für alle BenutzerInnen sollten sich die WC-Anlagen in vergleichbarer Entfernung befinden (Gleichberechtigung).
Bewertung: Im Baudepartement sind genügend WC-Anlagen in annehmbarer Nähe vorhanden. Die Distanz ist für beide Geschlechter gleich.
Nachrüsten: erfüllt

Die WC-Anlagen sollten ausgeglichen über alle Geschosse und Grundrisse verteilt sein.
Bewertung: Die WC-Anlagen sind ausgeglichen über alle Geschosse und Grundrisse verteilt. Im Hochhaus werden sie zum Teil von beiden Geschlechtern gemeinsam genutzt oder alternierend pro Stockwerk einem Geschlecht zugeordnet. Die Distanz ist zumutbar.
Nachrüsten: erfüllt

Bereits bei der Planung von öffentlichen Gebäuden sollten Minimalmaße vermieden werden. Dies ist für Benutzerinnen und Benutzer unangenehm (Enge).
Bewertung: -

Bei der Planung ist auf eine leistungsstarke Lüftung zu achten.
Bewertung: -

7 Rückblick / Schlussbetrachtung

Das Team kann auf eine intensive Zeit der Auseinandersetzung mit dem Thema „Gendergerechtes Bauen“ zurückblicken. Der Versuch, ein Arbeitsinstrument in Form einer elektronischen Datenbank zu entwickeln, ist in einem ersten Schritt gelungen. Dieses kann verdichtet und ausgebaut werden und ist eine Grundlage, um weitere zukünftige Aufgaben anzugehen. Durch die unterschiedliche und paritätische Zusammensetzung der Arbeitsgruppe wurden bereits innerhalb dieser verschiedene Ansichten intensiv diskutiert und bewertet. Die Aussagen sind nicht abschließend und widerspiegeln nur die Erkenntnisse des Teams bis Ende 2005[44]. Mit einem größeren Beteiligtenkreis könnten die Aussagen noch verdichtet bzw. angepasst oder sogar korrigiert werden. Das Team erhebt nicht den Anspruch der absoluten Richtigkeit seiner in der Datenbank ausgeführten Aussagen. Erwünscht ist auch eine vertiefte Diskussion in Fach- bzw. Laienkreisen, um das Thema „Gendergerechtes Bauen“ in Zukunft breiter abzustützen.

Mögliche weitere Ziele

- Ausbau des Kriterienkatalogs für gendergerechtes Bauen durch Analyse von weiteren Gebäudetypen
- Verifizierung der Aussagen durch Befragung einer aussagekräftigen Anzahl von Benutzerinnen und Benutzern inkl. Korrektur der Bewertungen in der elektronischen Datenbank
- Weiterentwicklung des Tools
- Aufbau eines Kompetenzzentrums mit einer oder mehreren Fachpersonen
- Integration von geschlechtssensiblen Perspektiven in Bau- und Planungsvorhaben
- Öffentlichkeitsarbeit[45]
- Sensibilisierung von Verwaltung und Fachwelt.

Das Projekt wurde mit der Präsentation beim Anlass '3LänderGender' in Bregenz am 13. Januar 2006 abgeschlossen. Voraussichtlich wird das Baudepartement in nächster Zeit die Arbeit daran nicht wieder aufnehmen.

---

44 10 Sitzungen à 3 bis 4 Stunden.

45 Vgl. z.B. St. Galler Tagblatt vom 6.12.2006: „Bauen für Frauen und Männer, Projekt zu geschlechtergerechtem Bauen in öffentlichen Verwaltungen“ von Petra Mühlhäuser.

DER NEUBAU DES BUNDESAMTES FÜR VERBRAUCHERSCHUTZ UND LEBENSMITTELSICHERHEIT IN BRAUNSCHWEIG, NIEDERSACHSEN (D)

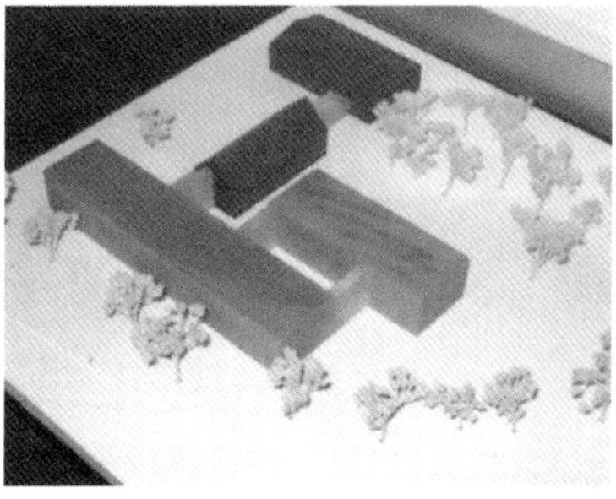

Barbara Zibell

VOM WETTBEWERB ZUR EW BAU

PRODUKT	Textbausteine GM für den Auslobungstext zum Wettbewerb, GenderKriterien zur Vorprüfung, Zwischenbericht über die GenderPrüfung des Wettbewerbsentwurfs	
PROZESS	Vorbereitende Gespräche Oberfinanzdirektion (OFD), Durchführung GenderVorprüfung, Teilnahme Jurysitzung, Planungsgespräch Außenanlagen	
	Juli 2005	Entscheidung über den Neubau Auftrag GenderBegleitung und Kriterienentwicklung
	Dezember 2005	GenderVorprüfung und Jurysitzung
	Juni 2006	GenderPrüfung des überarbeiteten Entwurfs (Zwischenbericht)
	September 2006	Beratung bei der Planung der Außenanlagen
VERFAHRENSSTAND	Entwurfsunterlage (EW) Bau zur Prüfung bei der OFD	
AUFTRAGGEBERIN	Niedersächsisches Innenministerium, OFD Hannover, Landesbauabteilung (LBA), Staatliches Baumanagement (BS) II in Braunschweig	
AUFTRAGNEHMERIN	Universität Hannover, Fachbereich Architektur, Institut für Geschichte und Theorie, Abt. Planungs- und Architektursoziologie, Prof. Dr. Barbara Zibell	
BETEILIGTE	Abteilungsleiter und Mitarbeiterin OFD; Baukoordinator und Gleichstellungsbeauftragte BVL; Abteilungsleiterin und Mitarbeiterin BS II; Architekturbüro A360 architektur, Hamburg; Gartenlabor Landschaftsarchitekten, Hamburg GenderExpertise: Prof. Dr. Barbara Zibell, Dipl.-Ing. Anke Schröder, Universität Hannover	

Barbara Zibell

VOM WETTBEWERB ZUR EW BAU

Im Juli 2005 erhielt die Abteilung Planungs- und Architektursoziologie am Institut für Geschichte und Theorie im Fachbereich Architektur der Universität Hannover[46] von der OFD Niedersachsen den Auftrag, im Rahmen der Planungen für den Neubau des Bundesamtes für Verbraucherschutz und Lebensmittelsicherheit in Braunschweig ein „Gender Assessment"[47] durchzuführen.

Veranlasst wurde das Wettbewerbsverfahren vom zuständigen Bundesministerium für Verkehr, Bau- und Wohnungswesen (BMVBW), dem heutigen Bundesministerium für Verkehr, Bau und Stadtentwicklung (BMVBS), Bauherr ist das Bundesamt für Verbraucherschutz und Lebensmittelsicherheit (BVL). Beauftragt mit der Durchführung ist im Rahmen des föderalen Staatsaufbaus der Bundesrepublik Deutschland das Land Niedersachsen, auf dessen Territorium der Neubau des Bundesamtes errichtet werden soll, vertreten durch das Niedersächsische Finanzministerium, vertreten durch die OFD in Hannover. Die Koordination der einzelnen Verfahrensschritte vom Wettbewerb bis zur Realisierung vor Ort erfolgt durch das Staatliche Baumanagement Braunschweig.

---

46 heute: Fakultät für Architektur und Landschaft an der Leibniz Universität Hannover.

47 Das Gender Assessment, eigentlich: Gender Impact Assessment (GIA), ist eine zentrale Methode zur Folgenabschätzung des Gender Mainstreaming (GM). Als Instrument zur systematischen und umfassenden Prüfung der geschlechterbezogenen Auswirkungen von Entscheidungen dient es dazu, politische Maßnahmen wie Gesetze und Verordnungen oder das tägliche Verwaltungshandeln bzw. planerische Maßnahmen in ihren Konsequenzen für Frauen und Männer bzw. Geschlechterverhältnisse zu beurteilen. (vgl. www.BMU.de vom 21.01.2008).

Der Auftrag zur Gender Begleitung der Planungen eines öffentlichen Hochbaus von der Wettbewerbsausschreibung bis zur Realisierung war bis dahin die erste der Auftragnehmerin bekannte Gelegenheit, ein Gender (Impact) Assessment im Rahmen eines konkreten Bauvorhabens bis zur Realisierung durchzuführen. In Verbindung mit den einzelnen Verfahrensschritten zur Planung und Durchführung der Baumaßnahme wurden vertraglich insgesamt sechs Beratungseinheiten vereinbart:

- Unterstützen bei der Vorbereitung des Wettbewerbs, insbesondere Auslobungstext
- Erstellen der GenderVorprüfungskriterien
- Bewerten der Wettbewerbsbeiträge im Rahmen der Vorprüfung nach Gender-Kriterien
- Überprüfen der GenderKriterien im Rahmen der EW-Bau- (Entwurfs-) Planung
- Beraten im Rahmen der AFU-Bau- (Ausführungs-) Planung (z.B. Materialien, Farbwahl, Oberflächen) unter GenderAspekten
- Evaluieren des Verfahrens und Verfassen eines Schlussberichtes.

Die ersten drei Schritte sind abgeschlossen, die Entwurfsunterlage für die Freigabe des Projektes (EW Bau) liegt der zuständigen Behörde derzeit zur Prüfung vor.

1 Das Bundesamt für Verbraucherschutz und Lebensmittelsicherheit

Das BVL[48] wurde im Jahr 2002 als Zulassungs- und Managementbehörde für Lebensmittelsicherheit und Verbraucherschutz gegründet. Es ist eine selbstständige Bundesoberbehörde im Geschäftsbereich des Bundesministeriums für Ernährung, Landwirtschaft und Verbraucherschutz (BMELV) mit Dienststellen in Braunschweig und Berlin.

Das BVL gliedert sich organisatorisch in vier Abteilungen (Abt. 1 Lebensmittel, Futtermittel und Bedarfsgegenstände; Abt. 2 Pflanzenschutzmittel; Abt. 3 Tierarzneimittel; Abt. 4 Gentechnik), eine Referatsgruppe (Ref. 5 Untersuchungen) und die Querschnittseinheiten (Zentrale Steuerung, Verwaltung, Informationstechnik und Pressestelle), die direkt dem Präsidenten unterstehen.

Die Leitung hat ihren Sitz in Braunschweig. Die Behörde beschäftigt derzeit rund 430 MitarbeiterInnen auf 380 Planstellen.

48 Vgl. hierzu die Homepage des Bundesamtes für Verbraucherschutz und Lebensmittelsicherheit in Deutschland: http://www.bvl.bund.de/cln_007/nn_495478/DE/07__DasBundesamt/03__Organisation/organisation_ (Stand: 13.02.2008).

Was ist das Bundesamt für Verbraucherschutz und Lebensmittelsicherheit

„Das Bundesamt für Verbraucherschutz und Lebensmittelsicherheit (BVL) versteht sich als Dienstleister für Verbraucher, die auf die Sicherheit der Lebensmittel in Deutschland vertrauen, und für die Wirtschaft, die in einem fairen Wettbewerb Produkte von hoher Qualität auf den Markt bringen will. Verbraucher und Wirtschaft werden den Erfolg des BVL daran messen, ob es gelingt, kritische Entwicklungen für die Lebensmittelsicherheit so früh zu erkennen, dass vor Ausbruch einer Krise wirksame Gegenmaßnahmen getroffen werden können."

Ziele des BVL

„Das hoch gesteckte Ziel des BVL ist es, Reaktion durch Prävention zu ersetzen. Mit seiner Zuständigkeit für die Schnellwarnsysteme, für die Koordinierung einer bundeseinheitlichen Lebensmittelüberwachung und für die Zulassung von Pflanzenschutzmitteln, Tierarzneimitteln und gentechnisch veränderten Organismen besitzt das BVL alle Voraussetzungen, Synergien beim Einsatz präventiver Maßnahmen zu nutzen, auszubauen und neu zu schaffen.

Genauso wichtig wie die organisatorischen Voraussetzungen sind aber das Engagement und die Kompetenz der Menschen, die im BVL arbeiten. Sie übernehmen täglich die Verantwortung dafür, dass Entscheidungen schnell und unter sachgerechter Berücksichtigung konkurrierender Handlungsziele getroffen werden."

www.bvl.bund.de, Stand: 21.01.2008

Standort Braunschweig

Am Standort Braunschweig sollen die Verwaltung, der IT-Bereich sowie die Abteilung 2 untergebracht werden.

Die Abteilung 2 ist für die Zulassung von Pflanzenschutzmitteln in Deutschland zuständig und bildet die nationale Koordinierungsstelle für die Prüfung von Pflanzenschutzmittel-Wirkstoffen in der EU. Im Zulassungsverfahren ist das BVL verantwortlich für das Risikomanagement, das die Vermeidung negativer Auswirkungen des Einsatzes von Pflanzenschutzmitteln auf Mensch und Umwelt zum Ziel hat.

Die Verwaltung des BVL stellt zahlreiche Dienstleistungen innerhalb der Behörde zur Verfügung. Sie organisiert die Aufstellung eines Haushaltsentwurfs und wacht über die Verwendung der Mittel, kümmert sich um die Beschaffung und ist für die Personalentwicklung verantwortlich. Bei den noch notwendigen Baumaßnahmen des BVL nimmt die Verwaltung ebenfalls wichtige organisatorische Aufgaben wahr.

Die Organisationseinheit „Informationstechnik" sorgt für die übergreifende Generierung, Verwaltung und Verbreitung von Wissen und webbasierten Dienstleistungen für Fachleute aus Behörden, der Wissenschaft und Partnern aus der Wirtschaft.

2 Vorbereitung des Wettbewerbs: Auslobungstext

Zu Beginn des Gender Assessment Verfahrens trafen sich die zuständigen VertreterInnen der OFD und des BVL sowie der Gleichstellungsbeauftragten des BVL und die Gender ExpertInnen der Universität Hannover zu einem ersten Arbeitsgespräch, um über die Berücksichtigung von Gender Kriterien für das geplante BVL zu beraten und Gender Mainstreaming in den Auslobungstext zu integrieren.

Eine gender-sensitive Planung orientiert sich an den Bedürfnissen und Anforderungen der NutzerInnen; dabei geht es nicht um einen Standardnutzer, sondern um die unterschiedlichen NutzerInnengruppen nach Geschlecht, Alter, Lebensform, Ethnie bzw. Herkunft, Behinderung etc.. Bei den Überlegungen für die Planung eines Bundesamtes bedeutet dies, die Arbeitsabläufe im künftigen Gebäude bzw. in der Institution zu verstehen, um die künftigen Anforderungen und Bedürfnisse der NutzerInnen – nach Personalstruktur und Hierarchie, Kommunikationsbeziehungen und Aufenthaltsqualitäten - so differenziert wie möglich vorwegnehmen und durch den Entwurf des Bauwerks bzw. dessen baulich-räumliche Struktur optimal bedienen zu können.

Um den WettbewerbsteilnehmerInnen einen Einblick in die künftigen Arbeitsabläufe des Bundesamtes zu verschaffen, schlug die Auftragnehmerin dem Bauherrn vor, den Wettbewerbsunterlagen ein Szenario[49] beizufügen, das die Anforderungen der NutzerInnen in den verschiedenen Arbeitsprozessen und die gewünschte Arbeitsatmosphäre im neuen Bundesamt beschreibt (Zibell 1993). Dieser Vorschlag wurde von OFD und BVL positiv aufgegriffen, zur Sitzung am 05. Juli 2005 wurde ein erster Entwurf zu einem solchen Szenario vorgelegt und mit den GenderExpertinnen diskutiert.

2.1 Szenario als Ergänzung zum Auslobungstext

Das Szenario enthielt Aussagen über Standort, An- und Abfahrt, Dienstzeiten, Arbeitsabläufe und -strukturen sowie zum Frauenanteil am Personal. Auffallend war, dass es nicht etwa mit der Beschreibung der Arbeitsabläufe und Kommunikationsprozesse im Gebäude selbst begann, sondern mit der Annäherung an den Standort von außen.

49 Ein solches Szenario war im Vorfeld der Planungen für den Brahmshof in Zürich 1985-87 entwickelt worden. In diesem Szenario hatte die Soziologin Elisabeth Michel-Alder ein Bild des künftigen Zusammenlebens in der geplanten Überbauung entworfen, das die unterschiedlichen Bedürfnisse der potentiellen Bewohner- und NutzerInnen atmosphärisch darstellte. Das Szenario wurde den Wettbewerbsunterlagen beigefügt und diente wie das Raumprogramm als Grundlage für die Bearbeitung der Wettbewerbsaufgabe.

Standort, An- und Abfahrt

Die Beschreibung des Standortes, am nord-westlichen Stadtrand von Braunschweig und auf dem bewaldeten weitläufigen Gelände der Forschungsanstalt für Landwirtschaft (FAL)[50] gelegen, machte die schwierige Situation eines städtebaulich nicht integrierten Arbeitsplatzstandortes für ein Bundesamt mit nationaler und internationaler Ausstrahlung von Beginn an deutlich:

- Die Entfernung von der Pforte zum Gebäude würde ca. 2,5 km betragen, vom Gebäude zur Kantine der FAL, die vom BVL mit genutzt werden könnte, ca. 1,2 km.

Abb. 1: Ansichten vom Gelände mit vorhandener Bebauung von Norden und Südosten

Wettbewerbsunterlagen BVL, November 2005

- Eine Anbindung des Geländes an das Netz des öffentlichen Personennahverkehrs (ÖPNV) zur Innenstadt bzw. zum Bahnhof existiert nur mit einer Buslinie und einer Fahrzeit von mindestens 30 Minuten. Die Haltestelle wird täglich zwar von ca. 05:00 - 00:45 Uhr angefahren, ab 22:00 Uhr jedoch nur noch einmal pro Stunde. Über die Bedienungshäufigkeit an Sonn- und Feiertagen gab es keine Angaben.
- Für Beschäftigte, die per ÖPNV an ihren Arbeitsplatz führen, stünde beim Pförtner ein kleiner Fahrradschuppen zur Verfügung, um ein eigenes Fahrrad für den Weg von der Pforte zum Gebäude der BVL unterstellen zu können. Für mobilitätsbehinderte oder -eingeschränkte Personen stellte dies jedoch keine brauchbare Möglichkeit dar.
- Den Weg vom Eingang bis zum Gebäude zu Fuß zurückzulegen, sei aufgrund der Entfernung nicht zu empfehlen. Die Straße zum Gebäude der neuen BVL würde jedoch mit Laternen beleuchtet.

50 Seit 01.01.08 Umstrukturierung der FAL durch das BMELV und neue Bezeichnung: Johann Heinrich von Thünen-Institut – Bundesforschungsinstitut für Ländliche Räume, Wald und Fischerei – kurz vTI

- Einen Shuttleservice anzubieten, würde sich aufgrund der Gleitzeit nicht lohnen. Jedoch sollte für BesucherInnen, die mit dem ÖPNV anreisen, ein Abholservice zur Verfügung gestellt werden.

Die Gender Expertinnen wiesen darauf hin, dass es für die Konzeption des Gebäudes wichtig sei zu wissen, wie der Weg von der Pforte zum bzw. vom BVL zur Kantine zurückgelegt werden soll, dies auch unter Berücksichtigung wechselnder Jahreszeiten, und welche Anforderungen an Qualitäten und Atmosphären, insbesondere auch hinsichtlich Sicherheit und Wohlbefinden, zu stellen wären.

Abb. 2: Lage des Wettbewerbsgrundstücks auf dem Gelände der FAL

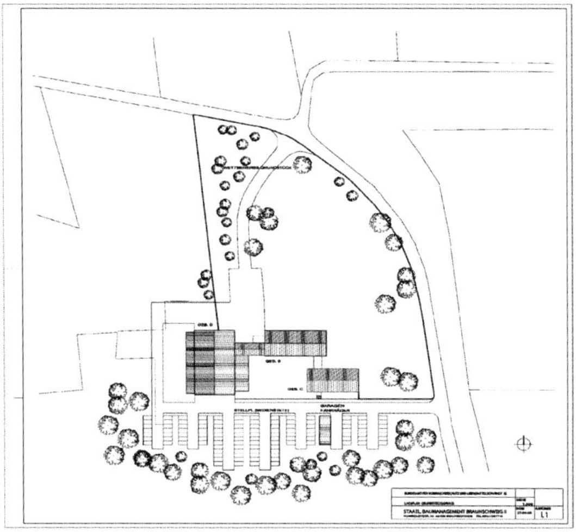

Wettbewerbsunterlagen BVL, November 2005

Stellungnahme der GenderExpertinnen zum Standort

„Das Wettbewerbsgrundstück liegt auf dem Gelände der FAL, ehemals Luftfahrtforschungszentrum, an der Bundesallee in Braunschweig-Watenbüttel und ist im Eigentum des Bundes. Westlich der Bundesallee befindet sich die Physikalisch-Technische Bundesanstalt (PTB) auf einem gesonderten Gelände. Beide liegen außerhalb des Siedlungsgebietes; im Norden der PTB schließt ein Wohngebiet aus Einfamilien-Bungalowbebauung bzw. verdichteten Flachbauten der 1970er Jahre an.

Die Standortwahl ist vor dem Hintergrund, dass der Bund hier Grundeigentümer ist und Flächen in ausreichendem Maße zur Verfügung stehen, nachvollziehbar; weiter erscheint es sinnvoll, verschiedene Bundeseinrichtungen an einem Standort zu bündeln. Aus Gendersicht handelt es sich hierbei jedoch um einen problematischen Standort, sowohl aufgrund der mangelnden Erschließung mit öffentlichen Verkehrsmitteln wie auch aufgrund der abseitigen Lage, die die Verknüpfung von Erwerbs- und Versorgungsarbeit erschweren.

Das Gelände selbst ist zudem sehr weitläufig; es sind weite Wege von einem Gebäude zum anderen, vor allem auch zur Kantine zurückzulegen. Für mobilitätseingeschränkte Personen stellt dies ein Hindernis dar; ebenso ist nach Einbruch der Dunkelheit die Sicherheit der Beschäftigten nicht garantiert. Das Gelände weist – so angenehm es sein mag, den Weg zur Arbeit mit einem Waldspaziergang zu verbinden – ein deutliches Angstraumpotential auf.

Aus Gendersicht, auch für die Qualifizierung des gesamten Standortes, wäre ein Gesamtkonzept für die Entwicklung des Geländes notwendig, das die Bauten und baulichen Ensembles in eine gestaltete Landschaft einbindet, um sowohl der Verbesserung der Zuwegung als auch der repräsentativen Erscheinung eines Bundesamtes gerecht zu werden.

Diese Stellungnahme wurde von den Gender Expertinnen im Rahmen der Vorprüfung bzw. nach erster Inaugenscheinnahme des Geländes erarbeitet.

Arbeitszeiten

Der Rahmen, in dem die persönlichen Dienstzeiten unterzubringen sind, reicht montags bis freitags von 06:30 Uhr bis 19:30 Uhr; die Kernzeit, in der die Anwesenheit aller Beschäftigten Pflicht ist, umfasst montags bis donnerstags den Zeitraum von 09:00 Uhr bis 15:00 Uhr, freitags von 08:00 Uhr bis 13:30 Uhr. Aus Gender Sicht könnte es für bestimmte Personalgruppen (Führungspersönlichkeiten, wissenschaftliches Personal o.a.) – zum Beispiel im Sinne der Vereinbarkeit von Beruf und Familie / Pflegeaufgaben etc. – jedoch durchaus von Bedeutung sein, den Arbeitsplatz auch nachts und / oder an Wochenenden bzw. Feiertagen zu nutzen. Auch dann wäre auf dem Gelände und im Gebäude selbst maximale Sicherheit zu gewährleisten.

Arbeitsabläufe und -strukturen

Im Zusammenhang mit den zu erwartenden Arbeitsabläufen / Arbeitsstrukturen im neuen Bundesamt wurde im Szenario neben den Bereichen Verwaltung und IT insbesondere die Abteilung 2 (Pflanzenschutzmittel) beschrieben.

Die Abteilung 2 setzt sich aus der Abteilungsleitung und 9 bzw. 8 Referaten[51] zusammen. Für die Bearbeitung der nationalen Zulassungsanträge für Pflanzenschutzmittel gibt es feste Arbeitsstrukturen und feste Bearbeitungsfristen (z.B. max. 12 Monate für die Hauptprüfung). Die Anträge haben einen Umfang von ca. 10.000 bis 25.000 Seiten, das entspricht u.U. mehreren lfd. Metern Aktenordner, die ggf. mehrfach mit Handkarren transportiert werden müssen.

In Referat 201 werden u.a. juristische Fragen und Grundsatzangelegenheiten bearbeitet sowie eine Politikberatung durchgeführt.

51 Zum Zeitpunkt der Durchführung des Gender Assessments waren es 9 Referate, durch die vorgenommene Umstrukturierung sind es inzwischen nur noch 8 Referate.

Der Antragseingang erfolgt im Referat 202. Hier stellen Verwaltungsangestellte und technisches Personal zunächst fest, ob zu jedem erforderlichen Antragspunkt Unterlagen geliefert wurden (Vollzähligkeitsprüfung). Anschließend erfolgt die Verteilung auf vier Fachreferate (205-208), welche die Anträge auf Vollständigkeit (inhaltlich schlüssige und bewertbare Unterlagen) überprüfen. Das Referat versendet dann die prüffähigen Unterlagen mittels Kurierdienst an die Bewertungsbehörden (Bundesinstitut für Risikobewertung BfR, Umweltbundesamt UBA, Biologische Bundesanstalt für Land- und Forstwirtschaft BBA[52]), die die Risikobewertung innerhalb einer festgelegten 29-Wochenfrist durchführen.

Nach Übermittlung der Risikobewertungsberichte beginnt in den vier Fachreferaten 205 bis 208 das Risikomanagement. Die Abhängigkeit der Arbeitsschritte vom zeitlichen Eingang der Risikobewertung erzeugt in den nachfolgenden Referaten zeitweise einen hohen Termindruck mit einem Bedarf an temporärer Mehrarbeit sowohl für die wissenschaftlichen Angestellten als auch für das technische Personal. Die Arbeiten in den Fachreferaten sind unterschiedlich organisiert. Die Berichte zu den Anträgen werden entweder parallel oder nacheinander bearbeitet, wobei auch hier Fristen vorgegeben sind.

Als Endergebnis verfasst das BVL für jeden einzelnen Antrag einen Zulassungsbericht, in dem die Berichte der Bewertungsbehörden und der Managementbehörde zusammenfließen. Das Referat 203 als koordinierende Stelle bereitet letztendlich die Entscheidung über eine Zulassung oder eine Genehmigung für den deutschen Markt vor.

Zusätzlich zur nationalen Antragsbearbeitung ist das BVL in die Wirkstoffprüfung auf EU-Ebene eingebunden. Hier ist das Referat 204 federführend koordinierend tätig. Referat 209 (inzwischen integriert in Referat 201) ist u.a. in das Krisenmanagementsystem des BVL eingebunden und bearbeitet Öffentlichkeitsfragen.

Die GenderExpertinnen warfen die Frage auf, inwieweit der zeitweise offenbar vorhandene hohe Termindruck, der mit einem Bedarf an temporärer Mehrarbeit sowohl für die wissenschaftlichen Angestellten als auch für das technische Personal verbunden ist, nicht doch dazu führen könnte, dass die Arbeitsplätze an Wochenenden, nachts oder feiertags aufgesucht werden. Im Weiteren stellen sie die Frage, inwieweit wissenschaftliche und fachliche Kontakte nach außen über elektronische Medien bzw. telefonisch erledigt werden können bzw. inwieweit face-to-face-Kontakte erforderlich sind. Diese verschiedenen Kommunikationsformen erforderten unterschiedliche räumliche Rahmenbedingungen.

52 Seit dem 01.01.2008 heißt die BBA Julius Kühn-Institut – Bundesforschungsinstitut für Kulturpflanzen, kurz JKI.

Im Szenario wurde darüber hinaus die Verwaltung mit den drei Bereichen Haushalt, Personal und Beschaffung beschrieben, die jeweils in sich abgeschlossen arbeiten. Es sind alles feste Arbeitsabläufe. Im Bedarfsfall können zum Teil längere Arbeitszeiten entstehen, diese seien aber nicht üblich. Im Zusammenhang mit der zeitweisen Anwesenheit des Präsidenten der Behörde am Standort Braunschweig stellte sich die Frage, inwieweit das Gebäude auch als repräsentativer Empfangsort für nationale und internationale Begegnungen zur Verfügung stehen muss. Auch dies wäre räumlich entsprechend zu konzipieren.

Im IT-Bereich, der sich in die Kompetenzbereiche Datenbank und Netzwerk aufteilt, wird parallel fortwährend der Aufbau und Ausbau der Technik betrieben. Die Arbeitsbelastung und damit auch die Arbeitszeit hängt hier sowohl von der Anzahl der jeweils neu einzuführenden Projekte als auch von der Anzahl der unvorhersehbaren Pannen und Notfälle ab. Die Installation neuer Programme muss außerhalb der üblichen Arbeitszeit der IT-NutzerInnen erfolgen (dies bedeutet auch am Wochenende).

Die GenderExpertinnen stellten fest, dass also offenbar auch in diesem Bereich ungewöhnliche Arbeitszeiten vorkommen, und wiesen darauf hin, dass gerade im Hinblick auf solche Arbeitszeiten die individuelle Versorgung (durch Teeküchen, Automaten o.ä.) in jedem Fall sicherzustellen sei. Im Weiteren seien aus Gender-Sicht die Anforderungen des Reinigungspersonals und der technischen Dienste wie HausmeisterIn, PförtnerIn etc. zu ergänzen.

Informationen über Arbeitsrealitäten im BVL, die über die technischen Abläufe hinausgehen, wurden in dem Szenario nicht beschrieben; eine eigentliche Vorstellung über kommunikative Aspekte der Beschäftigten untereinander oder über die Art und Häufigkeit fachlicher Veranstaltungen am Standort fehlten. Weitergehende Aspekte zur Arbeitsplatzqualität konnten in diesem Stadium der Gender Begleitung aus Gründen des Zeitdrucks - die Wettbewerbsausschreibung sollte in absehbarer Zeit erfolgen - nicht eingebracht werden.

Geschlechterverhältnis

Abschließend wurde im Szenario erwähnt, dass derzeit im gesamten BVL rund 2/3 Frauen und 1/3 Männer beschäftigt sind. Die GenderExpertinnen regten an, zum Geschlechterverhältnis in den verschiedenen Personalgruppen detaillierte Angaben zu machen. Insbesondere wäre von Interesse, wie die Verteilung von Frauen und Männern sich nach Hierarchiestufen darstellt, wie Vollzeit und Teilzeitarbeit, temporäre und unbefristete Arbeitsverhältnisse verteilt sind bzw. die Wahrnehmung von familiären Aufgaben bzw. Betreuungs- und Versorgungspflichten.

Die Anregungen der GenderExpertinnen aus der ersten Beratungsphase sind zusammengefasst in Tabelle 1 dargestellt.

Tab. 1: Anregungen der GenderExpertInnen zum Szenario

	Beschreibung im Szenario	Fragen und Anregungen der Gender Expertinnen
Standort	am Stadtrand gelegen, außerhalb des bebauten Siedlungszusammenhangs, auf bewaldetem, weitläufigem Gelände	Wie erreichen die Beschäftigten den Standort?
	Entfernung Pforte - BVL ca. 2,5 km, BVL - Kantine FAL ca. 1,2 km	Wie wird die Entfernung bewältigt - zu Fuß, mit Rad oder Shuttle?
	ungenügende ÖPNV-Anbindung zur Innenstadt und zum Bahnhof	Fahrzeit? Frequenzen am Wochenende und feiertags?
An- und Abfahrt	Großteil der Beschäftigten kommt mit dem PKW	Wäre das anders bei ausreichender ÖPNV-Anbindung?
	kleiner Fahrradschuppen beim Pförtner vorhanden, um Fahrrad für den Weg von der Pforte zum BVL unterzustellen	Was machen mobilitätsbehinderte oder -eingeschränkte Personen?
	den Weg vom Eingang bis zum BVL zu Fuß zurückzulegen, empfiehlt sich aufgrund der Entfernung nicht	Wie funktioniert der Weg, im Sommer, im Winter, welche Atmosphären sind zu erwarten (hinsichtl. Sicherheit und Wohlbefinden)?
Dienstzeiten	Dienstzeiten Mo-Fr 06:30 Uhr - 19:30 Uhr Kernzeit Mo-Do 09:00 Uhr - 15:00 Uhr Fr 08:00 Uhr - 13:30 Uhr	Was ist bei Nacht- und /oder Wochenendarbeit? Sicherheitsfragen betr. An- und Abfahrt, Aufenthalt auf dem Gelände, im Gebäude
Arbeitsabläufe und -strukturen	Verwaltung: abgeschlossene, feste Arbeitsabläufe der drei Bereiche Haushalt, Personal, Beschaffung; gelegentlich längere Arbeitszeiten bei Bedarf, aber nicht üblich	Genderaspekt: individuelle Arbeitszeiten
	IT: Arbeitsbelastung / Arbeitszeit abhängig von der Anzahl der jeweils neu einzuführenden Projekte und der unvorhersehbaren Pannen und Notfälle; Installation neuer Programme außerhalb der üblichen Arbeitszeit der IT-Nutzer, d.h. auch am Wochenende	s. Anm. oben und unter Dienstzeiten; Hinweis auf Versorgung in Randzeiten - Teeküche, Automaten
	Abt. 2: feste Arbeitsstrukturen und Bearbeitungs-fristen; lange Berichte, d.h. mehrere lfd. Meter Aktenordner, die ggf. mehrfach mit Handkarren transportiert werden müssen; Abhängigkeit der Referate untereinander; zeitweise hoher Termindruck mit Bedarf an temporärer Mehrarbeit für wissenschaftl. und techn. Personal.	Welche besonderen Probleme treten bei Zeitdruck auf? Welche räumliche Nähe ist erwünscht?

	BVL ist in Wirkstoffprüfung auf EU-Ebene eingebunden, führt Politikberatung durch und bearbeitet Öffentlichkeitsanfragen	Kontakte nach außen? Nur elektronisch / telefonisch oder auch face-to-face?
	Servicebereiche	Anforderungen Reinigungspersonal / technische Dienste, Hausdienst?
Geschlechterverhältnis	derzeit sind im gesamten BVL rund 2/3 Frauen und 1/3 Männer beschäftigt	Wie verteilen sich die Geschlechter auf die Hierarchiestufen? Nach Art des Arbeitsverhältnisses: voll- oder teilzeit, auf Zeit oder auf Dauer

2.2 Gender Mainstreaming im Ausschreibungstext

Schon während der ersten Sitzungen mit Bauherrn und Auftraggeber wurde die Genderrelevanz der Aufgabenstellung wahrgenommen und von den Beteiligten als Qualitätserweiterung verstanden. Nach der ersten Phase der Begleitung (Szenarioerarbeitung) wurde der Ausschreibungstext im Hinblick auf genderrelevante Ergänzungen überprüft. Ergebnis war die Berücksichtigung genderdifferenzierter Formulierungen im Auslobungstext sowie die Aufnahme eines speziellen Kapitels 13 Gender Mainstreaming unter C. Aufgabenstellung[53]:

Gemäß der Strategie des GM sollen in diesem Wettbewerb die unterschiedlichen Lebenssituationen und Arbeitsanforderungen von Männern und Frauen (z.B. als WissenschaftlerInnen, Angestellte, ArbeiterInnen usw.) sowie nach Alter, Behinderung, Herkunft, Ethnie etc. in besonderer Weise berücksichtigt werden und somit zur Qualitätssicherung des architektonischen Konzeptes beitragen. Dies betrifft insbesondere die sozio-kulturellen Rollen bzw. sozialräumlichen Qualitäten des Gebäudes, welche mit der Aufgabe des BVL verbunden sind und die hier arbeitenden Personen und deren spezifisches Arbeitsumfeld sowie mit der Behörde potentiell in Kontakt tretenden Personen berücksichtigen.

3 Erstellen der Gender Vorprüfkriterien

Auf der Grundlage der Kriterien für den Entwurf des Bettenhauses der Chirurgischen Klinik in Erlangen[54] entstanden in Zusammenarbeit zwischen den VertreterInnen von OFD bzw. BVL und den GenderExpertinnen die Kriterien für die hier vorliegende Bauaufgabe.

53 Die Auslobungsunterlagen waren in folgende Hauptkapitel gegliedert: A Anlass und Ziel des Wettbewerbs, B. Wettbewerbsverfahren, C. Wettbewerbsaufgabe, D. Anhang

54 Vgl. Beitrag Schröder in diesem Band, S. 39-70

Abb. 3: Von den sozialen Bedürfnissen zur baulichen Umsetzung

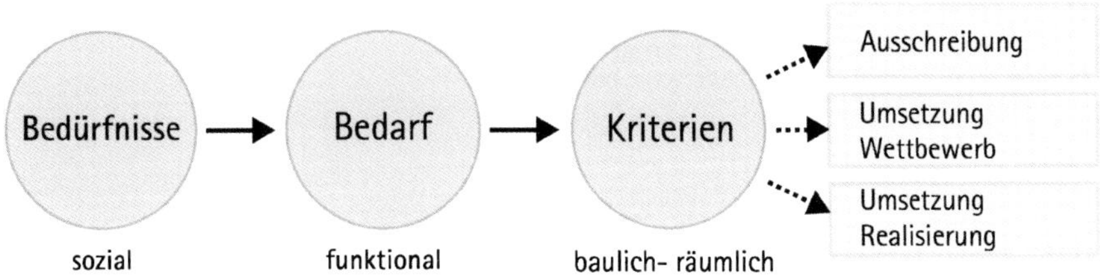

eigene Darstellung

Wie bereits im Krankenhausprojekt wurden auch hier die zu erwartenden Bedürfnisse der verschiedenen NutzerInnengruppen in den Vordergrund gestellt. Aus der sozialen Bedarfslage wurden die funktionalen Erfordernisse abgeleitet, die im Folgenden in baulich-räumliche Kriterien umgesetzt wurden.

Die Kriterien wurden im Rahmen der Vorprüfung auf die eingegangenen Wettbewerbsbeiträge angewendet.

Tab. 2: Kriterienkatalog für die Gender Vorprüfung

Kriterienbereiche **Soziale Bedürfnisse**	Ableitung Funktionale Erfordernisse
1- Wohlbefinden	- Raumgestaltung, Raumdimensionen - Freiraumgestaltung - Orientierung - Differenzierung der Zonen von öffentlich (z.B. BesucherInnen) bis „privat" (Arbeitsplatz)
2- Unversehrtheit	- Zugangskontrolle - Pförtner - Einsehbarkeit - Sichtverbindungen - Außenerschließung - Soziale Kontrolle - Sicherheit / Barrierefreiheit
3- Erreichbarkeit	- Zuwegung - Außenerschließung - kurze Wege - Grundrissstruktur - Wegverbindungen und Wegeführung - Raumzuordnungen - Ungehinderte Zugänglichkeit aller erforderlichen Räume - Behindertengerecht
4- Zurechtfinden	- Zuwegung - Pförtner - Grundrissstruktur - Sichtverbindungen - Orientierung - Wegverbindung und Wegeführung - Raumzuordnungen - Differenzierung der Zonen

5- Effektivität	- Grundrissstruktur - Wegverbindungen und Wegeführung - Raumzuordnungen - Arbeits- / Wegeabläufe - kurze Wege - Orientierung
6- Kommunikation	- Grundrissstruktur - Sichtverbindungen - Wegverbindungen - Freiraumgestaltung - Soziale Kontrolle - Raumzuordnungen - Differenzierung der Zonen
7- Rückzug	- Grundrissstruktur - Freiraumgestaltung - Differenzierung der Zonen

4 Bewertung der Wettbewerbsbeiträge im Rahmen der Vorprüfung

Die Vorprüfung fand an zwei Tagen statt. Dabei wurden alle Wettbewerbsbeiträge gesichtet und auf Grundlage des Gender Mainstreaming beurteilt. Im Vordergrund standen Arbeitsplatzqualitäten, Standort- und Erschließungsfragen, Innen-Außen-Beziehungen und die Freiraumgestaltung. Im Rahmen der Vorprüfung der Wettbewerbsentwürfe ging es darum, die räumlichen Qualitäten für die verschiedenen NutzerInnengruppen anhand der im Vorfeld entwickelten Kriterien zu beurteilen.

Beurteilung der Wettbewerbsentwürfe anhand der Kriterienliste

Das Ergebnis der Gender Prüfung wurde pro Kriterienbereich in einer Gesamtwertung festgehalten und zu jedem Entwurf in einem sog. „Bewertungsbalken" dargestellt. Die Bewertungsskala umfasste 5 Stufen von sehr gut bis ungenügend:

Bewertungsskala

++	sehr gut
+	gut
0 / +-	neutral bzw. sowohl als auch
-	mangelhaft
--	ungenügend

Auf Grundlage dieser Beurteilung kristallisierten sich insbesondere zwei Entwürfe heraus, die die Anforderungen aus GenderSicht in besonderem Maße erfüllten. In beiden Entwürfen wurde auf unterschiedliche Weise sowohl im Entwurf selbst als auch in der kurzen schriftlichen Beschreibung auf GenderAspekte Bezug genommen. Während der Entwurf 1025 insbesondere Qualitäten im Hinblick auf Erreichbarkeit, Orientierung (Zurechtfinden) und Kommunikations- bzw. Rückzugszonen aufwies, trat der Entwurf 1009 vor allem hinsichtlich der Kriterien Wohlbefinden und Vermeidung von Angsträumen hervor.

Entwurf 1025

Abb. 4: Entwurf 1025 (Modell)

BVL, Vorprüfungsbericht, ohne Datum

Wohlbefinden	„Angst-räume"	Erreichbarkeit	Zurechtfinden	Effektivität	Kommunikation	Rückzug
+	+	++	++	+	++	++

+ Differenzierung von öffentlichen Zugängen bis zu privaten Arbeitsplätzen deutlich, Aneignung möglich, Atmosphäre durch Darstellung und Beschreibung positiv vermittelt
+ Empfang mit Pförtner und Zugangskontrolle, Sichtverbindungen klar und deutlich, mögliche Fluchtwege vorhanden
++ Außen: deutliche Zuwegung, Fahrräder vor dem Eingang, Innen: Wegeführung leicht nachvollziehbar
++ Orientierung im Gebäude klar, überschaubare Referatseinteilung, Grundrissstruktur bauliche Gliederung nach Funktionen sofort erkennbar, Raumzuordnungen verständlich
+ funktionale bauliche Gliederung sofort erkennbar, Raumzuordnungen verständlich
++ Kommunikationsbereiche Innen und Außen geschaffen, Sichtkontakte hergestellt, Differenzierung der Zonen öffentlich - privat
++ Rückzugsmöglichkeiten Innen und Außen, Sichtverbindungen geschaffen

Entwurf 1009

Abb. 5: Entwurf 1009 (Modell)

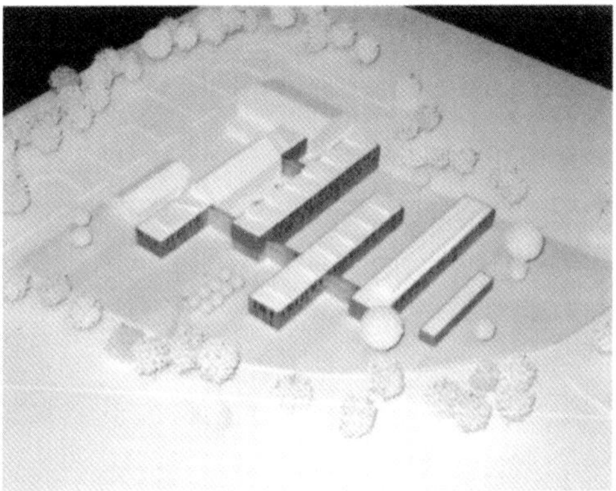

BVL, Vorprüfungsbericht, ohne Datum

Wohlbefinden	„Angsträume"	Erreichbarkeit	Zurechtfinden	Effektivität	Kommunikation	Rückzug
++	++	+	+	+	+	-

++ Raumdimensionen angemessen, Differenzierung der Zonen gut, Orientierung nachvollziehbar

++ Transparenz / Ruf- und Sichtkontakt geschaffen, dadurch keine Angsträume

\+ Außen: direkte Zuwegung, Innen: Verteilung im Gebäude vom Eingang her erkennbar

\+ Grundrisse klar und eindeutig definiert, Referate klar zuzuordnen

\+ kurze Wege innerhalb der Referate, Verbindung zu technischen Geräten gewährleistet

\+ Kommunikation in der Erschließungshalle möglich, Gang jedoch zu schmal

\- Rückzugsbereich im Durchgang, nur 1 Aufzug, eingeschränkte Mobilität

Der spätere Siegerentwurf 1020 wurde von den Gender Expertinnen im Rahmen der Vorprüfung eher neutral bis mangelhaft beurteilt.

Entwurf 1020

Abb. 6: Entwurf 1020 (Modell)

BVL: Vorprüfungsbericht, ohne Datum

Wohlbefinden	„Angsträume"	Erreichbarkeit	Zurechtfinden	Effektivität	Kommunikation	Rückzug
-	0	0	-	+	-	-

- mangelhaft - keine Differenzierung der Übergänge öffentlich – privat

0 keine Aussage,

- mangelhaft - keine Orientierungshilfen im Eingangsbereich, Grundrissstruktur nicht nachvollziehbar

\+ gut - effektive Grundrissstruktur und Wegeverbindung

- mangelhaft - weite Wege, zu schmale Verbindungswege, an Kreuzungspunkten keine Kommunikationsbereiche geschaffen

- mangelhaft - keine Rückzugsräume

Die Beurteilung resultierte u.a. aus der Tatsache, dass aufgrund der sonst eher negativen Darstellung in den Wettbewerbsunterlagen zum Teil wenig Hinweise zu den oben genannten sozialen Bedürfnissen gefunden werden konnten. Der Entwurf konzentrierte sich vor allem auf Effektivitätskriterien. Die Aneinanderreihung der verschiedenen Funktionsräume ließ das Entstehen von Nutzungskonflikten erwarten. Die Arbeitszimmer der einzelnen Referate waren beidseits entlang schmaler Flure angeordnet, in denen mittig die Toiletten vorgesehen waren, die weder durch Einblicke geschützt waren noch Vor- und Rücksprünge zuließen, um den Flurbereich beispielsweise in unterschiedliche Zonen zu gliedern. Die Außenräume waren nicht definiert, es gab nicht einmal Andeutungen einer Gestaltung. Die Außenräume waren lediglich als durchgehende Grünflächen markiert, die sich wie ein Teppich darstellten und keine Zonierungen erkennen ließen.

Abb. 7: Wettbewerbspläne 1. Preisträger (1020), Blatt 1-3

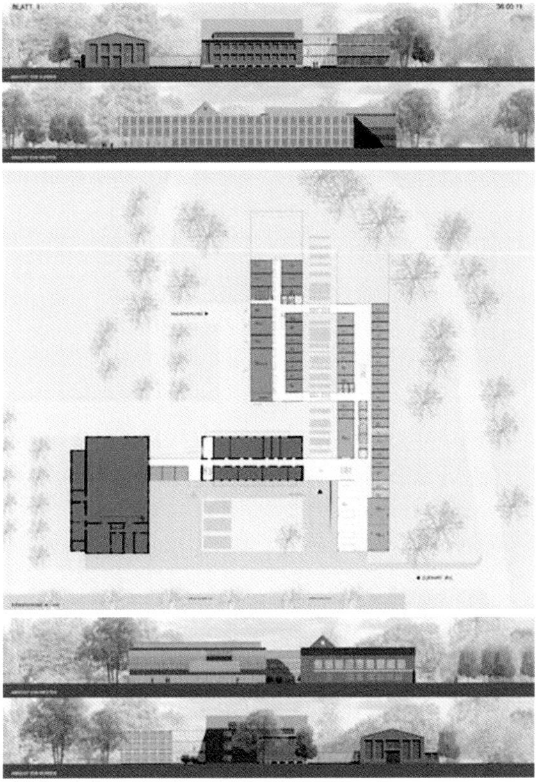

Vorlage a360 Architekten, Hamburg Stand Dezember 2005

Nach der Vorprüfung fand am 5. und 6. Dezember 2005 die Jurysitzung statt, an der auch die GenderExpertinnen teilnahmen. Während der Jurysitzung konnten sie unmittelbar zu Rate gezogen werden, im Rahmen des Rundgangs wurden sie jeweils aufgefordert, die Entwürfe aus GenderSicht zu beurteilen.

5 GenderPrüfung im Rahmen der EW-Bau- (Entwurfs-) Planung

Der aus dem Architekturwettbewerb „Bundesamt für Verbraucherschutz und Lebensmittelsicherheit, Braunschweig“ hervorgegangene Siegerentwurf ist ein Beitrag des Architekturbüros a360 Architekten aus Hamburg. Grundsätzlich beinhaltet der Entwurf, wie im Jurybericht dargestellt, „eine überzeugend klare, einfache Struktur, die Funktionalität mit guter Integration von Alt und Neu verbindet und bestehende Kritikpunkte problemlos auffangen kann“[55].

Abb. 8: Überarbeiteter Wettbewerbsentwurf a360 Architekten

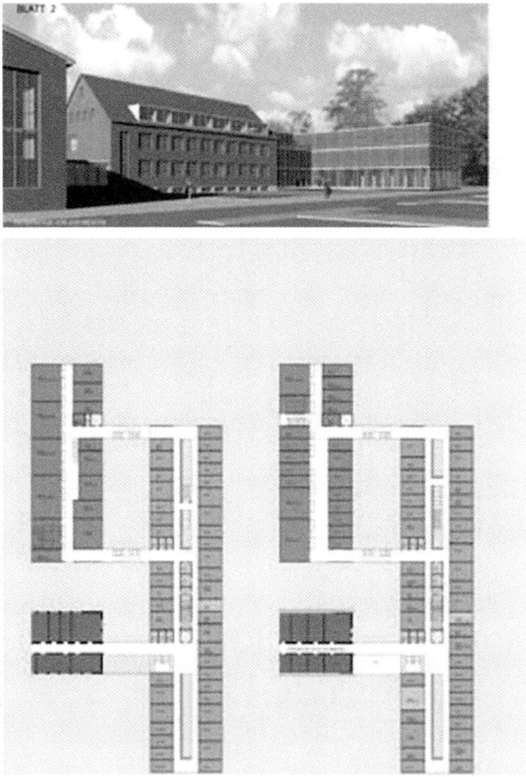

Vorlage a360 Architekten, Hamburg Stand 29.06.2006

[55] Auszug aus der Niederschrift über die Sitzung des Preisgerichtes am 05. und 06.12. vom 15.12.2005.

Im Rahmen der Überarbeitung des Entwurfs wurden die Kritikpunkte aus der Vorprüfung aufgegriffen. Die überarbeiteten Pläne wurden den Gender Expertinnen erneut zur Beurteilung vorgelegt. Die Beurteilung erfolgte aufgrund der eingereichten Wettbewerbspläne (Blatt 1-3) sowie der in digitaler Form vorliegenden überarbeiteten Grundrisspläne aller Geschosse und der Schnitte A-A und B-B (Stand: 29.06.2006)[56].

5.1 Beurteilung des Gebäudes nach Gebäudeteilen und Geschossen

In den überarbeiteten Plänen sind wie auch bereits in den Wettbewerbsplänen ausschließlich die Gebäude, nicht jedoch die Umgebung dargestellt, so dass zwar funktionale Aspekte der Innen- und Außenbezüge beurteilt, Aussagen über gestalterische Qualitäten jedoch nicht getroffen werden können.

Foyer / Eingangsbereich: EG bis 2. OG

Im Erdgeschoss (EG) wird der Gebäudetrakt A (Verwaltung) durch den neuen Eingangsbereich mit dem Gebäudetrakt B (Bestandsgebäude) verbunden.

Das Gebäude wird im Eingangsbereich über eine Rampe erschlossen. Durch den langsam ansteigenden Verlauf der Rampe ist der Zugang als sanfter Übergang vom halböffentlichen Außenraum in den halbprivaten Innenraum gewährleistet.

Das Foyer ist von den Ausmaßen her relativ eng bemessen. Der Luftraum über dem EG bis ins 1. OG lässt diesen Bereich jedoch großzügiger erscheinen. Die Entscheidung, hier die repräsentativen Räumlichkeiten der Amtsleitung anzusiedeln, ist unter diesem Aspekt positiv zu beurteilen.

Zurechtfinden / Orientierung

+ sanfter Übergang von Außen- zu Innenraum
+ Sicht- und Rufkontakt zum Pförtner / zur Pförtnerin
- Empfang nicht in Foyer integriert

Innen- / Außenraumbezüge

Die Flügeltür, die direkt gegenüber dem Eingangsportal aus dem Foyer in den hinteren (inneren) Außenraum der Gesamtanlage führt, stellt für BesucherInnen und MitarbeiterInnen zwar einen möglichen Bezug zur Umgebung her; eine Zugänglichkeit zum hinteren Bereich des Verwaltungstraktes oder zum Labortrakt (C) erscheint von hier aus jedoch nicht möglich, wäre im Sinne der kurzen Wege

56 Im Folgenden wird unterschieden in Wettbewerbspläne (12.2005) und überarbeitete Pläne, (Stand: 29.06.2006).

aber wünschenswert. Sicherheitsauflagen des Bundeskriminalamtes (BKA) und eine strenge Zugangskontrolle erschweren jedoch die Nutzung des Außenraumes.

Die von den GenderExpertinnen im Rahmen der Entwurfsbeurteilung aufgeworfenen Fragen und Überlegungen hinsichtlich einer Umgebungsgestaltung, die zur Arbeitsplatzqualität für die Beschäftigten und ihre BesucherInnen im Bundesamt beitragen würde, scheinen vor diesem Hintergrund fast obsolet:

Abb. 9: Erschließung und Verbindungen

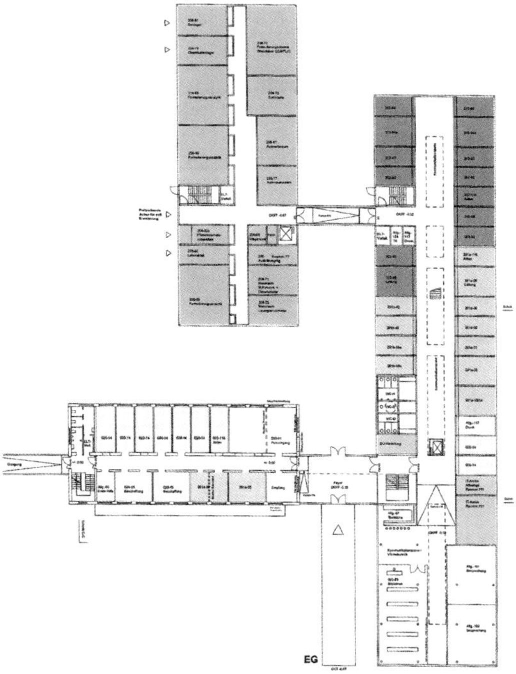

Überarbeitete Planung a360 Architekten, Hamburg (Ausschnitt)

- Handelt es sich hier um befahrbare bzw. versiegelte oder um bepflanzte und begrünte Flächen?
- Sind Wasserflächen oder ist Kunst im Außenraum vorgesehen?
- Gibt es Aufenthaltsmöglichkeiten (Sitzgelegenheiten, Terrassen o. a. Aneignungsqualitäten für Beschäftigte) oder fungiert der Außenraum nur als Transitweg?

Der Innenhofbereich ist einsehbar vom Zimmer des Präsidenten, was bei einem Pausenaufenthalt ggf. zu Konflikten führen kann.

Über dem Luftraum des Foyers befindet sich im 2. OG eine „Terrasse“, die einen potentiellen Bezug ins Freie darstellt und somit die Arbeitsplatzqualität bzw. das Wohlbefinden am Arbeitsplatz steigern kann. Ob eine Zugänglichkeit der Terrasse jedoch vorgesehen ist, kann nach den vorliegenden Planunterlagen nicht beurteilt werden, weil keine Türen eingetragen sind.

Erreichbarkeit

+ Zugänglichkeit Außenraum durch Flügeltüren

- Gestaltung Außenraum nicht dargestellt

5.2 Gebäudetrakt B: Bestand

Das Bestandsgebäude ist als Gebäudetrakt B sinnvoll in den Entwurf des neuen Bauteils integriert. Durch den Rückbau einzelner Trennwände, der zur Vergrößerung bestehender Räume führt, ist die Unterbringung der repräsentativen Bereiche im 1.OG gelungen. Der Luftraum, der vom EG bis zum 1. OG über zwei Geschosse reicht, trägt zu einer großzügigen Atmosphäre bei. Es wäre wünschenswert, eine maximale Transparenz / Sichtbeziehung aus dem Zimmer des Präsidenten in die Außenräume zu gewährleisten.

Im Bezug auf das 2. OG ist zu hinterfragen, warum dort - anders als im EG und 1.OG - keine Toilettenanlagen am westlichen Ende des Gebäudes angeordnet wurden.

Abb. 10: Gebäudetrakt B Bestand EG

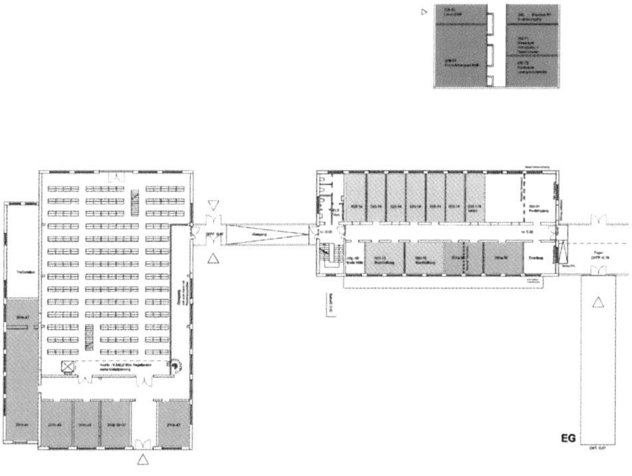

Überarbeitete Planung a360 Architekten, Hamburg (Ausschnitt)

5.3 Gebäudetrakt A: Besprechungsbereich EG

Die Bibliothek ist gegenüber dem Wettbewerbsentwurf verkleinert worden. Dadurch wird die Unterbringung einer Teeküche und einer Kommunikationszone im Wartebereich möglich; dies entspricht den Anregungen bzw. der Kritik der Gender Expertinnen. Bedauerlich ist selbstverständlich, dass dies zu Lasten der Bibliothek gehen musste.

Der Zugang von der Teeküche zur Kommunikationszone sollte möglichst offen gestaltet werden. In den vorliegenden Plänen scheint der Durchgang zwischen Wartebereich und Teeküche zu schmal, um die Anlieferung von Waren auch bei erhöhtem Bedarf zu ermöglichen.

Die neue Anordnung des IT-Archivs in der vormaligen Teeküche (Wettbewerbsentwurf) entspricht nicht dem halbprivaten Charakter dieses kombinierten Zugangs- und Kommunikationsbereiches, musste jedoch aus Brandschutzgründen hier untergebracht und zusätzlich klimatisiert werden.[57] Es wird im Weiteren vorgeschlagen, die Toilettenanlagen aus dem Gebäudetrakt A an diese Stelle zu verlegen.

Begegnung
+ Einrichtung einer Kommunikationszone
+ Teeküche in Kombination mit Wartebereich
0 Transparenz zw. Teeküche und Wartebereich

5.4 Verwaltungsbereich EG bis 2.OG

Die im Wettbewerbsentwurf in der Mittelzone der Bürotrakte angeordneten Toilettenanlagen sind im Zuge der Überarbeitung der Pläne verlegt worden. Dadurch kann hier ein gut belichteter Kommunikationsbereich entstehen, sofern Oberlichter vom 2. OG her angeordnet werden.

Die Anordnung des Aufzugsschachtes markiert den Übergang von den Vorzonen zu den halbprivaten Bürotrakten. Hierdurch wird eine Abgrenzung dieser beiden Bereiche erreicht. Durch die neue Anordnung der Toilettenanlagen im Bürotrakt wird der halbprivate Charakter, der hinter dem Aufzug beginnt, jedoch wieder konterkariert. BesucherInnen müssen im Fall der Fälle in den Bereich der Beschäftigten vordringen.

Grundrissstruktur
+ Entfernung der Toiletten aus der Mittelzone
+ Kommunikationsbereich entsteht

[57] Der Büroflügel ist nicht unterkellert, deshalb Anbindung an den „Versorgungstunnel" zwingend erforderlich.

Abb. 11: Anordnung der Referate

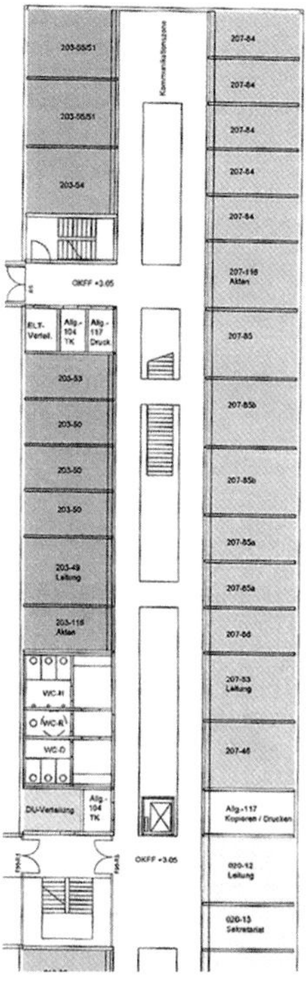

Überarbeitete Planung a360 Architekten, Hamburg (Ausschnitt)

In den Obergeschossen sollten die den einzelnen Referaten zugeordneten Arbeitsräume eher zueinander gruppiert und nicht linear aufgereiht werden. Die Gruppenstruktur fördert Kommunikation und ermöglicht spontane Begegnungen in der entsprechenden Vorzone. Die Kommunikationsbereiche wären auf diese Weise stärker akzentuiert, da abzulesen wäre, welche Arbeitsräume jeweils welchem Referat zugeordnet sind. Entsprechend wird vorgeschlagen, die Leitung des Referates 202 im EG in zentraler Lage anzuordnen, um einen unmittelbaren Kontakt der Leitung zum zugehörigen Referat zu gewährleisten.

Am Ende des Verwaltungstraktes besteht die Transparenz in den Außenraum selbst im EG nur visuell, nicht funktional. Grundsätzlich wäre es wünschenswert, den Außenraum im EG unmittelbar und in den OGen durch Terrassen und / oder Balkone zugänglich zu machen. Dies würde die Nutzungsqualität des Gebäudes, auch in Arbeitspausen, bzw. die Aneignungsmöglichkeiten für Beschäftigte erhöhen.

5.5 Gebäudetrakt C: Laborbereich

Die Aufweitungen der Mittelzonen im EG und in den beiden OGen sind positiv zu bewerten, Kommunikation ist in diesen neu geschaffenen Bereichen möglich; insbesondere die Anordnung des Aufenthaltsraumes im EG am Übergang in den Gebäudetrakt A unterstützt den offenen Eindruck. Wünschenswert wäre es, hier eine Transparenz zwischen dem Aufenthaltsraum und dem Flurbereich herzustellen, indem z.B. Wände durch Stützen ersetzt werden. Ein entsprechender Aufenthaltsbereich ist in den vorliegenden Plänen nur im EG ersichtlich.

Teeküchen oder Aufenthaltsbereiche oder andere soziale Infrastrukturen fehlen in den Obergeschossen völlig.[58]

58 Der inzwischen genehmigte Raumbedarfsplan sieht solche Aufenthaltsbereiche jedoch nicht vor; es gibt nur Mini-Teeküchen in jedem Geschoss.

Kommunikation
+ Aufweitung der Mittelzone
- fehlende Infrastruktur in OGen

Im 1. OG befindet sich im Gegensatz zum EG eine WC-Anlage im Kreuzungsbereich der Verbindungsflure. Hier stellt sich die Frage, warum gerade im EG auf WC-Anlagen verzichtet werden soll.

Für den Laborbereich stellt sich - ebenso wie für den Gebäudetrakt A - die Frage nach der unmittelbaren Zugänglichkeit (funktionale Transparenz): Ist ein direkter Zugang in den Außenraum bzw. Zutritt vom Außenraum her möglich?

Zugänglichkeit
0 Direkte Verbindung in den Außenraum?

Im EG ist der Raum für die Ausbildungsleitung nicht an einer unmittelbar aufzufindenden Stelle angeordnet, sondern befindet sich eingereiht zwischen den übrigen Arbeitsräumen entlang des Referatsflurs. Sofern die Leitung jedoch kommunikative und „öffentliche" Funktionen innerhalb des Amtes wahrnimmt, was anzunehmen ist, wäre sie im Kreuzungsbereich besser untergebracht - hier befände sie sich zumindest im halböffentlichen Zugangsbereich. Ein Vorschlag wäre, z.B. einen Tausch mit dem Raum 206-82a (Pflanzenschutzmittel-klein) vorzunehmen.[59]

Orientierung
- Ausbildungsleitung in den Kreuzungsbereich

Bei der Belegung der Räume im 1.OG ist unklar, warum der am besten belichtete Raum (206-92) hier als Aktenraum vorgesehen ist. Es wäre empfehlenswert, diesen Raum einer kommunikativeren Nutzung zur Verfügung zu stellen und für die Akten eher einen innen liegenden Bereich ohne Lichteinfall zu verwenden, was den Akten zugute käme.[60]

Variabilität
- Aktenraum im gut belichteten Bereich

59 Der für die Ausbildungsleitung vorgesehene Raum ist im Zuge der weiteren Überarbeitung zum Sanitätsraum geworden, da ein Raum für die Ausbildungsleitung im RBP = Raumbedarfsplan nicht vorgesehen war.

60 Eine Verschiebung der Aktenräume in das Untergeschoss des Altgebäudes ist an den Kosten für die Kellertrockenlegung gescheitert. Entsprechende Planspiele mit einer Verkürzung des neuen Bürotraktes wurden von Seiten des Staatlichen Baumanagements durchgeführt. Es ist denkbar, dass der Bundesrechnungshof bei seiner Prüfung auf diese Überlegungen zurückkommt.

5.6 Verbindung Gebäudetrakte A und C

Im Wettbewerbsentwurf waren zwei Verbindungswege zwischen den Gebäudetrakten A und C vorgesehen. Diese zweifache Querungsmöglichkeit mit ihrer Umlauffunktion und der Option für die NutzerInnen, je nach Bedarf die eine oder andere Bewegungsrichtung einzuschlagen, wurde von den Gender Expertinnen positiv bewertet. In den überarbeiten Plänen ist diese zweifache Querungsmöglichkeit auf eine reduziert worden. Diese Reduktion führt zu Sackgassenbildungen und längeren Wegen im Arbeitsablauf.

Abb. 12: Veränderung Verbindungswege Trakt A (Verwaltung) mit Trakt C (Labor)

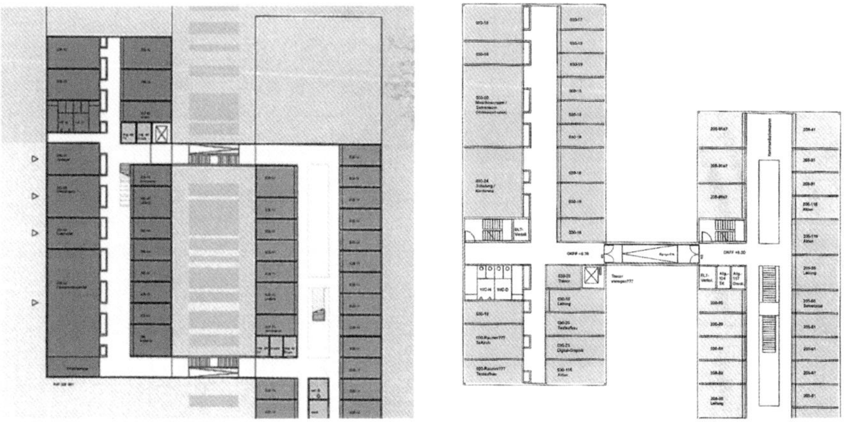

Wettbewerbsergebnis und Überarbeiteter Entwurf a360 Architekten, Hamburg

Orientierung / Bewegung
- Reduzierung der Querungen

5.7 Querschnittsthemen

Als Querschnittsthemen, die sich auf den verschiedenen Geschossen der einzelnen Gebäudeteile wiederholen, werden die WC-Anlagen, Kommunikation, Transparenz und Rollstuhlgängigkeit im Folgenden noch einmal gesamthaft betrachtet.

WC-Anlagen

Aus Gender Sicht wurde angeregt, die Toiletten auf allen Etagen (EG, 1.OG und 2.OG) eher in den öffentlicheren Bereichen des Gebäudes unterzubringen, damit eine deutliche Zonierung des Gebäudes in halböffentliche Bereiche, die für BesucherInnen zugänglich sind, und halbprivate Bereiche, deren Betreten den Beschäftigten vorbehalten ist, erreicht werden kann. Die WC-Anlagen sollten stattdessen besser in der Nähe des Treppenhauses und des Aufzugs angeordnet sein, damit die Auffindbarkeit für BesucherInnen und die Erreichbarkeit für RollstuhlfahrerInnen gewährleistet sind.

Zonierung
- Toiletten im halbprivaten Bürotrakt
+ Verlegung könnte zu besserer Zonierung führen

Weiterhin würde die Anordnung einer WC-Anlage im EG die öffentlich nutzbaren Räumlichkeiten im Foyerbereich stärker bündeln. In den Obergeschossen wäre durch diese Verlegung auch die Gruppierung der Arbeitsräume innerhalb der Referate möglich.

Kommunikation

Zur Förderung der Kommunikation sind im überarbeiteten Entwurf einige Verbesserungen vorgenommen worden. Insbesondere der Ausbau der Mittelzonen zu Kommunikationsbereichen ist dabei hervor zu heben, aber auch die Aufwertung der öffentlichen Bereiche (Bibliothek und Besprechung) im Gebäudetrakt A. In den Obergeschossen befinden sich am Ende des Gebäudetraktes A ebenfalls Kommunikationszonen.[61]

Begegnung
+ Ausbau der Mittelzone Verwaltungstrakt im EG
+ Kommunikationszonen für Beschäftigte am Ende der Gebäudetrakte in allen Geschossen

Transparenz

Die visuelle Transparenz ist durch die großen Glasanteile im Gebäude gegeben. Neben der visuellen ist jedoch auch die funktionale Transparenz von Bedeutung für die Nutzungsqualität. Die Möglichkeit eines direkten Zugangs zum Außenraum erhöht die Qualität des Arbeitsplatzes. Aus diesem Grund wurden im Zusammenhang mit der Beurteilung der einzelnen Gebäudetrakte Vorschläge zu Austrittsmöglichkeiten ins Freie gemacht.

Innen – Außen - Beziehungen
- keine funktionale Verbindung von Innen und Außen

61 Ob diese Qualität im Verlauf der weiteren Planungen gehalten werden kann, ist nach Einschätzung des Staatlichen Baumanagements fraglich.

Rollstuhlgängigkeit

Grundsätzlich ist das Gebäude rollstuhlgängig gestaltet. Die Rampenanlagen gleichen die Höhenunterschiede aus und bieten die erforderliche Barrierefreiheit. Die Entfernung vom Eingang des Gebäudes zum Labortrakt ist für mobilitätseingeschränkte Menschen jedoch zu groß. Eine Erschließung durch das Foyer in den hinteren Außenraumbereich wäre zumindest wünschenswert, ebenso wie die doppelte Querungsmöglichkeit vom Labortrakt C in den Verwaltungstrakt A.

Barrierefreiheit
+ grundsätzlich rollstuhlgängig
- zahlreiche Flügeltüren
- lange Wege in den Labortrakt

Gesamtbeurteilung

Aus Sicht der GenderExpertinnen hat der Entwurf durch die im Rahmen der Überarbeitung vorgenommenen Veränderungen an Qualität gewonnen. Die Empfehlungen sollten als Anregungen in das weitere Verfahren einfließen.

6 Gender Beratung im Rahmen der Freiraumplanung

Im Rahmen der weiteren Ausarbeitung der Planunterlagen für die Genehmigungsbehörde wurden die Gender Expertinnen zur Begutachtung der Außenraumanlagen zugezogen. Hierzu fand im September 2006 ein Treffen zwischen dem Bauherrn, dem Architekten, der Freiraumplanerin und der GenderExpertin bei der BVL in Braunschweig statt. Der Besprechung lag der seinerzeit aktuelle Vorentwurf (Variante 1, vgl. Abb. 13) zugrunde. Diskutiert wurden insbesondere die Punkte Vorplatz / Eingangsbereich, Innenhofgestaltung und Standplätze für Abfallbehälter sowie Fahrradstellanlage.

Der Freiraumentwurf sieht einen Belag auf dem Vorplatz aus großformatigen Betonplatten vor. Gerahmte Rasenflächen sollen den Vorplatz gliedern und die Aufenthaltsqualität erhöhen. Sitzkanten / Mauern (eventuell mit Holz belegt) sind nur auf dem kleineren Platz, der innerhalb der Rasenfläche liegt, angedacht. Die äußere Rasenfläche erhält eine umlaufende Kante in Höhe von 15 cm, stellt daher kein Hindernis beim Betreten der Flächen dar, ist aber aus Gründen der Platzentwässerung notwendig. Der Rasen kann ohne großen Aufwand gemäht werden. Der prägnante Baum auf der kleinen Platzfläche bleibt erhalten und spendet im Sommer den dort Sitzenden Schatten. Die Baumreihe vor dem Archiv wird um einen weiteren Baum ergänzt.

Abb. 13: Lageplan Außenraumgestaltung

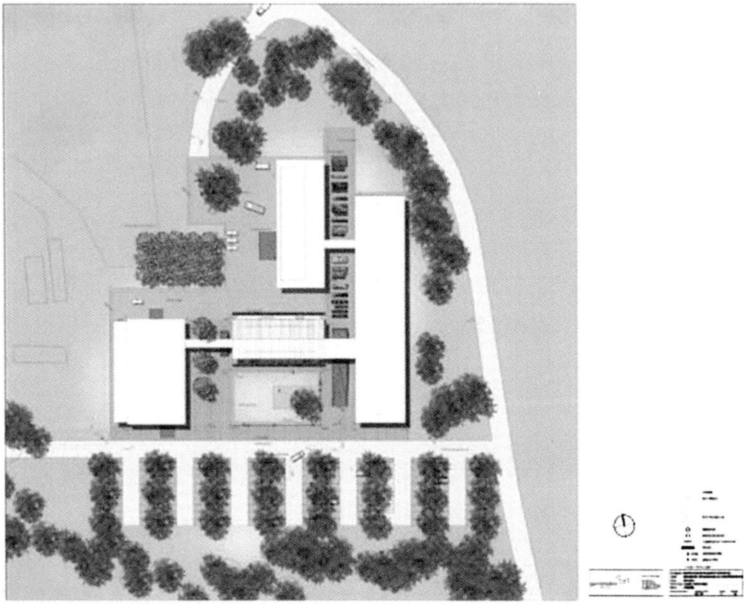

Gartenlabor Landschaftsarchitekten, Hamburg

Aus Gender Sicht wurde angemerkt, dass die Möglichkeit des Zugangs zur Grünfläche auch für gehbehinderte Menschen geprüft werden sollte.

Im Weiteren wurde die Qualität der Innen-Außen-Beziehungen bzw. die Möglichkeit des unmittelbaren Zugangs der Freiflächen von den Arbeitsplätzen her thematisiert. In dieser landschaftlich reizvollen Situation sollten die Qualitäten auch für MitarbeiterInnen und für BesucherInnen spürbar werden. So könnten Sitzmöglichkeiten unmittelbar vor den einzelnen Büros oder im Innenhof auch zwischen den Pflanzbeeten geschaffen werden, um den Beschäftigten für Erholungspausen oder auch für kleinere Gruppenarbeiten zur Verfügung zu stehen.

Die Standplätze für Abfallbehälter sollten nicht zu weit von den Gebäuden entfernt liegen. Im Interesse kurzer Wege für das Putzpersonal sollten diese nach Möglichkeit im Bereich der Ein- und Ausgänge anzuordnen.

Die Fahrradstellanlage mit Überdachung sollte gegenüber dem Haupteingang platziert werden. Dabei wurde aus Gender Sicht angeregt, den Aspekt der Sicherheit im Umfeld des Gebäudes, u.a. im Hinblick auf eine ausreichende Beleuchtung bei Dunkelheit, zu prüfen.

7 Stand des Verfahrens und weiteres Vorgehen

Seit diesem Beratungsgespräch über die Außenanlagen des Gebäudes arbeitete das Staatliche Baumanagement in Kooperation mit dem BMELV intensiv an der Fertigstellung der Entscheidungs- bzw. Entwurfsunterlage. Diese liegt der OFD derzeit zur Prüfung vor. Nach Genehmigung durch das BMVBS und der haushaltsrechtlichen Anerkennung durch das BMF sollen die Planungsarbeiten unter Hinzuziehung der Gender Expertinnen fortgesetzt und im Hinblick auf die Ausführungsplanung konkretisiert werden. Die Evaluierung des Verfahrens soll frühestens zwei Jahre nach Fertigstellung der Baumaßnahme erfolgen.

Zum jetzigen Zeitpunkt – inmitten dieses Verfahrens und etwa zwei Jahre vor dem geplanten Baubeginn – lässt sich festhalten, dass die Rahmenbedingungen für die Implementation von Gender Mainstreaming bei diesem Projekt eigentlich hervorragend waren:

- Der Kontakt zu den GenderExpertinnen wurde frühzeitig, d.h. vor der Ausschreibung des Wettbewerbs, hergestellt.
- Die GenderExpertinnen waren von Beginn an am Verfahren beteiligt, insbesondere an der Formulierung der Auslobungstexte für den Wettbewerb und an der Durchführung der Jurysitzung, dies jedoch nur als beratende Mitglieder.
- Im Vertrag zwischen dem Land Niedersachsen und der Universität Hannover wurden von Beginn an alle Verfahrensschritte der GenderBegleitung - von der Unterstützung bei der Vorbereitung des Wettbewerbs bis zur Evaluierung des Verfahrens nach Fertigstellung der Maßnahme - als feste Beratungseinheiten vereinbart.
- Die GenderExpertinnen waren vertraglich an drei Meilensteinen im Verfahren zur Berichterstattung verpflichtet; die einzelnen Kritikpunkte hatten daher gute Chancen, aktenkundig zu werden.

Die ersten Verfahrensschritte konnten entsprechend dem vorgesehenen Zeitplan auch zügig durchgeführt werden. Unmittelbar nach der Vorprüfung im Dezember 2005 legten die GenderExpertinnen ihren ersten Bericht vor, zur Abgabe des Berichts über die GenderBeurteilung des überarbeiteten Wettbewerbsentwurfs durch den 1. Preisträger wurden sie im Juni 2006 aufgefordert, die Vorlage erfolgte im Juli 2006. Dann waren die GenderExpertinnen am Planungsgespräch über die Außenanlagen beteiligt, das im September 2006 unter Beteiligung von Bauamt, Bauherrn, Architekt und Freiraumplanerin stattfand. Danach „endete" für sie zunächst das Verfahren; das bedeutet jedoch nicht, dass es auch auf Seiten des Auftraggebers zu den Akten gelegt wurde.

Die Verzögerung des Verfahrens entstand aufgrund interner Abstimmungsprozesse, die sich aus dem Mehrbedarf des Nutzers an Räumen und Ausstattung gegenüber der ursprünglich genehmigten Planung ergab. Diese Abstimmung stellte sich aufgrund der Komplexität der organisatorischen Strukturen des Bauherrn naturgemäß sehr zeitaufwändig dar. Insgesamt sind an den Abstimmungen und Entscheidungen in diesem Planungsverfahren jeweils sechs Stellen beteiligt:

- das Bundesamt für Verbraucherschutz und Lebensmittelsicherheit (BVL) als Nutzer und Bedarfsträger;
- das Bundesministerium für Ernährung, Landwirtschaft und Verbraucherschutz (BMELV) als zuständiges Ressortministerium des Nutzers;
- das Bundesministerium für Finanzen (BMF) als für den Haushalt zuständige Behörde und quasi letzte Instanz;
- das Bundesministerium für Verkehr, Bau und Stadtentwicklung (BMVBS) als Oberste Technische Instanz;
- die Oberfinanzdirektion mit ihrer Landesbauabteilung als Fachaufsicht führende Ebene der zuständigen Finanzbauverwaltung in Niedersachsen und
- das Staatliche Baumanagement II Braunschweig als die Bau durchführende Ebene vor Ort.

Für eine effiziente und erfolgreiche GenderBegleitung waren diese Verzögerungen im Verfahren nicht sehr glücklich, weil die GenderAspekte im Rahmen der komplexen Abstimmungsprozesse nicht mehr eingebracht werden konnten. Änderungen am Entwurf, auch wenn damit aus GenderSicht möglicherweise Qualitätseinbußen verknüpft waren, konnten so nicht verhindert werden.

Umso erfreulicher ist es, dass die Vertreterin des Auftraggebers an der weiteren Zusammenarbeit und einem Abschluss des Verfahrens im Sinne des ursprünglichen Vertrages festhalten möchte. Auf diese Weise wird die Chance, anhand dieses Vorhabens ein umfassendes Gender Assessment - von den ersten Planungen bis zur Umsetzung und Evaluierung der Maßnahme – durchzuführen, nach wie vor erhalten.

Literatur

Zibell, Barbara (1993): Der Brahmshof in Zürich. Ein Wohnmodell des Evangelischen Frauenbundes Zürich. In: Neue Wohn- und Siedlungsformen. Impulse aus Frauensicht. Dokumentation des Symposions des Beirats für frauenspezifische Belange bei der Senatsverwaltung für Bau- und Wohnungswesen vom 29. / 30. Januar 1993 in Berlin, Berlin, S. 20-39.

Hubert Ospelt-Haas

GENDER AM PLATZ

DER NEUE BUSHOF MIT ÖFFENTLICHER TIEFGARAGE IN SCHAAN (FL)

PRODUKT	Umsetzungsbeispiel im Rahmen des Interreg IIIA-Projektes „3LänderGender“ (Voralberg, Liechtenstein, St. Gallen) GenderKriterien für Bushof, öffentliche Tiefgarage, öffentlichen Raum; GenderGutachten zur weiteren Entwicklung der öffentlichen Räume im Ortszentrum	
PROZESS	September 2003	Entscheidung Landtag über den Bau des Bushofes in Schaan
	2004	Durchführung Projektwettbewerb
	2005	Prämierung des Projektes „Roundabout“ von ritterjon Architekten, Chur/Vaduz
	Januar 2006	Kontaktaufnahme und
	August 2006	Auftrag an GenderExpertinnen
	Sept. / Okt. 2006	Durchführung zwei GenderWorkshops
	Januar 2007	GenderGutachten zur Entwicklung der öffentlichen Räume im Ortszentrum
	Februar 2008	Spatenstich / Baubeginn Tiefgarage
VERFAHRENSSTAND	GenderBeteiligung abgeschlossen - Projekt im Bau	
AUFTRAGGEBERIN	Stabsstelle für Landesplanung, Fürstentum Liechtenstein	
PROJEKTBETEILIGTE	Fürstentum Liechtenstein: Stabsstelle für Landesplanung, Leiter und Praktikantin, Mitarbeiterin Hochbauamt (Projektierung), Abteilungsleiter Straßenbau (Tiefbauamt), Vorsitzende Lenkungsausschuss Gender Mainstreaming, Leiterin Stabsstelle für Chancengleichheit; Liechtenstein Busanstalt: Verkehrsclub Liechtenstein; Architekt und Ortsplaner Schaan; Architekturbüro ritterjon, Chur / Vaduz Gender Expertise: Hochbau - Doris Königer, dipl. Architektin ETH/SIA, St. Gallen; Städtebau - Barbara Zibell, Prof. Dr. sc.techn. Thalwil / Zürich	

Hubert Ospelt-Haas

GENDER AM PLATZ

Das Fürstentum Liechtenstein hat im Januar 2002 einen politischen Grundsatzbeschluss zur Einführung des Gender Mainstreaming gefasst. Federführend bei der Umsetzung ist die Stabsstelle für Chancengleichheit innerhalb der Landesverwaltung. In Zusammenarbeit mit dem schweizerischen Kanton St. Gallen und dem österreichischen Bundesland Vorarlberg hat es sich darüber hinaus an einem Interreg IIIA-Projekt „3LänderGender"[62] beteiligt, um die lokalen Regierungen und Verwaltungen im Bodenseeraum bei der Implementierung von Gender Mainstreaming zu begleiten und zu unterstützen. In diesem Rahmen wurden verschiedene Pilotprojekte durchgeführt. So wurde in St. Gallen ein Kriterienkatalog für gendergerechtes Bauen entwickelt[63], in Liechtenstein wurden am Beispiel des projektierten Bushofs im Gebiet der Richtplanung ‚Zentrum Nord' in Schaan Kriterien für die städtebauliche Planung und das konkrete Bauvorhaben erarbeitet.

62 Projekt zur Umsetzung von Gender Mainstreaming in der Politik und den Verwaltungen von Liechtenstein, St. Gallen und Vorarlberg im Jahre 2005 / Präsentation der Umsetzungsbeispiele am 13. Januar 2006 in Bregenz.

63 Vgl. Beitrag von Doris Königer in diesem Band, S.101-131.

1 Planungsprozess und GenderBegleitung

Das zum Zeitpunkt der GenderBegleitung vorliegende Projekt des Architekten Jon Ritter aus Chur / Vaduz war 2004 im Rahmen eines internationalen Wettbewerbs mit ca. 30 teilnehmenden Büros prämiert und zur Ausführung empfohlen worden.

Der amtierende Leiter der Stabsstelle für Landesplanung war als Fachpreisrichter an der Jury beteiligt, gleichzeitig war dieser auch maßgeblich involviert in das laufende Interreg IIIA-Projekt „3LänderGender". Auf der Suche nach einem geeigneten Vorhaben, das als Implementationsvorhaben für das Fürstentum Liechtenstein dienen könnte, fiel die Wahl auf das Projekt des Bushofs, nicht zuletzt auch deshalb, weil es sich hierbei um ein Projekt handelte, das mehr war als „nur" ein öffentliches Bauvorhaben.

Bei dem neuen Bushof in Schaan handelt es sich vielmehr um ein gemeinsames Projekt des Hochbau- und des Tiefbauamts, die an diesem zentralen Verkehrsknotenpunkt des Fürstentums, gemäß den Vorgaben der Landesrichtplanung und somit in Kooperation mit der Stabsstelle für Landesplanung, ein städtebaulich bedeutsames Bauwerk platzieren sollten. Insofern war dies ein Projekt, das eine große öffentliche Aufmerksamkeit auf sich zog und bei dem sowohl Architektur, Verkehrswesen und Städtebau als auch örtliche und überörtliche Planung eng ineinander greifen.[64]

Die Stabsstelle für Landesplanung hatte sich im Zuge des Interreg IIIA-Projektes „3LänderGender" mit Gender Mainstreaming in der räumlichen Planung und Projektierung beschäftigt, insbesondere waren aus diesem Arbeitszusammenhang das St. Galler Vorhaben betreffend die Kantonale Baudirektion[65] sowie das Vorhaben Landhaus 2 in Innsbruck[66] bekannt, ebenso die Produkte, die aus dem ebenfalls laufenden Interreg IIIB-Vorhaben GenderAlp![67] hervorgegangen waren. Um das Projekt Bushof Schaan als Beitrag des Fürstentums Liechtenstein zum Projekt „3Ländergender" diesbezüglich weiterzuentwickeln, wurden zwei externe Exper-

64 Es ist in Liechtenstein nicht unüblich, dass Bau- und Planungsaufgaben von mehreren Verwaltungsstellen des Landes, die wiederum verschiedenen Regierungsressorts zugeordnet sind, in Abstimmung mit den Gemeindebehörden entwickelt, beurteilt und begleitet werden. Die Stabsstelle für Landesplanung ist dabei oftmals für die Koordination zuständig.

65 Vgl. Königer S.101-131.

66 Vgl. Beiträge von Elke Krismer und Elisabth Stögerer-Schwarz in diesem Band, S. 5-25 und S. 26-38.

67 In dem Interreg IIIB-Vorhaben GenderAlp! arbeiteten 12 Städte und Regionen im Alpenraum, PartnerInnen aus Österreich, Deutschland, Frankreich, Italien und Slowenien, von 2004 bis 2006 an Fragestellungen zu Raumplanung und öffentlichen Budgets unter dem Gesichtspunkt der Chancengleichheit zwischen Frauen und Männern zusammen. Vgl. www.genderalp.at und www.genderalp.com.

tinnen zugezogen[68], die die beiden fachlichen Sichtweisen – Architektur einerseits, Städtebau andererseits – in diesem komplexen Verfahren abdecken konnten.

Nach einem ersten Kontaktgespräch bei der Landesplanung in Vaduz im August 2006 fanden im September und November 2006 unter Federführung der Stabsstelle für Landesplanung zwei Workshops mit den beteiligten Amtsstellen sowie dem Ortsplaner und dem Architekten in der Gemeinde Schaan statt. Diese Workshops sollten dazu dienen, Gender Kriterien für die konkrete Baumaßnahme incl. Umgebungsgestaltung / öffentliche Räume zu entwickeln und in Richtvorgaben für die Projektumsetzung und künftige Planungen umzusetzen. Dabei bestätigte sich, dass ein solches Projekt nicht ohne seine komplexen Bezüge im örtlichen Gefüge betrachtet werden kann. Gleichzeitig erwies sich, dass der neue Bushof mit seiner Scharnierfunktion als Umschlagplatz für Ortsansässige und Fremde die Möglichkeit eröffnet, als Impulsgeber für die weitere Ortsentwicklung zu dienen und Chancen für die künftige Gestaltung und Vernetzung der öffentlichen Räume zu bieten. So wurden Kriterien entwickelt, die über die konkrete Bauaufgabe hinaus gingen und Anhaltspunkte für die Gestaltung öffentlicher Räume liefern, die nicht zuletzt in die Umsetzung der Zentrumsrichtplanung einfließen sollen.

2 Das Projekt Bushof in Schaan

Der geplante Bushof befindet sich im Kerngebiet des Zentrums Nord in Schaan. Er hat einerseits die Funktion eines überörtlichen Verkehrsknotenpunktes und wirkt andererseits im örtlichen Rahmen auch zentrumsbildend.

2.1 Übergeordnete Ziele der Landesplanung

Im Landesrichtplan des Fürstentums (LRP) ist der Bereich des neuen Bushofes als Knotenpunkt des öffentlichen Verkehrs dargestellt, im Bereich dessen sich eine verstärkte Ansiedlung öffentlicher und privater Dienstleistungen sowie Büroarbeitsplätze anbietet. Das Land ist als Grundeigentümer des anliegenden Postgebäudeareals an entsprechenden Nutzungsüberlegungen zudem unmittelbar beteiligt.

Im Sinne einer Gesamtverkehrskonzeption formuliert der LRP u. a. auch das Ziel, den öffentlichen Verkehr besser an die Bedürfnisse der Verkehrsteilnehmenden anzupassen und den Anteil des öffentlichen Verkehrs am Gesamtverkehr zu vergrößern. Dazu sollen insbesondere Zentren und Dörfer entlang der Hauptverkehrsachsen vom ortsfremden Verkehr entlastet und die Planung eines engmaschigen Netzes für

68 Hochbau: Frau dipl. arch. Doris Königer, St. Gallen; Städtebau: Prof. Dr. sc. techn. Barbara Zibell, Thalwil / Zürich.

den nicht motorisierten Verkehr mit Anschluss an die Haltestellen des öffentlichen Verkehrs an die Hand genommen werden. Beide Zielsetzungen betreffen auch die weiteren Entwicklungen im Schaaner Ortszentrum und entsprechen, indem sie Verkehrsentlastung und Vernetzung anstreben, den Anforderungen einer gendergerechten Planung. (Zibell 2007: 11)

Bereits anlässlich des Interreg IIIA-Projekts „3LänderGender" waren für die überörtliche Ebene Planungsaspekte unter Gendergesichtspunkten untersucht worden. Hierbei wurde festgestellt, dass die Anordnung von öffentlichen Nutzungen und anderen Dienstleistungsangeboten im Bereich des zentralen Knotenpunkts des öffentlichen Verkehrs in Schaan, der mit ca. 6'000 EinwohnerInnen größten Gemeinde im Fürstentum Liechtenstein, das insgesamt etwa 35'000 EinwohnerInnen und 32'000 Arbeitsplätze aufweist, diesbezüglich positiv zu werten sei.

Abb. 1: Planungsebene Region - Planungsmittel Landesrichtplan

Interreg IIIA-Projekt „ländergender", Auszug Power Point Präsentation vom 13. Jan. 2006 in Bregenz, Hubert Ospelt.

2.2 Planungsziele der Gemeinde Schaan

In der Zentrumsrichtplanung der Gemeinde Schaan werden die Planungsziele des Landesrichtplans im Hinblick auf das vielfältige Nutzungsangebot bestätigt. Für die Umsetzung der Planungsziele zur Entwicklung dieses Zentrumsgebiets hat der

Gemeinderat den Richtplan Zentrum Nord erlassen. Gemäß Schaaner Bauordnung regeln die Richtpläne insbesondere die Entwicklung der Siedlungs- und Nutzungsstruktur mittels Festlegung von Bau- und Freiflächen, Straßen- und Wegtrassen. Sie können aber auch Aussagen treffen zu Stellung, Form und kubischer Gliederung der Gebäude und sie können die Grundsätze der Gestaltung der Gebäude, der Frei- und Zwischenräume, der Bepflanzung sowie der öffentlichen und privaten Verkehrsanlagen festlegen.

Bereits anlässlich des 3LänderGender-Projektes war das Fallbeispiel der Zentrumsrichtplanung Nord in Schaan auch auf der kommunalen Planungsebene unter GM-Kriterien untersucht worden. Dabei wurde festgestellt, dass gerade dem gemäß Zentrumsrichtplan anvisierten Ziel der Nutzungsdurchmischung große Bedeutung zukommt.

Exemplarischer GM-Aspekt: Das im Landesrichtplan postulierte vielfältige Nutzungsangebot wird präzisiert und bestätigt die Frauen begünstigende Wirkung.

Abb. 2: Planungsebene Gemeinde – Planungsmittel Zentrumsrichtplan

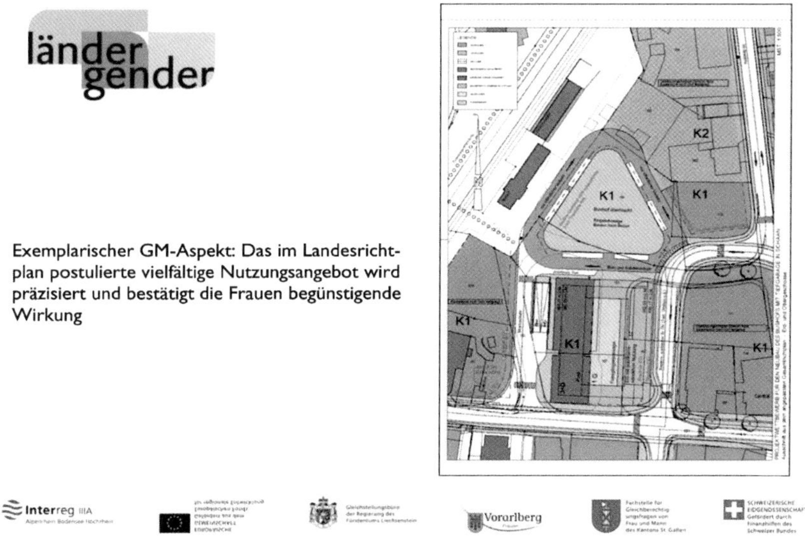

Interreg IIIA Projekt „ländergender", Auszug Power Point Präsentation vom 13. Jan. 2006 in Bregenz, Hubert Ospelt

2.3 Überlegungen zur Arealplanung

Das Zentrum der Gemeinde Schaan ist vom nationalen und insbesondere transnationalen Durchgangsverkehr stark beeinträchtigt. Nach vielen Jahren planerischer

Auseinandersetzungen zwischen Umfahrungs- und Ausbaulösungen wird jetzt die Strategie verfolgt, die Situation mit der Realisierung eines Einbahnringes im Zentrum und der Verlegung eines Teilstücks der Ortsdurchfahrt im Bereich der alten Lindenkreuzung zu entlasten. Der neue Bushof der Gemeinde Schaan soll im Vorfeld des Bahnhofes entstehen, der künftig mit einem weiteren schienengebundenen Nahverkehrssystem ergänzt werden soll. Zusammen sollen sie künftig als Drehscheibe des öffentlichen Verkehrs dienen.

Im Zuge der Planungen des neuen Bushofes sind seitens des beauftragten Architekten im Rahmen der Studie „Postplatzerweiterung" Überlegungen zur Integration des Objektes in die örtliche Situation und den städtebaulichen Kontext angestellt worden. Diese in vier Varianten erstellte Studie, die bereits die neue Verkehrsführung im Ortszentrum zugrunde legt, schlägt unter anderem vor, den Bereich zwischen Bushof und Rathausplatz als ein vernetztes System zu begreifen, in dem die Anforderungen des fließenden Verkehrs mit den Aufenthaltsqualitäten der öffentlichen Räume eine Symbiose eingehen.

Abb. 3 a+b: Studie Postzplatzerweiterung Schaan, Varianten 1 und 4

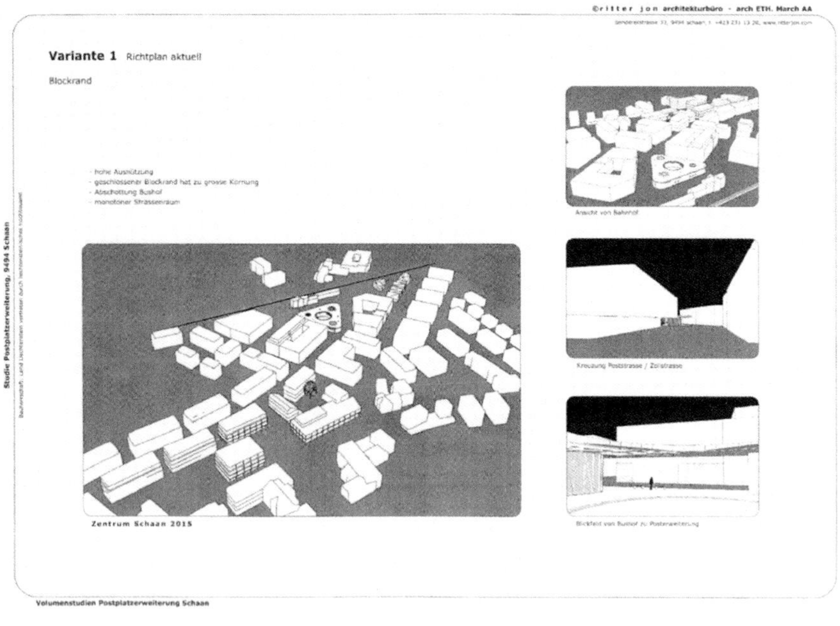

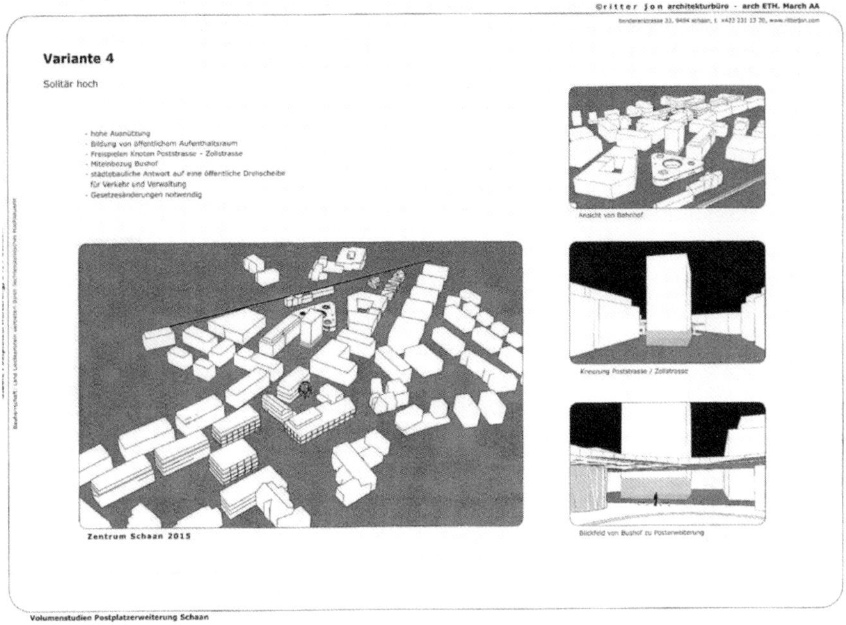

ritterjon Architekten, Chur/Vaduz

Variante 1 basiert auf einer vorwiegend Straßenraum bildenden Blockrandbebauung, wie sie im Richtplan vorgeschlagen wird. Variante 4 ersetzt die Blockrandbebauung mit einem Hochhaus als Orientierungsmerkmal. Dadurch entsteht ein weiterer Platzraum und eine Platzfolge vom Bushofareal über den neuen Postplatz hin zum geplanten Dorfplatz, was Chancen bietet für eine städtebauliche Verknüpfung des neuen Bushofes mit dem Ortszentrum.

Die vorgeschlagene Verlagerung der bisherigen Bushaltestellen im Vorfeld der Post in den Bereich des neuen Bushofes vor dem Bahnhofsgebäude bietet die Chance, mit dem sog. „Postplatz" eine weitere Platzsituation zu schaffen, die diesen Anforderungen entgegen kommt und der Zielsetzung einer Schaffung urbaner Qualitäten im Ortszentrum Rechnung trägt. Damit entsprechen auch diese Überlegungen prinzipiell den Anliegen einer gendergerechten Gestaltung der öffentlichen Räume. (Zibell 2007: 12)

Eine wichtige Funktion kommt nebst dem Bushof der landeseigenen Parzelle mit Post und Landesverwaltung als Schlüsselgrundstück zu. Hier stehen seit einiger Zeit verschiedene Nutzungsüberlegungen zur Diskussion, aktuell beispielsweise die

Ansiedlung der Landesbibliothek[69], deren Machbarkeit gerade von der Hochschule Liechtenstein im Rahmen einer Semesterarbeit untersucht wurde. Aus Sicht der Landesplanung ist es von größter Bedeutung, hier hochwertige, das heisst: öffentliche Nutzungen, nicht nur einfache Bürobauten anzusiedeln, um dem Verkehrsknotenpunkt auch urbane Aufenthaltsqualitäten zu verleihen.

Bereits im Rahmen des Interreg IIIA-Projektes „3LänderGender" war das Fallbeispiel des Bushofs Schaan von Seiten der Landesplanung im Fürstentum Liechtenstein ausgewählt worden, um es unter anderem auch auf der Planungsebene Areal als Projekt unter Gender Maisntreaming Kriterien zu untersuchen. Dabei wurde festgestellt, dass bei der Projektausgestaltung vor allem dem Aspekt der Orientierung besondere Aufmerksamkeit zu schenken ist.

Abb. 4: Planungsebene Areal – Planungsmittel Projektplan

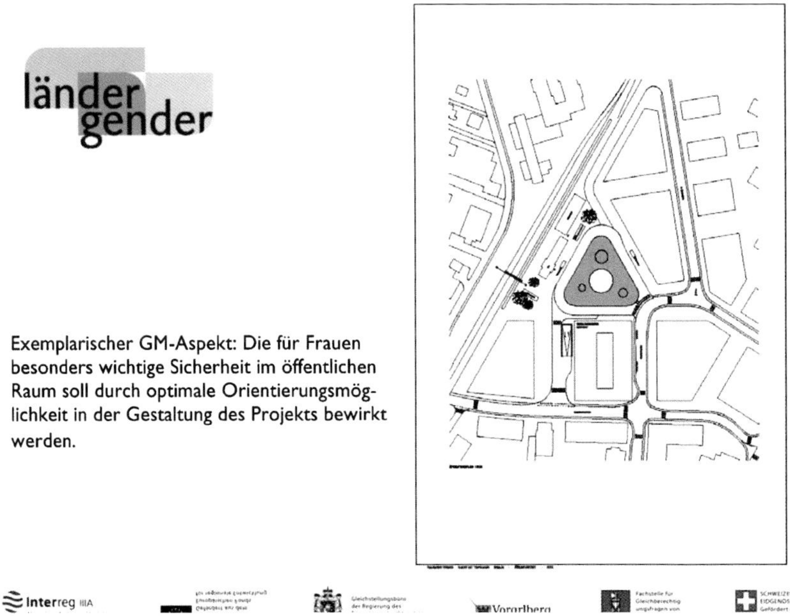

Interreg IIIA Projekt „ländergender", Auszug Power Point Präsentation vom 13. Jan. 2006 in Bregenz, Hubert Ospelt.

69 Dabei ist insbesondere zwischen der Sicht des optimalen Bibliothekstandorts und der Sicht der optimalen Nutzung des Standorts in Schaan abzuwägen.

3 Die Gender Workshops

Die Vorbereitung und Durchführung der beiden Workshops wurde von der Stabsstelle für Landesplanung in Kooperation mit den beiden GenderExpertinnen vorgenommen.

3.1 Der erste Workshop

Am ersten Workshop am 20. September 2006 waren neben den beiden Gender-Expertinnen und der Stabsstelle für Landesplanung (Leiter und Praktikantin) das Hochbauamt (Projektleiterin Projektierung) und das Tiefbauamt (Abteilungsleiter Straßenbau) sowie eine Juristin der Landesverwaltung (Vorsitzende des Lenkungsausschusses Gender Mainstreaming) beteiligt. Daneben waren der beauftragte Architekt und der zuständige Ortsplaner der Gemeinde Schaan anwesend.

Ziel des ersten Workshops war es, die Teilnehmenden in den Entwurf und die Planung des Projektes sowie dessen Einbindung in die örtliche Situation / Ortsplanung einzuführen und alle Beteiligten für die GenderThematik zu sensibilisieren. Die GenderExpertinnen gaben hierzu einen ersten Überblick über Ziele des Gender Mainstreaming sowie über allgemeine Planungsgrundsätze und -kriterien.

Abb. 5a: Wettbewerbsprojekt Bushof Schaan. Grundriss Erdgeschoss, Umgebung und Schnitte

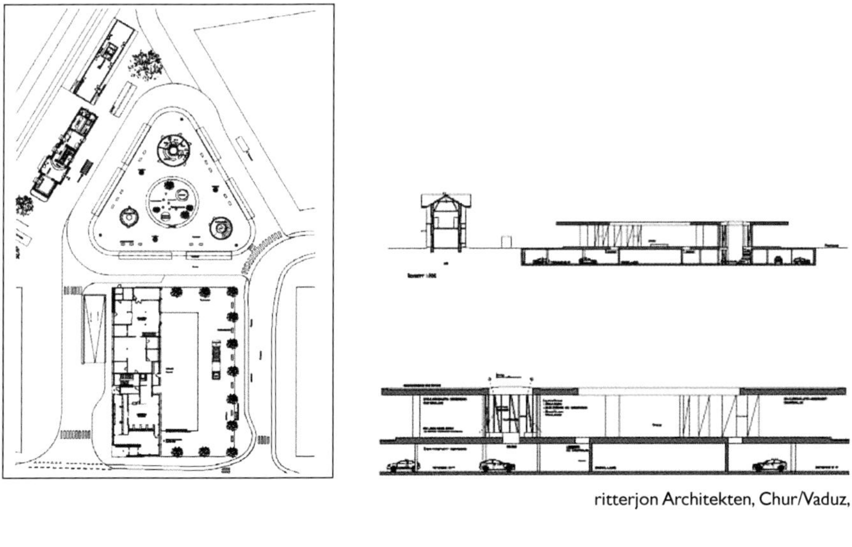

ritterjon Architekten, Chur/Vaduz,

Abb. 5b: Wettbewerbsprojekt Bushof Schaan. Perspektivdarstellung / Situation bei Tag und bei Nacht

ritterjon Architekten, Chur/Vaduz,

Im Anschluss an die Präsentation des Projektes (Bushof und zugehörige öffentliche Tiefgarage) durch den Architekten wurden u. a. die Orientierungsmöglichkeiten, Transparenz, Belichtung, sichere Erschließung und Abgrenzungsmöglichkeiten der öffentlichen Parkplätze diskutiert. Dem Projekt wurden bereits zu diesem Zeitpunkt gute Voraussetzungen für eine gendergerechte Umsetzung attestiert. Insbesondere überzeugte das Konzept in seiner Ausgestaltung betreffend Übersichtlichkeit, Transparenz, Lichtführung und Beleuchtung.

Abb. 6: Situation bestehendes Bushofareal

Foto von Hubert Ospelt, Januar 2006.

Im Mittelpunkt des Workshops stand eine Begehung des Areals in Zweiergruppen, zu denen aus dem Kreis der Teilnehmenden Paare aus jeweils einem Mann und einer Frau gebildet wurden. Die Rollen waren von den GenderExpertinnen zuvor konzipiert worden. Es entstanden folgende Paarungen:

- alter Mann, leicht sehbehindert, und alte Frau mit starker Arthrose, bereits das Bewältigen leichter Stufen ist schmerzhaft
- Mutter mit Einkaufstasche und Kinderwagen sowie einem Kleinkind (Bub), im Kindergartenalter, sehr verspielt
- Mann ohne Ortskenntnis, auf der Suche nach dem Gemeindehaus, Rollkoffer mit schweren Unterlagen, in Begleitung einer Frau mit hochhackigen Schuhen
- zwei jugendliche BewohnerInnen der Gemeinde (eine Frau, ein Mann), die wie an jedem Wochentag nach Buchs müssen
- Velofahrerin und Velofahrer, die sich um den neuen Busbahnhof bewegen, um Zufahrt, Wegfahrt und Abstellmöglichkeiten in einem größeren Umkreis zu prüfen
- Mann mit Frau im Rollstuhl.

Mit diesen Rollen versehen und dem Auftrag, kleine Erfahrungsberichte (Memos) von ihren Ortsrundgängen anzufertigen, machten sich die TeilnehmerInnen auf den Weg. Im zweiten Teil des Workshops wurden die Erfahrungen ausgetauscht und gemeinsam reflektiert. Die resultierenden GenderKriterien wurden in Anlehnung an die St. Galler Vorarbeiten[70] in sechs Bereiche - Bedarfsgerechtigkeit, Sicherheit, Wohlbefinden, Orientierung, Möglichkeit der Aufnahme sozialer Kontakte, kurze Wege - gegliedert und als Grundlage für einen Kriterienkatalog für die Planung und Entwicklung im Ortszentrum Schaan zusammengestellt.

Zum Thema Bedarfsgerechtigkeit gehört die Vermeidung von Barrieren im öffentlichen Raum (Ketten, Bordsteine, Fußgängerstreifen, parkende Autos), möglichst geringe Wartezeiten für FußgängerInnen an den Ampeln, die störungsfreie Anordnung von Straßenlaternen und Möblierung auf den Trottoirs sowie die Verwendung rutschfester Bodenbeläge. Auch sollte eine schwierige Wegführung auf Nebenstraßen vermieden werden.

Zum Thema Sicherheit gehört die Anordnung von Barrieren für FußgängerInnen (insbesondere kleinere Kinder) zum Schutz vor dem fließenden Verkehr, z.B. durch Niveauunterschiede oder Ketten zur Fahrbahn; dies kann im Hinblick auf die barrierefreie Ausgestaltung für RollstuhlfahrerInnen oder PassantInnen mit Kinderwagen einen Zielkonflikt darstellen. Unübersichtliche Übergänge sollten vermieden werden, ebenso die fehlende Trennung von Fuß- und Radweg, schmale Trottoirs, die die Begegnung von zwei RollstuhlfahrerInnen oder Menschen mit Kinderwagen oder Einkaufstüten nicht zulassen, sowie unzureichende Beleuchtung.

70 Vgl. Königer S.101-131.

Das Wohlbefinden wird durch Sauberkeit, nachvollziehbaren Wechsel der Bodenbeläge sowie die Vermeidung von zu starken Immissionen und dunklen Orten unterstützt, die Orientierung durch eine einfache und attraktive Wegführung, insbesondere zu den wichtigen Orten wie Rathaus, Marktplatz, Parkplatz / Tiefgarage etc..

Der Aufenthalt im öffentlichen Raum kann durch Gelegenheiten für die Aufnahme sozialer Kontakte, zum Beispiel durch ansprechende Möblierung / Sitzmöglichkeiten sowie die Gestaltung von Treffpunkten, die zum Verweilen einladen, gestärkt werden. Grundsätzlich sollten kurze Wege durch möglichst direkte Fußgängerverbindungen wichtiger Ziel- und Quellorte ermöglicht werden.

Die Kriterien, die anhand eines komplexen räumlichen Zusammenhanges für das Ortszentrum Schaan entwickelt wurden, waren im zweiten Schritt bzw. im zweiten Workshop auf das konkrete Projekt ‚Bushof mit öffentlicher Tiefgarage im Ortszentrum von Schaan' anzuwenden. Die weiteren Kriterien betreffend den öffentlichen Raum sollten der weiteren Entwicklung im Ortszentrum zugrunde gelegt werden.

3.2 Der zweite Workshop

Zum zweiten GenderWorkshop, der am 27. Oktober / 8. November 2006 im Rathaus der Gemeinde Schaan stattfand, wurden neben den Beteiligten am ersten Workshop - der Landesverwaltung (Landesplanung, Hoch- und Tiefbauamt, Stabsstelle für Chancengleichheit und Rechtsdienst) sowie dem beauftragten Architekten, dem Ortsplaner von Schaan und den GenderExpertinnen - zusätzlich die Kundenbetreuerin der Liechtenstein Busanstalt (LBA) und ein Vertreter des VCL (Verkehrsclub Liechtenstein) eingeladen. Während das Geschlechterverhältnis beim ersten Workshop auffallend ausgewogen war (abgesehen von den beiden Gender Expertinnen ebenso viele Frauen wie Männer), nahmen an dem zweiten Workshop überwiegend Frauen (8 / 4) teil.

Ziel des zweiten Workshops war es, handfeste Ergebnisse zu produzieren; dazu gehörte insbesondere der Kriterienkatalog bzw. die Checkliste (vgl. Abb. 7), gegliedert nach Kriterien für die konkrete Bauaufgabe bzw. solchen für die Berücksichtigung bei der Entwicklung des Ortszentrums, sowie die Diskussion des weiteren Vorgehens seitens der Projektleitung (Hochbauamt).

Die Ergebnisse aus dem zweiten Workshop wurden in einem Ergebnisbericht protokollarisch festgehalten. Dieser Bericht enthält den Kriterienkatalog / Checkliste mit den sechs Prüfbereichen sowie Handlungsempfehlungen für die weitere Projektentwicklung.

4 Weiteres Verfahren

Nach Durchführung der beiden Workshops verzögerte sich das Verfahren zunächst aufgrund der Abstimmung und Konkretisierung der künftigen verkehrlichen Situation im Ortszentrum.

4.1 Projektentwicklung durch das Staatliche Hochbauamt

Das Projekt wurde im Folgenden unter Federführung der Projektleitung im Hochbauamt und in Abstimmung mit den beteiligten öffentlichen Stellen, insbesondere Tiefbauamt und LBA, sowie dem beauftragten Architekten weiter entwickelt. Die Kriterien aus der Checkliste sollten durch die am GenderVerfahren beteiligten BehördenvertreterInnen in die weiteren Planungen einfließen. Ein verbindlicher oder politischer Beschluss zur Sicherung der GenderKriterien wurde nicht gefasst, die GenderExpertinnen wie auch die Stabsstelle für Landesplanung waren am weiteren Procedere nicht mehr beteiligt.

Dieses Vorgehen entspricht dem von der Landesplanung so genannten. „Liechtensteiner Weg“: Nicht verbindliche Richtlinien und politische Beschlüsse sollen veränderte Schwerpunktsetzungen in der Planung bewirken, sondern weiche Instrumente wie in diesem Fall die Checkliste und immer die am Verfahren beteiligten Personen. In einem kleinen Land wie Liechtenstein sind die Verwaltungswege kurz und die Verbindungen zwischen den Planungsebenen fließend: Man kennt sich, ein und die selben Planungsfachleute begegnen sich bei komplexen Bau- und Planungsvorhaben immer wieder, Verbindlichkeiten funktionieren hier, anders als in größeren Gemeinwesen, auch über informelle Mittel und Wege.

Im Rahmen der Projektentwicklung konnten so auch im Fall des Bushofs Schaan einige der in den Gender Workshops behandelten Aspekte umgesetzt bzw. diskutiert werden, zum Beispiel bei der Ausgestaltung der WC-Anlagen (gute Argumente gegen den Spardruck) oder der Materialisierung von Bushof und Tiefgarage (Farbkonzept). Nach längerer Diskussion um die zunächst unterirdisch konzipierte Anordnung der Veloabstellplätze fiel die Entscheidung inzwischen für zwei oberirdische Standorte. Möglicherweise wird die Möblierung des Bushofplatzes noch Kontroversen erzeugen: Der beauftragte Architekt hatte ein flexibles System konzipiert, das aufgrund seiner ggf. mangelnden Stabilität für ältere Menschen oder Menschen mit Behinderungen, auch für die Benutzung durch Kinder und Jugendliche, in Frage gestellt sein könnte.

Abb. 7: Der Kriterienkatalog

Gender-Kriterien

	Priorität	*Massnahmen*	*Kosten*	**Realisierung**	**Probleme**
Sicherheit					
Trennung Fahrbahn/Fussweg	2	Absperrung mit Ketten; Fussgängergeeignete Absperrung; hohe Bordsteine; Abtrennung durch Begrünung	2	erwünscht	Verunmöglichung der direkten Fussgängerverbindung
Fehlende Trennung Rad/Fussweg	2	vorsehen	0	vorgesehen	
Unübersichtliche Übergänge	1	Störelemente vermeiden	0	zwingend	
Bahnübergang – gefährlich mit Gehhilfe		für Projekt zur Ezit nicht relevant			nicht im Projektperimeter vorhanden
Schmale Bürgersteige	1	Verbreiterung der Bürgersteige	1	zwingend	
Gefährliche Kreuzung/Strassen für Velofahrer	1	separater Radweg; geeignete Rad und Fussgänger Übergänge	1	zwingend	
Niveauunterschiede/Unebenheiten	1	behinderten und altersgerechte Ausführung; ohne Gefälle; an geeigneten Stellen	0	vorgesehen	nicht immer geeignete Stellen
Schlechte Beleuchtung	1	ausreichende Beleuchtung mitplanen	2	erwünscht	Perimeterabgrenzung
Akustische Unterstützung	3	akustische Unterstützung	1	erwünscht	
Überwachung (Videoüberwachung)	2	Externer Sicherheitsdienst	2	erwünscht	Datenschutz
Ergonomie - Bedarfsgerechtigkeit					
Fehlende Verbindung Bahnhof-Dorfzentrum (fehlendes Wegesystem)	2	Durchgänge planen/gestalten; Wege	2	erwünscht	
Lange Wartezeiten bei Ampeln	2	Verkehrstechnische Lösung	3	erwünscht	im Gesamtverkehrssystem zu sehen
Bodenbeläge	1	Rutschfestigkeit; Rollstuhl geeignet; Winterdienst geeignet; bedarfsgerechte Bodenbeläge; unnötige Wechsel vermeiden	0	Zwingend	
Unpassende Möblierung	1	Anpassung an unterschiedliche Beweglichkeiten; Abstützvorrichtungen; optimale Situierung von Strassenlampen vorsehen	1	Zwingend	
Bedienbarkeit von Automaten, Infoschalter	1	Beachtung von Höhe; geeignete Ablageflächen für Taschen, Krücken, Kinder	2	zwingend	nicht immer Standardmasse vorhanden
Anzahl Toiletten	2	mehr Damentoiletten; separates Behinderten WC	3	erwünscht	

Wohlgefühl					
Sauberkeit	1	genügend Abfalleimer; Aschenbecher; regelmässiger Unterhalt; leicht zu reinigende Oberflächen (gilt auch für WC Anlagen)	2	zwingend	Kosten für vandalesicheres und Selbstreinigendes WC sehr hoch
Immissionen	2	Schallabsorbierende Materialien	1	erwünscht	
Dunkle Orte	1	Vermeidung durch gute Beleuchtung; Vermeidung von Nischen	0	zwingend	
Velounterstände	1	gut zugänglich, übersichtlich, gut beleuchtet; Überdacht	2	zwingend	
Abgrenzung zum Nachbargrundstück	2	ansprechende Gestaltung der Abgrenzung	2	erwünscht	baurechtliche Abklärungen nötig
Orientierung					
Unterschiedliche Orientierungsart	2	Bereitstellen von Schildern mit Worten und Zeichen; Ortspläne; Infoschalter	1	erwünscht	
Schlechte Auffindbarkeit eines Ziels	2	Beschilderung; Themenbezogene Wegweiser	1	erwünscht	Situierung beachten
Wegführung in der Tiefgarage	1	sicherer Weg zum Aufgang	0	zwingend	
Soziale Kontrolle					
Treffpunkt/Aufenthalt	2	Schaffung von Sitzgelegenheiten für unterschiedliche Aufenthaltsdauer; z.B Bereich zum Rückzug; Bereich zum Kommunizieren; für unterschiedliche Bedürfnisse (fixe Möblierung)	2	erwünscht	
Infrastruktur	1	Lift, Treppenaufgänge, Warteraum sind einsehbar; übersichtlicher Kassenautomat	0	zwingend	
Pausen	3	Kioskangebot ausrichten; Sitzgelegenheiten; Stehtische	0	erwünscht	
Kurze Wege					
Fehlende direkte Fussgängerverbindung	2	keine unnötigen Absperrungen bei Fussgängerübergängen; Durchgängige Wegebeziehungen schaffen	0	erwünscht	
Fehlende Anbindung Wohnquartier West/Ost	1	1. direkte Anbindung 2. Fussweg/Radweg entlang der Gleise bis Bahnschranke	2	2. erwünscht	1. direkte Anbindung nicht möglich
Kurze Pausen	3	direkte Wegbeziehungen offen halten	0	erwünscht	

erarbeitet im 2.GenderWorkshop in Schaan, protokolliert von der Stabsstelle für Landesplanung, Vaduz November 2006.

Die Ausarbeitung des Bushofprojektes dauert immer noch an. Im Februar 2008 konnte mit dem Bau der unterirdischen Arbeiten begonnen werden, die Detailplanung für die oberirdische Baustelle wird noch weitere Abstimmungen erfordern. Ende 2008 soll der Rohbau für die Tiefgarage fertig gestellt sein, mit dem Abschluss der Arbeiten an der oberirdischen Bushofbaustelle wird bis Ende 2009 gerechnet. Danach kann der Ausbau des gesamten Projektes erfolgen.

Parallel zu den weiteren Planungen für den Bushof und die Tiefgarage wurde die GenderExpertin Städtebau von der Stabsstelle für Landesplanung beauftragt, eine Expertise für die weitere Entwicklung der öffentlichen Räume im Ortszentrum durchzuführen (Zibell 2007). Diese Empfehlungen wurden der Gemeinde Schaan bisher nicht zur Kenntnis gegeben oder öffentlich diskutiert, sie sollen ebenfalls über den „Liechtensteiner Weg" in die künftigen Planungen eingebracht werden. Das Interesse der Landesplanung für eine qualitätvolle Entwicklung der öffentlichen Räume in Schaan liegt jedoch auf der Hand: Der Bushof in Schaan als überregionaler Verkehrsknotenpunkt - nicht nur für das Fürstentum selbst, sondern auch für den Einzugsbereich des St. Galler Rheintals und Vorarlbergs - stellt eine landesweit bedeutsame Maßnahme dar. Eine qualitätvolle Entwicklung der örtlichen Gegebenheiten dieser kleinen Gemeinde mit ihrem großen Arbeitsplatzangebot hat nicht nur Konsequenzen für die Gemeinde selbst, sondern für die Attraktivität des ganzen Landes.

4.2 Planungsempfehlungen für die Entwicklung der öffentlichen Räume[71]

Die Struktur des Straßen- und Wegenetzes ist eine weit in die Zukunft hinein reichende Maßnahme: Kaum eine andere bauliche Entscheidung hat eine derart fixierende und jede weitere Entwicklung dominierende Wirkung. Daher sollte jeder Schritt zur Veränderung, insbesondere auch aus volkswirtschaftlichen Überlegungen heraus, sorgfältig abgewogen und geprüft werden.

Aus GenderSicht sind vor allem fehlerfreundliche, d.h. kleinere, flexiblere, Eingriffe, solchen Maßnahmen vorzuziehen, die nur schwer veränderbar oder rückbaubar sind. Gleichzeitig sind dies auch Eingriffe, die auf eine multifunktionale Nutzbarkeit abzielen, weniger auf die monofunktionale Gestaltung von Flächen und Räumen, die nur oder vorwiegend einer bestimmten Gruppe von VerkehrsteilnehmerInnen, zum Beispiel dem motorisierten Individualverkehr, dienen. Zu den

71 Dieser ganze Abschnitt ist der Expertise der beteiligten GenderExpertin für Städtebau, Frau Prof. Dr. Barbara Zibell, entnommen, entsprechend dem Fortschritt der Planungen und Maßnahmen in aktualisierter Form, vgl. Zibell 2007: 13f.

zentralen Qualitätskriterien, die im Rahmen der städtebaulichen Frauenforschung entwickelt worden sind (vgl. Zibell / Schröder 2007), gehören Sicherheit - Kurze Wege / Erreichbarkeit - Wegebeziehungen - Aufenthaltsqualitäten - Vernetzung - Mobilität. Dies sind gleichzeitig zentrale Kriterien einer gendergerechten Planung, da sie von den Bedürfnissen eines versorgenden Alltags ausgehen und in der Lage sind, sehr verschiedenen Anforderungen und komplexen Bewegungsmustern gerecht zu werden. Eine gendergerechte Planung sollte sich an diesen Qualitätskriterien messen und messen lassen.

Die Weichen sind gestellt: Das Projekt Bushof in Schaan ist auf den Weg gebracht, mit der Realisierung ist vor kurzem begonnen worden, die Verlegung der Landesstraße im Bereich der alten Lindenkreuzung ist durchgeführt. Für die weitere Entwicklung der öffentlichen Räume in Schaan könnten - ausgehend von dem Bereich zwischen Bushof und Rathausplatz - differenzierte Nutzungsanalysen zur Erhebung der Wegbeziehungen im Ortszentrum durchgeführt werden. Aus der Kartierung der Weg- bzw. Quell- und Zielsysteme sollten sich Nutzungszusammenhänge sowie Häufungen und stark frequentierte Querungsbereiche, Transitstrecken wie Aufenthaltsbereiche erkennen und Kriterien für die Planung und Gestaltung der öffentlichen Räume ableiten lassen.

Abb. 8: Studie Postplatzerweiterung Schaan, Variante 3

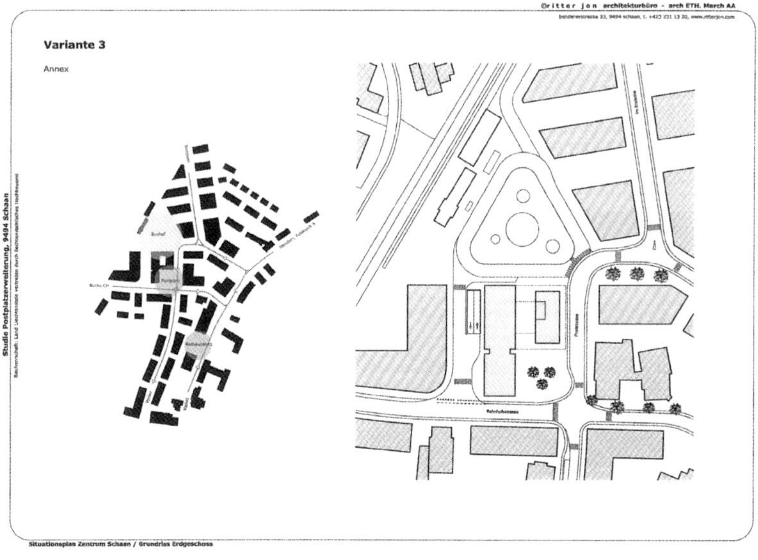

ritterjon Architekten, Chur/Vaduz, Studie Postplatzerweiterung 2005

Auf dieser Basis wären die Platzgestaltungen in Angriff zu nehmen, nicht als isolierte Einzelprojekte, sondern in ihren Zusammenhängen eines vernetzten Raumsystems. Von diesen Umgestaltungen sollte ein Impuls ausgehen für die weitere Gestaltung auch privater Freiflächen im öffentlichen Raum. Exemplarisch ist diesbezüglich nachfolgend die städtebauliche Variante 3 aus den städtebaulichen Studien des Architekten Jon Ritter, Chur / Vaduz, dokumentiert, die mit den analog der Variante 4 resultierenden Platzfolgen (vgl. Abb. 3b) zur gewünschten Vernetzung beiträgt.

4.3 Fazit aus Sicht der Landesplanung

In Zukunft soll die GenderThematik in allen räumlichen Planungen und Bauprojekten des Landes von Beginn weg gebührend berücksichtigt werden.

„Im Bereich der Raumentwicklung ist es offensichtlich, dass eine Berücksichtigung von GM-Kriterien zu besseren Planungsresultaten führt, die zudem allen Nutzerinnen und Nutzern dienen. Dies ist für die Stabsstelle eine zusätzliche Motivation, GenderKriterien beim Erarbeitungs- und Beurteilungsprozess von Planungen zu berücksichtigen. Wir versuchen, das GenderThema auch in unserem Umfeld in den Mainstream, d.h. ins allgemeine Bewußtsein, zu bringen.“

Hubert Ospelt-Haas: Liechtenstein / St. Gallen / Vorarlberg 2006.

Literatur

Land Salzburg, Büro für Frauenfragen und Chancengleichheit (Hg.) / Barbara Zibell, Maya Karacsony, Nicole Dahms (Bearb.) (2006a): Bedarfsgerechte Raumplanung. Gender Practice und Kriterien in der Raumplanung, Endbericht Langfassung, Materialien zur Raumplanung Bd. 20, 1. Aufl. Salzburg.

Land Salzburg, Büro für Frauenfragen und Chancengleichheit (Hg.) / Barbara Zibell (Bearb.) (2006b): Bedarfsgerechte Raumplanung. Gender Practice und Kriterien in der Raumplanung, Endbericht Deutsche Kurzfassung, Materialien zur Raumplanung Bd. 21, 1. Aufl. Salzburg.

Liechtenstein / St. Gallen / Vorarlberg (2006): Gleichstellung in Politik und Verwaltung – ländergender. Beispiele für die Umsetzung von Gender Mainstreaming in den Verwaltungen von Liechtenstein, St. Gallen und Vorarlberg, Vaduz / St. Gallen / Bregenz.

Zibell, Barbara (2007): Zukunft Ortszentrum Schaan. Zur Planung und Gestaltung öffentlicher Räume unter Berücksichtigung von Gender Mainstreaming, bearb. im Auftrag der Stabsstelle für Landesplanung, Fürstentum Liechtenstein, Vaduz / Thalwil (ZH), 31. Januar 2007.

Zibell, Barbara / Schröder, Anke (2007): Frauen mischen mit. Qualitätskriterien für die Stadt- und Bauleitplanung, Beiträge zur Planungs- und Architektursoziologie Bd. 5, Frankfurt a.M..

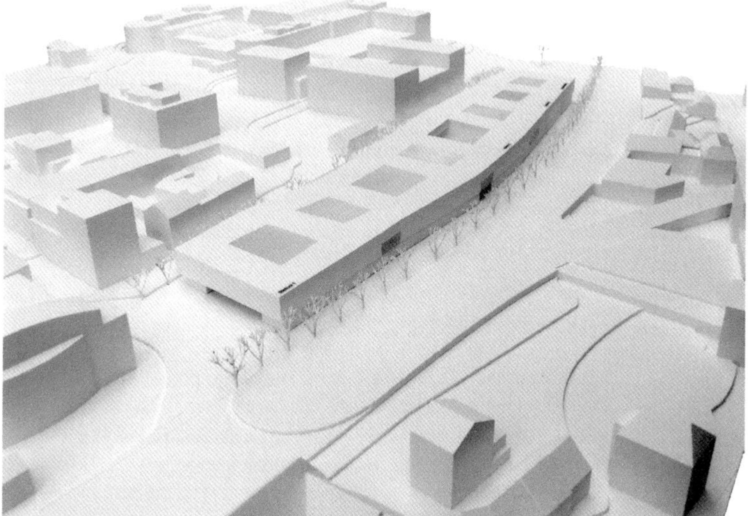

Ilinca Manaila

GENDER MACHT SCHULE

DER NEUBAU DER FACHHOCHSCHULE NORDWESTSCHWEIZ IN OLTEN, KT. SOLOTHURN (CH)

PRODUKT	Pilotprojekt im Rahmen von Lares Frauen setzen Zeichen bei Bau und Planung; Kriterienkatalog für Fachhochschulen, Erweiterung Pflichtenheft des Architekten, Änderung und Ergänzung Sonderbauvorschriften / Gestaltungsplan	
PROZESS	GenderBegleitung Vorprojektphase (Einsitz operative Projektsteuerung), Durchführung vier Koordinationssitzungen	
	Mai 2006	Internationaler Projektwettbewerb
	Januar 2007	Prämierung Siegerentwurf mit Auftrag zur Weiterbearbeitung
	August 2007	Auftrag Lares Fachfrauengruppe
	Aug.-Nov. 2007	Durchführung vier Koordinationssitzungen
	September 2007	GenderBeurteilung überarbeiteter Siegerentwurf
	Oktober 2007	Präsentation der Ergebnisse
	November 2007	Kostenrechnung und Ausarbeitung Vorprojekt
VERFAHRENSSTAND	Vorprojektphase abgeschlossen - Begleitung weiterer Projekt- und Bauphasen in Aussicht gestellt	
AUFTRAGGEBERIN	Hochbauamt Kanton Solothurn (Planungskommission) / stv. Kantonsbaumeister zusammen mit der Lares Geschäftsstelle Bern	
PROJEKTBETEILIGTE	Leiter Planungskommission; stv. Kantonsbaumeister und leitender Mitarbeiter des Kantonalen Hochbauamtes; stv. Direktorin Fachhochschule Nordwestschweiz; bauart Architekten und Planer AG, Bern Gender Expertise: Lares Fachfrauengruppe: Susanne Hofmann, Nennigkofen / SO; Ilinca Manaila, GfA Gruppe für Architektur GmbH, Zürich; Barbara Zibell, STADTumLAND. Forschung_Planung_Beratung, Thalwil (Zürich)	

Ilinca Manaila

GENDER MACHT SCHULE

1 Ausgangslage und Aufgabenstellung

Die Fachhochschule Nordwestschweiz (FHNW) plant einen Neubau am Standort Olten. Im Rahmen des Gleichstellungsauftrags der Fachhochschule wurde eine Expertinnengruppe für die Begleitung und für die qualitative Überprüfung der Vorprojektphase des Neubaus herangezogen.

Da für die Bauaufgabe des Hochschulbaus in der Schweiz bislang keine Gender Kriterien existierten, wurden – für den Hochschulbau im Allgemeinen, für die Fachhochschule im Speziellen – entsprechende Kriterien erarbeitet. Diese basierten einerseits auf bereits bestehenden Zielvereinbarungen mit der Bauträgerschaft, andererseits wurden sie aus anderen GenderProjekten abgeleitet. Die Aufgaben der Fachfrauen beinhalteten die Erstellung eines GenderKriterienkataloges, die Integration desselben in das Pflichtenheft des Architekten sowie das Verfassen von verschiedenen Stellungnahmen zum Pflichtenheft, zum Gestaltungsplan und zu den Sonderbauvorschriften.

Das von der dreiköpfigen Fachfrauengruppe geleitete Projekt stellt das zweite Pilotprojekt[72] von Lares – Frauen setzen Zeichen bei Bau und Planung[73] dar.

72 Bei dem ersten Projekt handelte es sich um einen Projektwettbewerb zur Gestaltung des Breitenrainplatz Bern, die Lares Fachfrauen waren dabei in der Jury vertreten, vgl. http://www.lares.ch/pilote/breitenrainplatz

73 Zum Lares-Projekt vgl. www.lares.ch
Der Name stammt aus der römischen Mythologie: Die Laren (lat. lares) sind Schutzgeister, die über Familien, Häuser, Grundstücke oder Wege wachen.

1.1 Das Projekt Lares

Lares ist ein dreijähriges Projekt, das von den beiden Fachvereinen P, A, F. - Planung, Architektur, Frauen.[74] und SVIN - Schweizerische Vereinigung der Ingenieurinnen[75] sowie dem Stadtplanungsamt und der Fachstelle für die Gleichstellung von Frau und Mann der Stadt Bern getragen wird. Das Eidgenössische Büro für die Gleichstellung von Frau und Mann[76] unterstützt das Projekt Lares im Rahmen der Finanzhilfen nach dem Gleichstellungsgesetz[77]. Lares setzt sich dafür ein, dass Frauen bei Bau- und Planungsprozessen mitgestalten und mitentscheiden.

Während einer dreijährigen Projektlaufzeit (2007 - 2009) sind vier Pilotprojekte in verschiedenen Regionen der Schweiz unter der Leitung von Bau- und Planungs-Fachfrauen mit unterschiedlichen Fachkompetenzen vorgesehen. Aus den gesammelten Erfahrungen der Pilotprojekte soll ein Lares-Leitfaden für weitere Vorhaben entstehen. Gleichzeitig wird ein Netzwerk von Fachfrauen aufgebaut sowie ein Verzeichnis für Fachfrauen erstellt, die sich für die Begleitung künftiger Bauten und Planungen zur Verfügung stellen wollen. Damit soll Lares die zentrale nationale Ansprechstelle für GenderKompetenz in Bau und Planung werden. Zum heutigen Zeitpunkt herrscht ein reges Interesse an Lares vor, sowohl seitens Fachfrauen als auch seitens potenzieller Planungs- und Bauträgerschaften.

1.2 Neubau Fachhochschule Nordwestschweiz in Olten

Die Fachhochschulen (FH) der Schweiz sowie die Hochschule Liechtenstein bieten knapp dreihundert Studiengänge und Nachdiplomstudiengänge in verschiedenen Fachbereichen an. Die Schulen erfreuen sich eines konstanten Wachstums. Die

74 Planung Architektur Frauen, kurz P,A,F., ist ein Netzwerk und Forum für Frauen, die Einfluss auf die Gestaltung von Lebensraum nehmen wollen. Ziel der P,A,F. ist, die Gleichstellung von Frauen in allen Bereichen und auf allen Ebenen der Architektur, Planung und Ausführung zu fördern.
aus: www.paf-schweiz.ch

75 Die Schweizerische Vereinigung der Ingenieurinnen SVIN ist ein gesamtschweizerischer Verband, der Frauen in naturwissenschaftlich-technischen Berufen und Unternehmen umfasst. Die SVIN wurde 1991 gegründet und hat ihren Sitz in Zürich. Ziel ist, sich für die Anliegen des Berufsstands der Ingenieurin einzusetzen und junge Frauen für den Ingenieurinnenberuf zu motivieren. Aus: www.svin.ch

76 www.equality-office.ch

77 Das schweizerische Gleichstellungsgesetz (GlG) trat am 1. Juli 1996 in Kraft und bildet ein wichtiges Instrument zur Förderung der tatsächlichen Gleichstellung von Frau und Mann. Das GlG gilt für alle Bereiche des Erwerbslebens, von der Anstellung über die Weiterbildung bis zur Kündigung, vom Lohn bis zur sexuellen Belästigung am Arbeitsplatz. Verboten sind sowohl direkte wie indirekte Diskriminierungen. Das GlG sieht Finanzhilfen für wegweisende Projekte und Beratungsstellen zur Förderung der Gleichstellung im Erwerbsleben vor. Aus: www.equality-office.ch

Fachhochschule Nordwestschweiz (FHNW), entstanden als Zusammenschluss der verschiedenen (Fach)-Hochschulen der Kantone Aargau, Basel-Landschaft, Basel-Stadt und Solothurn, umfasst insgesamt acht Hochschulabteilungen. Sie ist auf die vier Trägerkantone verteilt und besitzt unterschiedliche Standorte, darunter auch Olten.

Im Mai 2006 wurde vom Kanton Solothurn ein internationaler Projektwettbewerb im offenen Verfahren für einen Neubau der FHNW ausgeschrieben. Letzterer sollte die bestehenden Gebäude ergänzen, da die Studierendenzahl am Standort Olten mit den angesiedelten Hochschulen für Wirtschaft, Soziale Arbeit, Angewandte Psychologie und Optometrie in den letzten Jahren stark zugenommen hat und mit einem weiteren Zuwachs in den nächsten fünf Jahren gerechnet wird. Derzeit werden über 1'100 Studierende in Diplom- und Bachelor-Studiengängen und etwa 600 im Weiterbildungsbereich gezählt.

Mit dem Wettbewerbsbeitrag „Denkfabrik" ging im Januar 2007 unter 44 teilnehmenden Architekturbüros dasjenige der Bauart Architekten und Planer AG in Bern einstimmig als Sieger hervor (vgl. Abb. 1). In der abschließenden Würdigung des Preisgerichtes wird betont, dass „das Projekt durch die präzise Setzung in das heterogene Quartier, durch seinen eigenständigen Charakter sowie durch seine tiefen Kosten und durch die gute Erweiterbarkeit überzeugt. ... Insgesamt erfüllt es die Anforderungen an eine moderne Fachhochschule."[78]

Im Anschluss an das Wettbewerbsverfahren wurde die Verfasserin mit der Weiterbearbeitung des Beitrages beauftragt. Die erste der zwei Etappen sollte eine Nutzfläche von über 10'000 m^2 aufweisen, rund die Hälfte der überbaubaren Grundstücksfläche in Anspruch nehmen und etwa 1'000 Studierenden Platz bieten. Die veranschlagten Kosten betrugen circa 60 bis 80 Millionen Schweizer Franken. Auftraggeber ist der Kanton Solothurn, vertreten durch das Bau- und Justizdepartement.

1.3 Projektbeginn und -gruppe

Zum Zeitpunkt einer bereits fortgeschrittenen Vorprojektphase und einer beginnenden Kostenberechnung, nämlich im August 2007, erhält eine von Lares zusammen gestellte Fachfrauengruppe Einsitz in die operative Projektsteuerung. Die übrigen Mitglieder sind das Kantonale Hochbauamt, das gleichzeitig die Projektleitung innehat, das mit einem Generalplaner-Mandat beauftragte Architekturbüro Bauart Architekten und Planer AG sowie die FHNW als zukünftige Nutzerin (vgl. Abb. 2).

78 Bericht des Preisgerichtes, Projektwettbewerb Fachhochschule Nordwestschweiz FHNW in Olten, 8. Januar 2007, S. 26.

Abb. 1: Modellfoto Wettbewerbsprojekt „Denkfabrik“, FHNW Olten

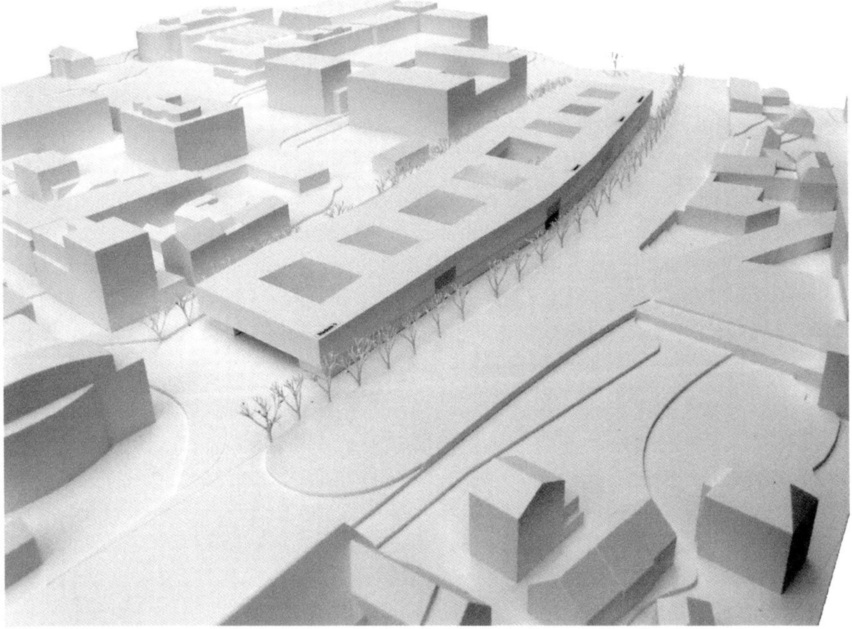

Bauart Architekten und Planer AG Bern

Die Fachgruppe besteht aus drei Fachfrauen mit unterschiedlichem fachlichen und genderspezifischen Hintergrund, die von Lares speziell für diese Aufgabe ausgewählt wurden:

- Barbara Zibell ist diplomierte Raumplanerin, promovierte Architektin ETH und Professorin für Planungs- und Architektursoziologie an der Leibniz Universität Hannover. Sie lebt und arbeitet in Thalwil bei Zürich, Büro StadtUmLand_Forschung.Planung.Beratung.
- Susanne Hofmann, Architektin und Farbgestalterin, ist selbstständig erwerbend in den Bereichen Architektur, Inneneinrichtung, Raum-, Verkehrs- und Landschaftsplanung tätig und hat einen Lehrauftrag für Projektarbeit mit Jugendlichen in Nennigkofen, Kanton Solothurn, inne.
- Ilinca Manaila, dipl. Architektin ETH SIA NDS, ist Teilhaberin eines Architekturbüros in Zürich und Dozentin im Fachbereich Entwurf und Konstruktion an der Hochschule für Technik in Zürich.

Abb. 2: Organigramm Operative Projektsteuerung FHNW Olten

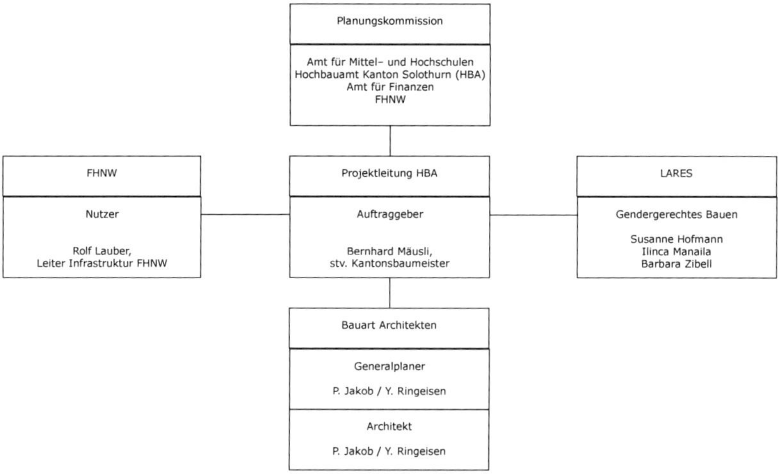

Pflichtenheft Version 02/15.10.2007, Bauart Architekten und Planer AG Bern, S. 6

1.4 Vorgehensweise und Ziel der Lares Fachfrauen

Für die Zeit von Anfang August bis Ende November 2007 - der Beendigung der Vorprojektphase - begleitete die Fachfrauengruppe die Koordinationssitzungen der Bauherrschaft. Die Gruppe nahm an mehreren Sitzungen teil, in denen unter anderem auch Aufklärungs- und Sensibilisierungsarbeit bezüglich Gender Mainstreaming geleistet wurde. Außer an einer Sitzung, an der die GenderKriterien näher erläutert wurden, nahm die zukünftige Nutzerin der Fachhochschule Nordwestschweiz an den gemeinsamen Sitzungen nicht teil. Im Zuge der viermonatigen Begleitung der Vorprojektphase erstellte die Fachfrauengruppe mehrere Papiere und Stellungnahmen zuhanden des Auftraggebers. Als Grundlage dienten die Vorprojektpläne der Bauart Architekten und Planer AG mit Zwischenständen vom 4. und 20. August 2007.

Ziel der Begleitung der Vorprojektphase durch die Lares Fachfrauengruppe war das Schaffen eines qualitativen Mehrwertes auf Grundlage des Gender Mainstreaming. Dabei galt es, zwischen genderspezifischer Fragestellung und phasengerechter, kostenrelevanter Qualitätssicherung zu unterscheiden und zu gewichten.

Der vorliegende Beitrag geht im Folgenden auf die einzelnen Arbeitsschritte ein, erläutert diese und stellt die daraus hervorgegangenen Papiere in chronologischer Abfolge vor. Eine rückblickende Zusammenfassung gibt einerseits Aufschluss über die allgemeine Akzeptanz gegenüber Gender Kriterien innerhalb der operativen Projektsteuerung, andererseits untersucht sie, ob und wie die oben erwähnte

Zielsetzung erreicht wurde. Zum Schluss wird in einem kurzen Ausblick über die geplante Weiterführung des Projektes berichtet.

2 Begleitung Vorprojektphase FHNW in Olten

2.1 Zeitlicher Verlauf

Die unten stehende Tabelle führt den Verlauf der Begleitung der Vorprojektphase durch die Lares–Fachfrauen auf, indem die Sitzungen mit allen daran Beteiligten sowie die jeweiligen inhaltlichen Schwerpunkte wiedergegeben sind (vgl. Abb. 3).

Abb. 3: Verlauf Begleitung Vorprojektphase

Datum	**Sitzung**	**TeilnehmerInnen (alphabetische Reihenfolge)**	**inhaltliche Schwerpunkte**
9.8.2007	Koordinationssitzung Bauherrschaft (KSBH), Solothurn	- Hr. A. Brand, Chef Amt für Mittel- und Hochschulen/Vorsitz - Fr. S. Hofmann, Mitarbeiterin *Lares* - Hr. B. Mäusli, stv. Kantonsbaumeister - Hr. A. Pergola, Leiter Bildungsbauten, Kant. Hochbauamt - Hr. Y. Ringeisen, Projektleiter bauart - Fr. B. Zibell, Leiterin *Lares*	- Projektinformation - Mitwirkung von *Lares* - Erwartungen
6.9.2007	Koordinationssitzung Bauherrschaft (KSBH), Solothurn	- Fr. S. Hofmann, Mitarbeiterin *Lares* - Fr. I. Manaila, Mitarbeiterin *Lares* - Hr. A. Pergola, Leiter Bildungsbauten, Kant. Hochbauamt - Hr. Y. Ringeisen, Projektleiter bauart - Fr. B. Zibell, Leiterin *Lares*	- Vorstellung Gender Kriterienkatalog
4.10.2007	Koordinationssitzung Bauherrschaft (KSBH), Olten	- Fr. B. Fäh, Stab Weiterbildung Direktion HSA - Fr. S. Hofmann, Mitarbeiterin *Lares* - Fr. I. Manaila, Mitarbeiterin *Lares* - Hr. B. Mäusli, stv. Kantonsbaumeister - Hr. A. Pergola, Leiter Bildungsbauten, Kant. Hochbauamt - Hr. Y. Ringeisen, Projektleiter bauart - Fr. B. Zibell, Leiterin *Lares*	- Besprechung Gender Kriterienkatalog - Besprechung Pflichtenheft - Besprechung Gestaltungsplan und Sonderbauvorschriften
15.11.2007	Koordinationssitzung Bauherrschaft (KSBH), Olten	- Hr. R. Lauber, Leiter Infrastruktur FHNW - Fr. I. Manaila, Mitarbeiterin *Lares* - Hr. B. Mäusli, stv. Kantonsbaumeister - Fr. B. Zibell, Leiterin *Lares*	- Information Pflichtenheft - Information Gestaltungsplan und Sonderbauvorschriften

2.2 Gender Kriterienkatalog

Da jede Bauaufgabe ihre spezifischen Eigenschaften und Merkmale besitzt, zum Zeitpunkt des Beginns der Begleitung jedoch keine GenderKriterien für die Bauaufgabe „Hochschule / Fachhochschule" vorlagen, wurden zunächst allgemein auf den Hochschulbau anwendbare Kriterien entwickelt. Danach erfolgte die konkrete Ausarbeitung derselben für den Neubau der Fachhochschule Nordwestschweiz in Olten.

Einerseits bildeten die Zielvereinbarungen der SIA-Empfehlungen 112/1 – „Nachhaltiges Bauen im Bereich Gesellschaft"[79] die Grundlage dazu. Sie waren bereits Bestandteil des vorliegenden Entwurfes zum Pflichtenheft gewesen und wurden, auf Anregung des Architekten, aus der Sicht der Gleichstellung ergänzt. Andererseits wurde sowohl in struktureller als auch in inhaltlicher Hinsicht der bereits vorhandene GenderKriterienkatalog für die Planung des neuen Bettenhauses in Erlangen[80] zu Hilfe genommen. Diese relativ pragmatische Vorgehensweise ergab sich nicht zuletzt aufgrund der vorhandenen Zeitnot und des von Seiten des Auftraggebers geäußerten Wunsches, keine breit angelegten, theoretischen Recherchen, sondern konkrete, auf den Vorprojektstand bezogene Arbeitspapiere zu erstellen.

Im Mittelpunkt der Betrachtung standen die Nutzer und Nutzerinnen und ihre sozialen Bedürfnisse - sowohl als AuftraggeberInnen während den einzelnen Projektphasen als auch als spätere BenutzerInnen der Fachhochschule. Daraus ließen sich funktionale Erfordernisse ableiten, die für die baulich-räumliche Umsetzung in Kriterien für die Bauaufgabe prägend waren (vgl. Abb. 4). Letztere wurden in Anlehnung an den erwähnten Erlanger Katalog für den Neubau der Fachhochschule Nordwestschweiz in folgende fünf Bau- und Kriterienbereiche gegliedert: Bauaufgabe, Innere Organisation, Baukörper, Innen-Außen- Beziehungen sowie Umfeld und Standort.

Anhand des entwickelten GenderKriterienkataloges (vgl. Abb. 5) wurden die Vorprojektpläne bezüglich ihrer räumlichen Qualitäten für die verschiedenen Nutzer- und Nutzerinnengruppen beurteilt (vgl. Abb. 6) und phasengerecht mittels drei verschiedenen Prioritätsstufen gewichtet.

79 Empfehlung SIA 112/1, Nachhaltiges Bauen – Hochbau, Ergänzungen zum Leistungsmodell SIA 112, 2004.

80 Gender-Kriterien im Krankenhausbau, Schlussbericht - Entwicklung und Überprüfung am Beispiel der Planung für das neue Bettenhaus der Chirurgischen Klinik an der Friedrich-Alexander-Universität Erlangen - Nürnberg, Universität Hannover, FB Architektur, Institut für Geschichte und Theorie, Abt. Planungs– und Architektursoziologie, Prof. Dr. sc. techn. Barbara Zibell, Dipl.-Ing. Kerstin Sailer, Dipl.-Ing. Anke Schröder, Erlangen / Hannover 2004, S. 20 ff, siehe Beitrag Schröder in diesem Band, S. 39-70.

Abb. 4: Ableitung Gender Kriterien

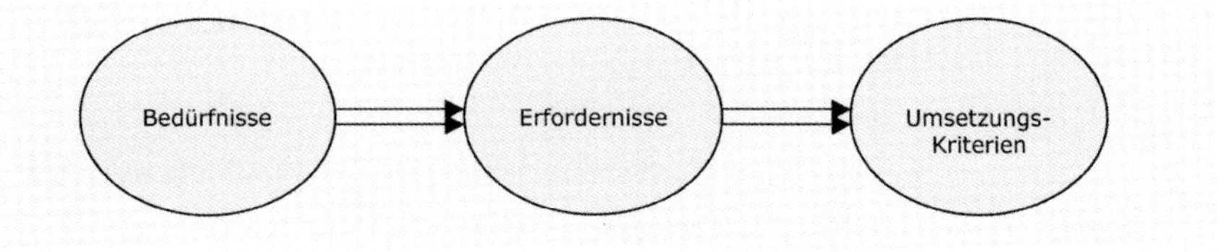

eigene Darstellung / Weiterentwicklung auf Grundlage Gender Kriterien im Krankenhausbau, Erlangen, vgl. Beitrag Schröder in diesem Band S. 39-70

Abb. 5: Kriterienkatalog Neubau Fachhochschule Nordwestschweiz Olten

Kriterienbereiche	**Soziale Bedürfnisse**	**Funktionale Erfordernisse**	**Baulich-räumliche Umsetzung**	**Kontrollfragen**	**Zuständigkeit**	**Realisierung** [1]			
						VP	BP	AP	AB
für alle Bauaufgaben	Differenzierung nach NutzerInnengruppen	- Verallgemeinerung der Anforderungen	- Zonierung, Dimensionierung, Ausstattung, Gestaltung Räume für unterschiedliche Bedarfslagen						
Bauaufgabe FH	Anforderungen der Lehrenden (ProfessorInnen, DozentInnen, Lehrbeauftragte, Assistierende); Studierende und Auszubildende; Sonst. MitarbeiterInnen (Sekretariate, Hausmeister, Service / Cafeteria, Putzpersonal...); BesucherInnen	- klare, eindeutige funktionale Zuordnungen im Gebäude - optimale Erfüllung der Anforderungen an die Schule: Lehren und Lernen, Studieren und Arbeiten, gemeinschaftliche und individuelle Nutzungen	- ausgewogenes Verhältnis zwischen nutzungsfixierten und nutzungsneutralen Räumen und Aufenthaltsbereichen		FHNW / Arch.	A			
			- maximales Mass an Flexibilität hinsichtlich künftiger Nutzungen		FHNW / Arch.	A			
Innere Organisation	Störungsfreies Miteinander / unterschiedliche und wechselnde Bedürfnislagen	- Trennung von Funktionsbereichen	- Rückzugsräume nach NutzerInnen getrennt	- flexible Arbeitszonen für wechselnde NutzerInnengruppen und Gruppengrössen? - Verminderung Einsicht Gruppenräume 2.OG?	FHNW / Arch.	A			
		- Flexibilität in der Nutzung	- Grundrissstruktur	- sind einzelne Räume nach Bedarf veränderbar?	FHNW / Arch.	A			
			- Schaltbarkeit Zimmer		FHNW / Arch.	A			
		- halböffentliche / halbprivate Begegnungszonen	- klare Abstufungen privat bis öffentlich		Arch.	A			
		- geringe Immissionen gemäss Vorschrift	- Schalldämmung (schallabsorbierende Materialien); Lärmschutz	- ruhiges Arbeiten neben gemeinschaftlicher Nutzung von Räumen in ausreichendem Mass möglich?	FHNW / Arch.	B			
		- Immissions- / Emissionsschutz	- RaucherInnenzonen		FHNW / Arch.	C			
	Räumliche Nähe, Kommunikation	- schnelle, bequeme Erreichbarkeit / kurze Wege	- Querbeziehungen, Zuordnung zusammenhängender Nutzungen		FHNW / Arch.	A			
		- Aufbewahrung, Ablage	- Schliessfächer / Garderoben / Kasten für Reinigungsmittel / Putzpersonal		FHNW / Arch.	A			
	Zurechtfinden	- Orientierung	- übersichtliche Grundriss- und Gebäudestruktur (horizontal und vertikal)		Arch.	A			
			- gleiche Nutzungen übereinander liegend anordnen		Arch.	B			
			- eindeutige Wegführung, Beschilderung, Leitsystem	- werden geschlechtsneutrale Formulierungen und Symbole verwendet?	FHNW / Arch.	C			
	Selbstbestimmung, Eigenständigkeit	- Zugänglichkeit für alle	- Barrierefreiheit / Rollstuhlgängigkeit überall	- gibt es Rampen, ausreichend Aufzüge, schwellenlose Übergänge?	FHNW / Arch.	A			
			- Schalter, Schwellen und Geländer	- wurden Anordnung von Schaltern, besondere Orientierungshilfen z.B. für Blinde berücksichtigt?	FHNW / Arch.	B			
	Ver- / Entsorgung	- Transport, Begegnung	- ausreichende Gangbreiten	- Vermeidung Engstellen im Korridorbereich?	Arch.	A			
		- Essen und Trinken	- min. 1 Teeküche / Getränkeautomat pro Etage	- sind einzelne Versorgungseinheiten mit minimalem körperlichen Einsatz zu erreichen?	FHNW / Arch.	A			
		- Toiletten, Wickeln	- min. 1 Sanitärblock EG vorsehen		FHNW / Arch.	A			
			- Sanitärblöcke übereinander liegend, ggf. wechselseitig anordnen (kurze Wege!)		FHNW / Arch.	B			
			- Wickeltische auf Damen- und Herren-, ggf. Behinderten-WC		FHNW / Arch.	B			
		- Abfallbewirtschaftung	- Zuordnung / Gestaltung Abfallsammelstelle Café		FHNW / Arch.	B			
			- genügend Abfalleimer; regelmässiger Unterhalt		FHNW / Arch.	C			
			- ökologische Anforderungen (zB. Wassertrennung)		Kt.SO / FHNW / Arch.	A			

Baukörper	Wohlbefinden, Geborgenheit / Behaglichkeit	- Überschaubarkeit	- Dimensionierung und Proportionierung Räume		FHNW / Arch.	A				
		- Gestaltung	- Beschaffenheit und Ausstattung: Oberflächen, Farben, Materialien	- gibt es rutschfeste Beläge?	FHNW / Arch.	C				
		- Licht / Helligkeit	- optimale Tageslichtnutzung - gute Beleuchtung		Arch. FHNW / Arch.	A B				
		- Raumluft	- geringe Belastung gemäss Vorschrift - Lüftung, Lüftungsflügel		FHNW / Arch. FHNW / Arch.	B B				
		- Strahlung	- geringe Immissionen gemäss Vorschrift		FHNW / Arch.	B				
		- Sommerlicher Wärmeschutz, Heizung	- hohe Behaglichkeit, Ausstattung, Beschaffenheit		FHNW / Arch.	B				
		- Lärm, Erschütterung	- geringe Immissionen gemäss Vorschrift		Kt.SO / FHNW / Arch.	B				
	Identifikation / Aneignung	- Gestaltung - Personalisierung Arbeitsplatz	- Kunst am Bau - individueller Arbeitsplatz, Gestaltungsmöglichkeiten	- gibt es Kunst am Bau? - Zeitpunkt des Einbezuges? Gleicher Anteil KünstlerInnen?	Kt.SO / FHNW / Arch. FHNW / Arch.	B B				
	Gemeinschaft und Rückzug	- Identifikation und Aneignung	- Räume zur freien Verfügung, temporäre Aufenthaltsmöglichkeiten	- genügend nutzungsneutrale Fläche zur spontanen Aneignung für wechselnde Bedürfnislagen?	FHNW / Arch.	A				
	Sicherheit	- persönlich	- Grundrissstruktur (Raumdimensionen) - Orientierungsmöglichkeit, Übersichtlichkeit - Sichtverbindungen		Arch. Arch. Arch.	A A A				
		- sozial	- Sicht- und Rufkontakt - Lift, Treppenaufgänge, Warteraum einsehbar - gute Beleuchtung - Tiefgarage: Wegführung, Übersichtlichkeit, Helligkeit		Arch. Arch. FHNW / Arch. FHNW / Arch.	A A B A				
		- formell	- Empfang, Zugangskontrolle - Überwachungspersonal	- Sicherheitsdienst?	FHNW / Arch. FHNW / Arch.	B C				
	Kontakte	- Begegnung (Kommunikation)	- Gemeinschaftsräume und Aufenthaltsbereiche - Angliederung Cafeteria an Osteingang - Verweilzonen OG's mit Ausblick		FHNW / Arch. FHNW / Arch. FHNW / Arch.	A B A				
	Äussere Gliederung	- Aussenhaut	- Fassadengestaltung und Gliederung, z.B. Kennzeichnung und Erkennbarkeit besonderer Räume (Aufenthalt)		FHNW / Arch.	B				

Innen-Aussen-Beziehungen	Auffinden der Zugänge	- Orientierung	- Eingangsgestaltung, Beleuchtung, Leitsystem - eindeutige Wegführung	- sind Zugänge von aussen und innen leicht zu finden?	Arch. Arch.	A A				
	Wahlfreiheit des Zugangs	- Zugänglichkeit für alle	- Schwellenfreiheit, Zonierung, Überdachung, Abstellflächen	- gibt es mehrere Ein- und Ausgänge?	FHNW / Arch.	B				
	Blickkontakt vs. Sichtschutz	- Transparenz vs. Abschirmung	- Jalousien, Rollläden; Vorhänge	- individuell steuerbare Systeme vorsehen	FHNW / Arch.	B				
Umfeld und Standort	Umfeld- / Aussenraumqualität	- Vielfalt der Gestaltung - vielfältige Nutzbarkeit	- unterschiedlich gestaltete Flächen und Sitzgelegenheiten	- nach unterschiedlichen Bedürfnissen der NutzerInnen getrennte Frei- und Aussenbereiche	Stadt Olten / Arch. / Landschaftsarch.	A				
	Bewegung, frische Luft / Aufenthalt im Freien	- Nutzbarkeit des Aussenraumes - Anregung und Aneignungsmöglichkeiten	- gebäudenahe, einladende Freiraumgestaltung		Stadt Olten / Landschaftsarch.	A				
	Sicherheit	- Minimierung von Nutzungskonflikten	- Einsehbarkeit, Übersichtlichkeit - Beleuchtung		FHNW / Arch. / Landschaftsarch. FHNW / Arch. / Landschaftsarch.	A B				
	Auffinden des Gebäudes von ausserhalb	- Orientierung des Bauwerks und seiner Zugänge	- logische Wegführung, Leitsystem von allen Richtungen aus		Stadt Olten / Arch.	A				
	Ankommen und Wegfahren /-gehen	- ÖV - mIV - bringen und holen	- guter Anschluss an ÖV-Netz (SBB, Bus), Zufahrten, Zugänge - Stellplätze für verschiedene Verkehrsmittel: PW, Velo, Kinderwagen, versch. HPM[2]-Fahrzeuge - Vorfahrt, Taxistand	- gibt es möglichst viele Stellplätze in Tiefgaragen? - ausreichende Beleuchtung (wenn möglich Tageslicht bzw. helle Farbgestaltung)? - Abstellbereiche für Velos u.a. individuelle Verkehrsmittel?	Stadt Olten / Arch. / Landschaftsarch. FHNW / Arch. Stadt Olten / FHNW / Arch. / Landschaftsarch.	A A A				
	Vereinbarkeit von Beruf und Familie	- Kinder am Arbeitsplatz - Kindertagesstätte im Gebäude oder in erreichbarer Nähe	- kurzfristige Spielmöglichkeiten; Wickeltische - Kindertagesstätte in unmittelbarer Nähe zum Hauptbau - Aussenraumgestaltung und Anbindung Kita		Stadt Olten / FHNW / Arch. / Landschaftsarch. Stadt Olten / FHNW / Arch. / Landschaftsarch. FHNW / Arch. / Landschaftsarch.	A A B				

Lares Fachfrauen, Hofmann, Manaila, Zibell, Oktober 2007

1 Realisierung: VP Vorprojektphase, BP Bauprojektphase, AP Ausführungsphase, AB Abschlussphase; Prioritäten (phasengerecht): A hoch, B mittel, C: niedrig

2 HPM = human powered mobility

Gemäß GenderKriterienkatalog wurden unter anderem die folgenden Kriterienbereiche einer qualitativen Prüfung unterzogen:

Innere Organisation

Bezüglich der inneren Organisation wurden für die sozialen Bedürfnisse eines störungsfreien Miteinanders beziehungsweise unterschiedlicher und wechselnder Bedürfnislagen die folgenden funktionalen Erfordernisse sowie ihre baulich-räumliche Umsetzung untersucht: Die Trennung einzelner Funktionsbereiche erfordert nach NutzerInnen getrennte Rückzugsräume (vgl. Abb. 6); die Flexibilität in der Nutzung ist mittels Grundrissstruktur und mittels Schaltbarkeit der Zimmer umsetzbar; die klare Differenzierung der Raumstruktur in verschiedenen Öffentlichkeitsgraden wird durch verschiedene Abstufungen von privat bis öffentlich erreicht. Die Ver- und Entsorgung als weitere wichtige soziale Bedürfnisse wurden hinsichtlich ihrer Lage, Zuordnung, Gestaltung und Dimensionierung der Sanitärbereiche beurteilt.

Abb. 6: Planvisualisierung Störungsfreies Miteinander

Planstand vom 20.8.2007, Bauart Architekten und Planer AG Bern, Hervorhebungen durch die Lares Fachfrauengruppe

Baukörper

Beim Kriterienbereich Baukörper stand die Sicherheit an erster Stelle, wobei folgendermaßen differenziert wurde: Bezüglich persönlicher Sicherheitsaspekte sind die Orientierungsmöglichkeit, die Übersichtlichkeit sowie die Sichtverbindungen maßgebend. Bezüglich sozialer Sicherheitsaspekte sind der Sicht- und Rufkontakt, die Einsehbarkeit von Lift und Treppenaufgängen, eine gute Beleuchtung sowie die Wegführung und die Übersichtlichkeit in der Tiefgarage bestimmend. Die formellen Sicherheitsaspekte lassen sich beispielsweise mittels Empfang, Zugangskontrolle und nächtlichem Überwachungspersonal umsetzen. Ebenfalls wurde die äußere Gliederung des Baukörpers - im Hinblick einer Maßstäblichkeit der Fassade - untersucht.

Umfeld und Standort

Für Umfeld und Standort wurde der Vereinbarkeit von Beruf und Familie besondere Gewichtung geschenkt. Für Kinder am Arbeitsplatz wurden kurzfristige Spielmöglichkeiten und Wickeltische vorgeschlagen. Eine Kindertagesstätte im Gebäude oder in unmittelbarer Nähe mit entsprechender Außenraumgestaltung und Anbindung an die Kindertagesstätte wurde gleichfalls prioritär eingestuft.

Erstmals wurde der Kriterienkatalog an der Koordinationssitzung Bauherrschaft am 6. September 2007 dem stellvertretenden Projektleiter seitens des Kantonalen Hochbauamtes und dem Projektleiter seitens der Architekten vorgestellt. In dieser Arbeitsbesprechung wurden unter anderem die Zonierung und Ausgestaltung der Cafeteria und der Mediothek in der Nähe des Eingangsbereiches besprochen. Die Lares-Gruppe wies darauf hin, dass die Cafeteria mit dem Bau der zweiten Etappe von außen ihren öffentlichen Charakter und ihre Auffindbarkeit verlieren würde. Da die Cafeteria bloß für den internen Gebrauch bestimmt ist, bleibt ihre gebäudemittige Anordnung. Einigkeit herrschte bei der Bedeutung der Verweil- und Begegnungszonen in allen Geschossen: Da Wissen über Kommunikation produziert wird, ist das Vorsehen von Raum für spontane Begegnungen sehr wichtig.

Im Rahmen der am 4. Oktober 2007 stattfindenden, workshopähnlichen Präsentation mit der operativen Projektsteuerung wurde der GenderKriterienkatalog eingehend vorgestellt und diskutiert. Die Reaktionen fielen grundsätzlich positiv aus; es wurde festgehalten, dass der Katalog eine zusätzliche qualitative Überprüfung des Bauprogramms darstellt. Die Vertreterin der Fachhochschule betonte die Wichtigkeit einer Berücksichtigung der vorgeschlagenen Flexibilität, da sich die Schule „im ständigen Wandel“ befände. Als direkt betroffene Nutzerin unterstrich sie auch die Bedeutung für das Projekt, die GenderAnforderungen während sämtlichen Projektphasen – bis hin zur Bauvollendung – einzubeziehen.

Die Aufnahme des Kataloges in das Pflichtenheft der Architekten (vgl. Kap. 2.3) wurde vom Auftraggeber vorgeschlagen und allgemein begrüßt. Auf Anregung seitens des Hochbauamtes und des Architekten wurde der Katalog von den Lares Fachfrauen in der Folge so überarbeitet, dass die einzelnen Kriterien den Realisierungsmaßnahmen und Prioritäten phasengerecht, nämlich für Vorprojekt, Bauprojekt, Ausführung und Abschlussphase, zugeordnet werden können. Für die Erfolgskontrolle sind jeweils klare und geregelte Phasenabschlüsse wichtig.

Den Lares Fachfrauen wurde die Begleitung und die qualitative Überprüfung des Neubaus der Fachhochschule durch Einsitz in die operative Projektsteuerung für die weiteren Projekt- und Bauphasen in Aussicht gestellt.

An derselben Koordinationssitzung stellte der Auftraggeber den Entwurf des Gestaltungsplanes und der dazugehörenden Sonderbauvorschriften (vgl. Kap. 2.4) vor. Deren Überprüfung aufgrund des Gender Mainstreaming wurde im Hinblick auf die bevorstehende öffentliche Auflage ebenfalls in Auftrag gegeben.

2.3 Einbindung ins Pflichtenheft

Das als Grundlage für die Planung dienende Pflichtenheft[81] war von der mit einem Generalplanermandat beauftragten Bauart Architekten und Planer AG in Zusammenarbeit mit den betroffenen Fachplanern anfangs August 2007 in einer ersten Fassung erstellt worden. Im Oktober 2007 wurden von den Lares Fachfrauen die im Sinne des Gender Mainstreaming ergänzenden Textteile in das Pflichtenheft integriert und der GenderKriterienkatalog in den dazugehörenden Anhang aufgenommen.

Die im Pflichtenheft aufgeführten Zielvereinbarungen der SIA-Empfehlung 112/1[82] zum nachhaltigen Bauen wurden, insbesondere im Bereich Gesellschaft, vom Lares Team geprüft. Dabei wurde deutlich, dass die Gender Kriterien weit über die eher technisch–ökologisch formulierten Zielvereinbarungen der SIA Norm – räumliche Identität und Wiedererkennung, Licht, Raumluft und sommerlicher Wärmeschutz – hinaus reichen. Die Qualitätsziele und -kriterien zur Prüfung der Geschlechtergerechtigkeit im Sinne einer nachhaltigen Entwicklung wurden in einem eigenen Abschnitt des Pflichtenheftes ergänzt, die nachfolgend aufgeführten Textbausteine und Grafiken wurden in das Kapitel Nutzung integriert beziehungsweise in ein zusätzliches Kapitel Zonierung Räume / Raumstruktur aufgenommen.

81 „Das Pflichtenheft wird mit der Absicht geschrieben, alle bau- und betriebsrelevanten Vorgaben schriftlich festzuhalten. Es bildet die Basis und hält die Randbedingungen fest für die konzeptionellen und planerischen Arbeiten. ... Ziel ist es, dieses Pflichtenheft innerhalb des Generalplanerteams und zusammen mit dem Bauherrn zu erarbeiten. Es ist phasengerecht durch den Bauherrn zu genehmigen und freizugeben. Das Projektpflichtenheft gilt während der Ausarbeitung des Projektes bis zur Phase der Betriebsoptimierung für alle als verbindliche Vorgabe." Aus: Pflichtenheft Version 02/15.10.2007, Bauart Architekten und Planer AG, S. 5.

82 Der Schweizerische Ingenieur- und Architektenverein (SIA), maßgebender Berufsverband für den Hoch- und Tiefbau, erlässt unter anderem Normen, Empfehlungen und vieles mehr für die Fachleute des SIA. Die SIA-Empfehlung 112/1 „Nachhaltiges Bauen" bezweckt die Übertragung eines allgemeinen Nachhaltigkeitsverständnisses auf das Bauwesen.

Unterschiedliche Nutzungsbedürfnisse

Im dritten Kapitel des Pflichtenheftes werden die fachübergreifenden Ziele und Grundlagen festgehalten – unter anderem ein quantitativer Nachweis des Raumprogramms über Anzahl der Personen und m2–Angaben. In qualitiativer Ergänzung wurde von den Lares Fachfrauen in Anlehnung an das erwähnte Erlanger Projekt eine Matrix als Denkstruktur zuhanden des Auftraggebers und des Architekten entwickelt, die die unterschiedlichen NutzerInnengruppen und deren mögliche soziale Eigenschaften aufführt (vgl. Abb. 7). Die auf die Bauaufgabe Hochschule bezogene Struktur unterscheidet nicht nur zwischen Dozierenden und Studierenden, sondern führt weitere Differenzierungen im Bereich der Beschäftigten, insbesondere auch des ServicePersonals, und der BesucherInnen ein.

Abb. 7: Matrix unterschiedlicher Nutzungsbedürfnisse

	Geschlecht	Alter	Familienstand	Herkunft
Beschäftigte				
ProfessorInnen Dozierende Lehrbeauftragte Assistierende				
Studierende Auszubildende	56% m 44% w	60% > 25 Jahre 25% 26-30 Jahre 15% über 31 Jahre Durchschnittsalter 26.2	9% verheiratet 87% ledig 4% anderes	84% SchweizerInnen 6% BildungsinländerInnen 10% BildungsausländerInnen
Technische und VerwaltungsmitarbeiterInnen				
Sonstige MitarbeiterInnen				
Sekretariate				
Service-Personal				
Hausmeister				
BesucherInnen				
Auswärtige				

eigene Darstellung / Weiterentwicklung auf Grundlage Gender Kriterien im Krankenhausbau, Erlangen, vgl. Beitrag Schröder in diesem Band S. 39-70

Ein wesentliches Ziel bei der Berücksichtigung der unterschiedlichen Nutzungsbedürfnisse ist die Gewährleistung eines weitestgehend störungsfreien Miteinanders, so wie es im Kriterienkatalog unter Innere Organisation aufgeführt und beschrieben wird. Des Weiteren sind für die Ver- und Entsorgung ausreichende Gangbreiten und kurze Wege für Begegnung und für Transport - vor allem auch für Mitarbeitende - unabdingbar. Die Untersuchung der NutzerInnenbedürfnisse und ihrer Bewegungsradien ermöglicht Rückschlüsse auf die Zuordnung und optimale Verortung der verschiedenen Nutzungen im Gebäude; beispielsweise wurde seitens Lares das Vorsehen von Sanitäranlagen, ergänzend zu den geplanten, auch im Erdgeschoss vorgeschlagen.

Die an der Koordinationssitzung Bauherrschaft vom 4. Oktober 2007 vorgestellte und eng mit dem Gender Kriterienkatalog verknüpfte Matrix der unterschiedlichen Nutzungsbedürfnisse wurde, nicht zuletzt seitens der Vertreterin der Fachhochschule, äußerst positiv aufgenommen. Die Matrix wurde als Anhang des Pflichtenheftes integriert.

Zonierung Räume und Raumstruktur

Aus der differenzierten Betrachtung der NutzerInnen und der Nutzungsqualitäten ergab sich eine sorgfältige Zonierung der Räume (vgl. Abb. 8), die von öffentlichen über halböffentliche und halbprivate Nutzungen bis hin zur individuellen Raumaneignung der „privaten" Büros reicht.

Abb. 8: Zonierung der Räume und unterschiedliche Öffentlichkeitsgrade

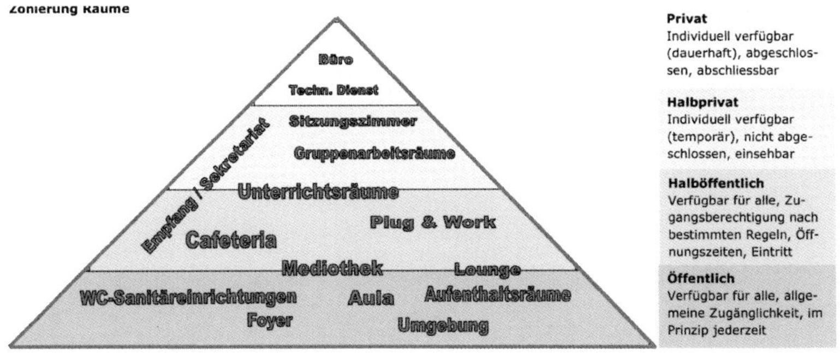

Lares Fachfrauen, Hofmann, Manaila, Zibell, Oktober 2007

Die räumliche Unterscheidung in der Vertikalen entspricht der architektonischen Grundkonzeption, die von Anfang an, das heißt bereits im Wettbewerbsprojekt, von unten nach oben abnehmende Öffentlichkeitsgrade vorsah. Eine differenzierte Zonierung der Räume lässt sich jedoch auch in der Horizontalen, nämlich pro Geschossebene, anwenden. Wichtig sind unter anderem die als Begegnungsräume dienenden Zwischenzonen, die vielfältig nutzbar sein sollten. Ausgehend von dieser Betrachtungsweise lassen sich die erforderliche Flexibilität sowie, in einer späteren Phase, die Materialisierung und Ausgestaltung der Räume herleiten. Auf eine ausreichende Dimensionierung der halböffentlichen und halbprivaten Räume ist zu achten.

Die ebenfalls an der Koordinationssitzung Bauherrschaft vom 4. Oktober 2007 vorgestellte und diskutierte Zonierung der Räume ist im Pflichtenheft unter den allgemeinen Vorgaben und Grundlagen, in einem eigenen Kapitel 3.5, ergänzt worden.

2.3 Gestaltungsplan und Sonderbauvorschriften

In einem nächsten Arbeitsschritt wurde das „Gendern" des Gestaltungsplanes und der Sonderbauvorschriften[83] mit einem Zwischenstand vom 4. September 2007 vollzogen. Dies erfolgte im Hinblick auf die öffentliche Planauflage, die während dreißig Tagen, mit Beginn am 9. November 2007, stattfinden sollte.

In der von der Lares Gruppe verfassten Stellungnahme vom 18. Oktober 2007 wurden unter anderem die folgenden Punkte erwähnt und vorgeschlagen:

- Bezüglich des vorgesehenen Geltungsbereiches sind eine möglichst weiträumige Fassung des Gestaltungsplanes sowie eine durchgehende Gestaltung der öffentlichen Räume – vom Bahnhof bis zum neuen Standort der Fachhochschule – erwünscht.
- Für den Teilzonenplan[84] wird eine Umzonung des gesamten Perimeters in die angrenzende Kernrandzone vorgeschlagen.
- Das Vorsehen einer oder mehrerer Zwischennutzungen ist erwünscht.
- Menschen mit unterschiedlichen Arten von Behinderungen sowie Kinder sind bei Erschließung und Parkierung besonders zu berücksichtigen.
- In der Freiraumgestaltung sollen dem Langsamverkehr sowie einer möglichen Erhaltung der bestehenden Bäume Beachtung geschenkt werden.

An der letzten Koordinationssitzung Bauherrschaft vom 15. November 2007, an der der Projektleiter des Kantonalen Hochbauamtes, der Leiter der Infrastruktur FHNW sowie die Lares Fachfrauen teilnahmen, berichtete der Projektleiter Herr Bernhard Mäusli über zum Teil intensive Diskussionen betreffend der Stellungnahme von Lares zu den Sonderbauvorschriften zwischen den daran Beteiligten – dem Raumplanungsamt des Kantons Solothurn, der Stadt Olten, dem Hochbauamt des Kantons Solothurn sowie den Architekten. Mehrere der vorgeschlagenen Punkte wurden erfolgreich im Gestaltungsplan und in den Sonderbauvorschriften vom 23. Oktober 2007 integriert:

83 Die Nutzungsplanung der lokal und kantonal variierenden Bauvorschriften bezweckt die Umsetzung eines jeweiligen Projektes. In der Regel besteht die Planung aus einem Teilzonenplan, einem Gestaltungs- und Erschließungsplan sowie den in Textform verfassten Sonderbauvorschriften. Aus: Teilzonenplan, Gestaltungs– und Erschließungsplan von Roll Strasse – Aarauerstrasse – Tannwaldstrasse, GB Olten Nr. 3027, 5051, 23.10.2007, Einwohnergemeinde Olten, S.1.

84 Der schweizerische Zonenplan entspricht dem deutschen Flächennutzungsplan mit dem Unterschied, dass dieser bereits eigentümerverbindlich ist und somit Baurecht schafft; der Teilzonenplan entspricht im Grunde einer Teiländerung bzw. gleichzeitig dem deutschen Bebauungsplan, der die Art und das Maß der baulichen Nutzung festsetzt.

- Der Vorschlag temporärer Zwischennutzungen auf dem durch die Etappierung noch nicht überbauten Terrain wurde in den Sonderbauvorschriften aufgenommen.
- Besondere Aufmerksamkeit gilt der behindertengerechten Ausgestaltung der Erschließung sowie dem Vorsehen genügender und ebenerdig zugänglicher Abstellpätze für den Langsamverkehr.
- Die Freiraumgestaltung wird vor allem in der nächsten Projektierungsphase ausgearbeitet; für die Gestaltung der Aussenplätze ist die Beteiligung von Lares erwünscht.

Da für den Geltungsbereich die Erweiterung des Perimeters[85] schwierig umsetzbar ist, bleibt dieser in seiner ursprünglich vorgesehenen Größe innerhalb der betroffenen Parzellen.

Im Teilzonenplan ist eine Umteilung der ehemaligen Kernrandzone in die Gewerbezone mit Wohnanteil vorgesehen, weil letztere eine größt mögliche Flexibilität zulässt (hier wurden die Vorschläge der Lares Fachfrauen nicht umgesetzt).

2.4 Weiteres Verfahren

Im Sommer und Herbst 2007 wurde das Vorprojekt mitsamt Kostenberechnung ausgearbeitet. Die mit einem Genauigkeitsgrad von ± 10% relativ genaue Berechnung für diese Phase wurde unter anderem für das Erstellen eines Subventionsgesuches an das Bundesamt für Berufsbildung und Technologie (BBT) benötigt. Eine gegenüber dem Wettbewerb resultierende Kostenüberschreitung liegt in den im Laufe der Überarbeitung geänderten Rahmenbedingungen und Anforderungen gegenüber dem ursprünglichen Wettbewerbsprojekt begründet – und nicht in der Berücksichtigung des Gender Mainstreaming. Es bleibt zu hoffen, dass das Vorprojekt auch nach der geplanten weiteren Überarbeitung bezüglich Kosten seine ursprünglichen architektonischen Qualitäten beibehalten wird.

Die Volksabstimmung für den Kredit wird, nach Genehmigung des Vorprojektes und der Kostenberechnung seitens politischer Instanzen, voraussichtlich im September 2008 erfolgen. Der Baubeginn ist im Jahr 2009, die Bauvollendung und Inbetriebnahme der ersten Etappe der neuen Fachhochschule im August 2012 vorgesehen.

---

85 Umfang einer ebenen geometrischen Figur; im Schweizerdeutschen Ausdruck für ein bestimmt abgegrenztes Gebiet, Planungsgebiet.

3 Schlussbemerkungen

Die Zusammenarbeit mit dem Hochbauamt des Kantons Solothurn war sehr erfolgreich, nicht zuletzt dank der Umsicht und der Unterstützung des zuständigen Projektleiters und stellvertretenden Kantonsbaumeisters Herrn Bernhard Mäusli. Der beschriebene Prozess war jedoch auch von anfänglichen Stolpersteinen geprägt, die im Folgenden kurz beschrieben und analysiert werden.

Die allgemeinen Schwierigkeiten lassen sich auf zwei Pukte zurückführen:

- Der erste Punkt besteht darin, dass - bedingt durch die Zeitnot und durch den finanziellen Druck - auf einer Ebene, die nicht über eine gesamthafte Entscheidungsgewalt verfügte, nämlich auf der Ebene der Mitarbeiter, gewisse Widerstände entstanden. Da Gender Mainstreaming als Top-down-Prinzip jedoch stets auf der Führungsebene einzusetzen hat, ist dieser Punkt ein Aspekt, der überwiegend strukturell, so zum Beispiel durch entsprechende Weiterbildungsmaßnahmen (GenderTrainings) innerhalb der Verwaltung und nur auf Dauer, zu bewältigen ist.
- Der zweite Punkt ist derjenige, dass Gender Fragen immer auch politische Fragen sind, die eine gewisse politische Haltung im Hinblick auf die Gleichstellung von Frau und Mann offen legen. Um eine entsprechende Polarisierung zu vermeiden, sollte deshalb immer der qualitative und fachliche Mehrwert im Vordergrund stehen. Ein GenderBewusstsein lässt sich nicht verordnen, sondern muss durch Überzeugung entstehen; die entsprechende Überzeugungsarbeit war im beschriebenen Prozess am Anfang jeder Sitzung notwendig.

Vom zeitlichen Ablauf her lässt sich festhalten, dass Gender Mainstreaming – in diesem Fall – relativ spät in den Planungsprozess integriert wurde. Das Vorprojekt ist nicht nur aus Gender Sicht noch unzureichend, sondern weist auch aus architektonischer Sicht ein gewisses Optimierungspotenzial gegenüber dem Wettbewerbsbeitrag auf. Die im GenderKriterienkatalog aufgeführten und auf die konkrete Bauaufgabe bezogenen Kriterien können, im Sinne einer qualitativen Argumentationshilfe, das architektonische Projekt unterstützen sowie Sicherheit vor allem auch bei „weichen" Entscheiden bieten. Dies zum Beispiel in dem Sinne, dass den Begegnungszonen als informellen Orten des Wissenstransfers genügend Raum zugesprochen oder dass der Flexibilität eines sich im steten Wandel befindenden Schulbetriebes gebührende Beachtung geschenkt wird.

Mit der Zeit konnten die Widerstände nicht nur abgebaut, sondern erfolgreich in die Arbeitspapiere integriert beziehungsweise in verbindliche Spielregeln für die weitere Bearbeitung umgesetzt werden. Das Ergebnis der Begleitung der Vorprojektphase durch die Gender Fachfrauen, die Akzeptanz und Begrüssung von Gender-

Kriterien und Stellungnahmen zur Qualitätssicherung durch den Auftraggeber und den Architekten sowie ihre Integration in Pflichtenheft und Gestaltungsplan zeugen davon. Als zusätzlicher Erfolg ist die Zusage des zuständigen Projektleiters, Herrn Bernhard Mäusli, zu werten, dass die von Lares gestellte Fachfrauengruppe Einsitz erhalten soll in die operative Projektsteuerung für die weiteren Projektphasen - Bauprojekt- und Ausführungsphase - sowie für die Begleitung der Freiraumplanung. Dazu gehören auch phasengerechte Überarbeitungen der verschiedenen Arbeitsinstrumente - unter anderem des Pflichtenheftes und des Gender Kriterienkataloges - für den Neubau der Fachhochschule Nordwestschweiz in Olten.

Abschließend lässt sich feststellen, dass - ohne die große Aufnahmebereitschaft und ohne die positive Rezeption gegenüber Gender Mainstreaming seitens des Kantonalen Hochbauamtes und seitens der Bauart Architekten und Planer AG - die oben beschriebenen Schritte in diesem kurzen Zeitraum kaum möglich gewesen wären.

„Durch den Beizug von Lares konnte die Projektleitung ihren Anspruch auf eine ganzheitliche Betrachtungsweise sicherstellen. Lares bedeutet die Gewähr, dass die vielseitigen Anforderungen der künftigen Nutzer und Nutzerinnen weit- und umsichtig in die Planung einfließen und bei der Ausführung des Projektes auch umgesetzt werden.“

Bernhard Mäusli, Stv. Kantonsbaumeister, Hochbauamt Kanton Solothurn, www.lares.ch (22.02.08)

Barbara Zibell

GENDER BUILDING. SIEBEN ÖFFENTLICHE BAUTEN IM QUERVERGLEICH

Der vorliegende Band stellt sieben im deutschsprachigen Raum bekannt gewordene Projekte öffentlicher Bauten vor, in denen Gender Mainstreaming eine Rolle spielte. Es handelt sich um Projekte, die im Zeitraum von August 2002 bis November 2007 auf unterschiedliche Weise einer Gender Begleitung unterzogen wurden. Was kann als Ergebnis nun festgehalten werden? Bringt Gender Mainstreaming (GM) einen Mehrwert? Oder ist es nur eine lästige Begleiterscheinung, die viel Zeit kostet, aber kaum Ertrag bringt?

Eine Beurteilung der Ergebnisse orientiert sich zunächst einmal an den Produkten: Was ist an unmittelbar Greifbarem herausgekommen?

Die sieben Projekte im Quervergleich

	Landhaus II Innsbruck (A)	**Bettenhaus Uniklinik in Erlangen (D)**	**Amtshaus St. Gallen (CH)**	**Heinrich-Böll-Stiftung Berlin (D)**	**Bundesamt BVL in Braunschweig (D)**	**Bushof und Tiefgarage Schaan (FL)**	**FHNW in Olten (CH)**
Projekt	Neubau	Neubau	Analyse Bestand	Neubau	Neubau	Neubau	Neubau
Nutzung	Verwaltung Land	Gesundheitswesen	Verwaltung Kanton	Verwaltg Hauptsitz Bildung, Kultur	Verwaltung Labore	Verkehr Infrastruktur	Bildung
Modellcharakter	Öffentlichkeit durch Symposium		Interreg Umsetzungsbeispiel			Interreg Umsetzungsbeispiel	Lares Pilotprojekt
Produkt	Checkliste Symposium und Dokumentation Internet	Kriterienkatalog GenderGutachten Internetpräsentation	Kriterienkatalog Datenbank beide im Internet	Gender- Diversity-Kriterienmatrix Gender ScoreCard	GenderBausteine im Auslobungstext GenderKriterien Vorprüfungs- und Prüfbericht	GenderKriterien GenderGutachten	Kriterienkatalog Aufnahme in Pflichtenheft des Architekten und planungsrechtl. Instrumente
Prozess	Einstieg nach Wettbewerb	Einstieg nach Wettbewerb	Auswahl als Umsetzungsbeispiel	Einstieg vor Wettbewerb	Einstieg vor Wettbewerb	Einstieg während Überarbeitung	Einstieg während Überarbeitung
Meilensteine	Symposium auf der Baustelle	zwei interne Workshops	zwei Trainings für Führungskräfte, 10 Arbeitssitzungen	Gespräche mit Aufsicht führender Behörde	zwei interne Arbeitssitzungen, Planungsgespräch	zwei Workshops mit Beteiligten	vier Sitzungen Koord. Bauherrschaft / Arch.
Zeitraum	08/02 bis 07/05	04/04 bis 09/04	11/04 bis 01/06	2003 -2006	07/05 bis 01/06	08/06 bis 01/07	08/07 bis 11/07
Stand des Verfahrens	realisiert	zum Bau freigegeben	abgeschlossen	im Bau	im Prüfverfahren	im Bau	Vorprojekt zur Volksabstimmung

Struktur							
AuftraggeberIn	Tiroler Landesregierung / Frauenreferat	Oberste Baubehörde im Bayr. Staatsmin. d. Innern, Abt. Staatl. Hochbau	Baudepartement Kanton St. Gallen	Heinrich-Böll-Stiftung, Geschäftsführerin	Nds. Innenministerium, Oberfinanzdirektion, Landesbauabteilung	Fürstentum Liechtenstein, Stabsstelle für Landesplanung	Hochbauamt Kanton Solothurn / LARES Schweiz
AuftragnehmerInnen	Freie Architektin / externe Gender-Expertin	Uni Hannover, FB Architektur, GenderExpertinnen	Freie Architektinnen, externe Gender-Expertinnen	Referent für Geschlechterdemokratie (intern)	Uni Hannover, Fak. Arch. u. Landschaft, GenderExpertinnen	Freie Architektin und Planerin (GenderExpertinnen)	LARES Fachfrauengruppe (Gender-Expertinnen)
Weitere Beteiligte	Land Tirol, Abt. Hochbau Architektenteam	Universitätsbauamt Erlangen Freie Architektin	Stv. Kantonsbaumeister, stv. Kantonsingenieur, stv. Leiter und Mitarbeiterin Rechtsabt.	Lenkungsgruppe aus GF, Abt.leiter IT, Mitarbeiterin Immo-AG, Leiter Finanzabteilung, Architekt	Staatl. Baumanagement II Baukoordinator, Gleichstellungsbeauftragte (BVL) Architekt und Freiraumplanerin	Projektleitung Hochbauamt, Tiefbauamt: Abt.leiter Straßenbau, Leiterin Rechtsdienst / Steuerverwaltung, Stabsstelle für Chancengleichheit Liechtenstein Busanstalt, Verkehrsclub Liechtenstein Ortsplaner Schaan, Architekturbüro	Leiter Planungskommission, stv. Kantonsbaumeister, ltd. Mitarbeiter Kant. Hochbauamt, stv. Direktorin FHNW, Architekt

Eigene Auswertung 05.2008

Die Produkte

Da erst eines der sieben Projekte realisiert worden ist, lässt sich das zumindest kaum an fertigen Bauwerken messen, lediglich am Landhaus 2 in Innsbruck. Das Gebäude ist auffallend gut gelungen, es ist licht und transparent, hell und freundlich gestaltet, wirkt einladend und weist eine Reihe an Aufenthaltsqualitäten auf. Für ein Amtshaus hat es auffallend weite Flurbereiche, in denen nicht nur Platz, sondern großzügig bemessener Raum ist für Begegnung und Verweilen. Von hier aus sieht man sowohl in den begrünten, mit Kunst versehenen Innenhof wie auch nach draußen, in die Stadt hinein. Überhaupt steht das Landhaus völlig am richtigen Ort – mitten im urbanen Treiben und nur wenige Gehminuten vom Hauptbahnhof entfernt. Es ist also optimal erreichbar und es bietet nicht nur den Beschäftigten, sondern auch allen Vorbeikommenden eine Oase, eine Restauration mit Plätzen zum Ausruhen, drinnen wie draußen.

Nicht alles, was besticht an diesem Bauwerk, ist selbstverständlich eine Folge von Gender Mainstreaming; die zugrunde liegende Architektur, hervorgegangen aus einem Projektwettbewerb, spielt dabei ohne Zweifel eine tragende Rolle. Viele Details konnten jedoch aus GenderSicht umgesetzt werden, wie das Leitsystem, die Farbgebung, die Beleuchtung oder die optimale Zuordnung von Frauen- und Behindertenparkplätzen zu den Treppenhauskernen u.a.m., wenn auch nicht alles, was wünschenswert gewesen wäre, in diesem Sinne optimiert werden konnte. Aber ein Bauprojekt ist immer ein Produkt von Kompromissen – zwischen Wünschenswertem und Machbarem; es kommt daher immer auf die Balance an. Und diese Balance, das Gewicht, welches den anderen, den Qualitätskriterien aus Sicht der BenutzerInnen, insbesondere der beschäftigten Frauen und Männer, jedoch auch der Besucher und Besucherinnen des Gebäudes, beigemessen wird, ist ein wesentliches Produkt, ein Mehrwert, der durch Gender Mainstreaming entsteht.

Aber nicht nur am gebauten Produkt lässt der erzielte Mehrwert sich messen – auch an der Qualität der entstandenen bzw. weiter entwickelten Entwürfe ist er im Einzelfall ablesbar. Das hat zum Beispiel der Vertreter des Kantonalen Hochbauamtes im Solothurner Projekt bestätigt. Hier konnten mit den Argumenten des Gender Mainstreaming die räumlichen Qualitäten des Wettbewerbsentwurfs, die angesichts wachsender Raumansprüche des Bauherrn geschmälert zu werden drohten, bis ins Vorprojekt hinein erhalten bleiben. Und auch an den zusätzlichen Produkten, die im Rahmen der Prozesse entstanden sind, lässt sich der Mehrwert darstellen. Kriterienkataloge und Checklisten, die aus allen Verfahren bezogen auf die jeweilige Bauaufgabe hervorgegangen sind, und die Weiterverbreitung der Erkenntnisse durch Gutachten, Berichte, Symposion, Datenbanken und Internetpräsentationen können künftig als Grundlage dienen für die Sicherung von Projektqualitäten. Im Solothurner Beispiel konnte sogar die planungsrechtliche Sicherung von Qualitäten hinsichtlich Zwischennutzungen, Langsamverkehr und Umgebungsgestaltung erreicht werden. Im Berliner Projekt entstand eine Gender ScoreCard, die als übertragbares Führungsinstrument zur Ausrichtung von Organisationen und Institutionen auf die Gender Perspektive eingesetzt werden kann.

Und nicht zuletzt besteht der Mehrwert des Produktes auch in den erfolgten Lernprozessen: Die GenderKriterien sind im Rahmen der Prozesse immer wieder diskutiert und im besten Fall verinnerlicht worden. Nicht nur an den ausdrücklich für Führungskräfte durchgeführten GenderTrainings, sondern von jeder Arbeitssitzung, jedem Workshop konnten die Beteiligten für künftige Projekte profitieren.

Prozesse und Strukturen

Auch wenn sechs der sieben hier vorgestellten Projekte aus Wettbewerben hervorgegangen sind, sind die Prozesse doch sehr unterschiedlich gelaufen. Das ist zum einen eine Frage des mentalen und kulturellen Milieus, in dem sie entstanden sind: ob in Deutschland / Österreich oder in der Schweiz / Liechtenstein, in Niedersachsen oder Bayern verortet, ob für Verwaltung oder Krankenhaus, Bildungseinrichtung oder Laborbetrieb konzipiert, ob schließlich die vorhandenen Kommunikationsstrukturen eher mittelbar oder unmittelbar funktionierten. All diese Unterschiede spielten eine wesentliche Rolle für den Zugang, den die GenderExpertise sich im Rahmen der Begleitung verschaffen konnte. Aber nicht nur das, es ist zum anderen auch eine Frage der Prozessdauer und des Zeitpunkts, zu welchem die GenderBegleitung in die Projektentwicklung einstieg: ob zweieinhalb Jahre oder vier Monate, ob von Beginn an, d.h. vor oder nach Durchführung des Wettbewerbs, war von Bedeutung, wenn auch nicht allein ausschlaggebend.

Eine wichtige Voraussetzung waren vielmehr Art und Intensität der Einbindung in die Prozesse. So konnten im Einzelfall durch punktuelle, aber regelmäßige face-to-face Kontakte und Koordinationssitzungen in kürzerer Zeit (Bsp. Olten/SO) letztendlich mehr Qualitäten gesichert werden als durch die überwiegend schriftliche Begutachtung über relativ große Distanz, die im Zeitraum von sechs Monaten nur zwei konzentrierte Workshops vor Ort zuließ (Bsp. Erlangen). Die Intensität der Begleitung stellte sich jedoch nicht nur als eine Frage der räumlichen Entfernung zwischen Auftraggeber und Auftragnehmerin heraus, sondern auch als Ausdruck echter Überzeugung der verantwortlichen AkteurInnen. Gender Mainstreaming lässt sich nicht wirklich verordnen, sie kann nur wirken, wenn sie auf den fruchtbaren Boden von AkteurInnen fällt, die sich den Anliegen mit Offenheit und Ernsthaftigkeit nähern. Und nicht zuletzt sind die Prozesse das Spiegelbild der Strukturen, in die sie eingebettet sind.

Da sind zum einen die AuftraggeberInnen, deren Verantwortung im Fall der Projektierung und Realisierung öffentlicher Hochbauten überwiegend in staatlichen Händen oder in der Hand gemeinnütziger Stiftungen liegt. Unter den vorgestellten Beispielen ist zumindest kein Projekt, das in kommunaler Trägerschaft entstanden wäre. Dafür sind die Organisationen, in denen die AuftragnehmerInnen funktionieren, zum Teil sehr komplex und kompliziert. Sie reichen aufgrund der föderalistischen Strukturen häufig über verschiedene Verwaltungsebenen. Im Fall des Bushof-Projektes in Schaan (FL) waren VertreterInnen der verschiedenen Abteilungen des Landes, Verkehrsbetriebe und Interessenverbände und die Vertretung der kommunalen Ebene durch den beauftragten Ortsplaner beteiligt. Verbindlichkeiten entstanden hier jedoch auf eine ganz andere Weise, viel direkter und unmittelbarer, als zum Beispiel im Fall des Bundesamtes für Verbraucherschutz und Lebensmittelsicherheit (BVL), an dem vier Bundesministerien als Finanz- und Fachaufsicht führende sowie ressortzuständige Behörden genauso beteiligt waren wie das über mehrere Ebenen des Landes Niedersachsen vertikal strukturierte Baumanagement vor Ort, das der Landesbauabteilung, der Oberfinanzdirektion und dem Innenministerium (Auftraggeber) nachgeordnet ist. Während im Fall des kleinen Fürstentums diese Strukturen aufgrund der räumlichen Nähe aber in einer sehr vertrauten Form funktionierten – Verbindlichkeiten entstehen hier aufgrund der persönlichen Kenntnis der AkteurInnen untereinander, man trifft sich in den verschiedenen Bau- und Planungsverfahren, die schnell sowohl örtliche wie regionale und staatliche Ebene betreffen, immer wieder – sah das im Fall der BVL ganz anders aus: In dieser stark hierarchisch und arbeitsteilig organisierten Struktur bedarf es schriftlicher Dokumente und Verfügungen, bevor Verbindlichkeiten entstehen, man kennt sich zum Teil zwar auch persönlich, aber die Distanzen zwischen Bundesebene, Land und Baumanagement sind in jeder Hinsicht so groß, dass Vertrautheit nicht allerorten gegeben ist. Die Wege sind länger, räumlich und institutionell, und die Entscheidungen brauchen länger, auch zeitlich, weil sie verschiedene Etappen durchlaufen müssen. Was schließlich am Ende, „unten", ankommt, ist nur über schriftliche Dokumente nachvollziehbar, dafür aber immer auch belegbar.

Sehr einfach, dicht und kompakt scheint die Struktur im Fall der Heinrich-Böll-Stiftung zu funktionieren: Ein entscheidendes Kriterium ist hier, dass Geschlechterdemokratie im Leitbild der Stiftung und daher auch als Aufgabe im Aufbau der Organisation verankert ist. Der zuständige Referent verkörpert die Thematik per se, und die projektbezogene Lenkungsgruppe, an der die verschiedenen Verwaltungsabteilungen sowie das beauftragte Architekturbüro beteiligt sind, trifft die Entscheidungen im direkten Austausch, face-to-face. Dabei ist sie fachlich genauso vorbereitet wie politisch, u.a. auch durch Gespräche mit der Aufsicht führenden Behörde, dem Bundesamt für Bauwesen und Raumordnung (BBR), das die Berücksichtigung von GM bei allen öffentlichen und öffentlich geförderten Maßnahmen verlangt.

Welche Konsequenzen hatten diese strukturellen Unterschiede nun für die Integration der Gender-Expertise, welche Erfolgskriterien lassen sich herausarbeiten?

Ein Ranking?

Ausdrücklich politisch gewollt und erwünscht war die GenderPerspektive eigentlich nur im Fall des Landhaus 2 in Innsbruck – hier lag die Verantwortung für die Durchführung des Prozesses im Auftrag der Tiroler Landesregierung beim Frauenreferat. Im Fall des Neubaus der Heinrich-Böll-Stiftung in Berlin kann der politische Wille in ähnlicher Weise konstatiert werden, insofern als die Stiftung das Gender Mainstreaming als Leitprinzip in ihren Strukturen verankert hat und ein Referent für Geschlechterdemokratie im Hause für diese Aufgabe zuständig ist.

Bei der FHNW in Olten kam der Anstoß durch das LARES-Projekt des Eidgenössischen Büros für die Gleichstellung von Frau und Mann zwar von außen, aber der stellvertretende Kantonsbaumeister war als Auftraggeber und Spitze der Verwaltung persönlich von den Inhalten überzeugt, ebenso wie der beauftragte Architekt, so dass die GenderKriterien in das Projekt einfließen konnten. Innerhalb der Behörde jedoch, auf der Ebene der (leitenden) Mitarbeiter und nach außen, in die politisch besetzte Planungskommission hinein, waren die Inhalte, zumal in der kurzen Laufzeit des Projektes, nicht immer leicht zu kommunizieren.

Bei den beiden im Rahmen des Interreg IIIB Vorhabens durchgeführten Projekten in St. Gallen und Liechtenstein gab es jeweils einen historischen Zeitpunkt, an dem die Einführung der GM Strategie gewünscht war. Im Fall des Amtshauses in St. Gallen fand im Laufe des Verfahrens jedoch ein politischer Wechsel statt, so dass die Ergebnisse der Analyse nun zwar vorhanden und im Internet abrufbar sind, die Behörde selbst jedoch zur Zeit keinen aktiven Umgang damit pflegt. Im Fall Liechtenstein vollzog sich ein Wechsel der fachlichen Zuständigkeiten: So war die Landesplanung zwar in das Interreg Vorhaben involviert und insofern für die Durchführung des Liechtensteiner Implementationsprojektes zuständig, aber nicht federführend bei der Durchführung des Bushof-Projektes und auch nicht bei der Entwicklung der öffentlichen Räume im Schaaner Ortszentrum. So bleibt abzuwarten, inwieweit die entwickelten Kriterien ins Projekt einfließen und was die politischen AkteurInnen im Lande auf Dauer und letztlich auch vor Ort daraus machen werden.

Die letzten beiden Projekte – BVL und Bettenhaus Erlangen – sind die einzigen, die dem ganz normalen Alltagsgeschäft entsprungen sind. Leitende Mitarbeiter der Obersten Baubehörde in Bayern ebenso wie der Oberfinanzdirektion in Niedersachsen wollten hier ganz offensichtlich einfach einmal ausprobieren, was Gender Mainstreaming an Mehrwert bringen könnte; eine gewisse Offenheit war hier bei beiden Repräsentanten deutlich zu spüren. In den in beiden Fällen komplexen und arbeitsteiligen Behördenstrukturen, die sich jeweils über mehrere Verwaltungsebenen erstreckten - im Fall der BVL bis auf die Bundesebene - gingen die Projekte jedoch durch viele Hände und nicht immer waren alle MitarbeiterInnen von dem Sinn der GenderPerspektive auch überzeugt. So blieb das Erlanger Projekt vielleicht eher so etwas wie eine Pflichtübung, die einmal absolviert wurde und glücklicherweise ja auch bestätigt bekam, dass das Projekt im Sinne der GenderPerspektive so schlecht nicht sei. Im Fall des BVL ging der Kontakt zu den GenderExpertinnen im Zuge der internen Beratungen und Abstimmungen fast verloren; sie mussten sich an bestimmten Punkten immer wieder selbst ins Spiel bringen.

Kriterien für den Erfolg von Gender Mainstreaming

Vielleicht lässt sich über alle sieben Projekte das der Heinrich-Böll-Stiftung am Schluss als bestes Beispiel herauskristallisieren. Ohne das gebaute Resultat bereits vollumfänglich zu kennen, lässt sich hier zumindest das deutliche Zusammenspiel projekt- und prozessbezogener sowie institutioneller Kriterien im Sinne der Dreiecksstruktur eines nachhaltigen Gender Managements (s. Abb. 1 in der Einführung zu diesem Band) als wesentliche Voraussetzung für das Gelingen von Gender Mainstreaming bereits zum jetzigen Zeitpunkt belegen:

1. Von Beginn der Planungen an – im Vorfeld der Standortwahl über die Wettbewerbsvorbereitung bis zur Baustelle – sind GenderPerspektiven und -Kriterien in den Zuschnitt des Gebäudes, die Grundrissgestaltung und Raumaufteilung, eingeflossen.
2. Der Prozess der Entscheidungsfindung fand im Rahmen begleitender Gespräche der intern und querschnittsorientiert zusammen gestellten Lenkungsgruppe unter Beteiligung der Geschäftsführung und des beauftragten Architekturbüros statt und wurde nach oben – in die Aufsicht führende Behörde – kommuniziert.
3. Projekt und Prozess sind eingebettet in eine Struktur, in der die Einnahme der GenderPerspektive nicht nur gewollt, sondern selbstverständlich, im Main-

stream angekommen, ist. Das heißt: Es gibt eine innere Kohärenz zwischen der Zielsetzung der Institution und dem Projekt, die über den Prozess und die Struktur vermittelt wird.

Geschlechterdemokratie ist ein wesentliches Leitmotiv der Institution, also ergibt sich in der Folge auch ein stimmiges Projekt. Das ist der Erfolg von Gender Mainstreaming und letztlich der Mehrwert dieser Strategie, der zu großen Teilen in der kommunikativen Qualität der Prozesse und in der Verbreiterung der Perspektiven auf Bedürfnisse und Bedarfsfragen liegt.

Gedanken zur Frage des Mehrwertes

Gender Mainstreaming bei der Projektierung und Realisierung öffentlicher Hochbauten führt zu bedarfsgerechteren Raumstrukturen, insbesondere wenn es den beteiligten AkteurInnen gelingt, sich Strukturen zu schaffen, in denen alle mit ihren spezifischen Talenten und Potentialen zum Zuge kommen.

Gender Mainstreaming führt besonders dort zum Erfolg, wo eine Offenheit für GenderFragen vorhanden ist. Das bedeutet nicht, dass das Wissen schon auf allen Seiten vorhanden sein müsste, es lässt sich jedoch leichter vermitteln.

GenderBewusstsein bzw. eine gender-sensitive Grundhaltung lässt sich nicht verordnen, GenderFragen sind im Ansatz zunächst politische, erst im zweiten Schritt fachliche Fragen. Jedoch lässt sich die GenderPerspektive über fachliche Fragen vermitteln, weil dadurch der potentielle Mehrwert erkennbar wird und eine ggf. vorhandene Abwehrhaltung gegenüber genderspezifischen Fragestellungen aufgelöst werden kann. Optimal ist es, wenn sowohl die politische wie die fachliche Ebene über Führungspersönlichkeiten verfügt, die Gender Mainstreaming positiv gegenüber stehen. EinzelkämpferInnen kommen kaum zum Ziel, es sei denn, sie haben ein starkes politisches oder fachliches Gewicht und / oder Durchsetzungsvermögen.

Grundsätzlich eignet sich jedes Projekt für die Durchführung eines Gender Assessments. Wichtig ist jedoch der Zeitpunkt des Einbezugs der GenderExpertise. Zu Beginn der Planung ist besser als im laufenden Verfahren bzw. kurz vor Abschluss des Verfahrens (dann allenfalls noch „Evaluation“ bzw. nur „Kosmetik“ möglich) Besonders gut eignet sich jedes Projekt, das nicht unter Zeitdruck steht. Wichtig ist auch die Art und Weise des Zustandekommens der Beauftragung – möglichst viele der zuständigen EntscheiderInnen sollten im Vorfeld einbezogen sein, um späteren Ablehnungen vorzubeugen; Angst vor Kontrollverlust der Führungspersonen sollte unbedingt vermieden werden.

Alle Mitwirkenden müssen den Eindruck erhalten, dass sie an der Entwicklung der GenderKriterien und an der Entscheidung darüber, wie die Kriterien im Bezug auf das Projekt umgesetzt werden, maßgeblich beteiligt sind. Es darf für die EntscheiderInnen auf keinen Fall der Eindruck entstehen, übervorteilt worden zu sein.

Wesentliche Voraussetzung ist jedoch eine positive und aufgeschlossene Grundhaltung GenderFragen gegenüber – der Mehrwert lässt sich nicht vermitteln, wenn jemand grundsätzlich ablehnend ist.[86]

86 Diese Gedanken äußerte die Autorin u.a. an einem Werkstattgespräch, das im Rahmen des LARES Projektes mit den beteiligten Fachfrauen aller Pilotprojekte im November 2007 in Bern stattfand.

ZU DEN AUTORINNEN UND AUTOREN

Henning von Bargen, Dipl.Päd, MA

geb. 1959, verheiratet, vier Kinder; Studium der Soziologie, Erziehungswissenschaften, Ethnologie (M.A. 1986) und Studium der Dipl. Pädagogik, Aufbaustudium Energie- und Umweltmanagement (TU Berlin); Ausbildung in Themenzentrierter Interaktion (TZI) und Personalentwicklung; seit Mitte der 1980er Jahre engagiert in der (gewerkschaftlichen) Bildungsarbeit, zunächst mit den Schwerpunkten Umweltpolitik und Neue Technologien; Tätigkeit bei verschiedenen freien und gewerkschaftlichen Weiterbildungseinrichtungen; von 1992-97 Mitarbeiter des Stiftungsverbandes Regenbogen; seit 1997 Mitarbeiter der Heinrich Böll Stiftung, Referent für die Gemeinschaftsaufgabe Geschlechterdemokratie: Arbeitsschwerpunkt u.a. Steuerung der Umsetzung der Gemeinschaftsaufgabe Geschlechterdemokratie durch Beratung, Prozessgestaltung und Entwicklung sowie Durchführung von Fort- und Weiterbildungsangeboten, insbesondere von Gender Trainings und -workshops; seit 2005 Vorstandsmitglied des „Gender Diversity – Fachverband für gender-kompetente Bildung und Beratung" Berlin, seit 2007 Geschäftsführer des Gunda-Werner-Instituts für Feminismus und Geschlechterdemokratie in der Heinrich-Böll-Stiftung; zahlreiche Publikationen zu Geschlechterdemokratie und Gender-Training.

Doris Königer, dipl. Arch. ETH/SIA

geb. 1961 in Montevideo/Uruguay, aufgewachsen in Barcelona/Spanien; ein Kind; 1981-87 Architekturstudium an der ETH Zürich; 1987-1990 Mitarbeit in verschiedenen Architekturbüros; 1988-90 Nachdiplomstudium in Technischen Betriebswissenschaften BWI an der ETH Zürich; seit 1995 Vorstand des Verkehrsclub Schweiz (VCS) Sektion St. Gallen /Appenzell, Präsidentin von 2000-07; seit 2000 eigenes Architekturbüro, Schwerpunkt: BauherrInnenberatung, Kleinere Umbauten; Parlamentarierin der Stadt St. Gallen / Mitglied der Geschäftsprüfungskommission / Arbeitsgruppe Stadtentwicklung / Schule; 2001-07 Bezirksschulrätin für die Stadt St. Gallen, später Mitglied der Regionalen Schulaufsicht; 2005 Projektleitung „Kriterienkatalog für Gendergerechtes Bauen" für Baudirektion St. Gallen, Workshop „Busbahnhof Schaan" (Kriterien für eine gendergerechte Anlage) mit Dr. Barbara Zibell; seit 2007 Freie Mitarbeit bzw. gemeinsame Projekte mit Architektur Gross AG, St. Gallen; 2001-05 Mitinitiantin bzw. Präsidentin des Vereins FrauenBauen, St. Gallen.

Elke Krismer, Dipl.-Ing. Architektin, Künstlerin

geb. 1963, ledig; 1981-89 Architekturstudium an der Universität Innsbruck, Fachseminare zu verschiedenen Architektur-, Kunst-, und Konflikt-Coaching- und Managementbereichen; bis 1994 Angestellte in verschiedenen Architekturbüros; seit 1995 selbstständige Architektin mit Büro in Innsbruck, tätig für private und öffentliche AuftraggeberInnen; seit 1996/97 diverse Lehr- und Vortragstätigkeiten an der Universität Innsbruck sowie Vorträge im In- und Ausland zum Thema „Urbane Sicherheit für Frauen und Sicherheitsaspekte von Frauen in der Architektur" u.a.; Geladene Expertin zu Frauenfragen im Europäischen Forum für Urbane Sicherheit, Barcelona 2000; ab 2002 Pilotprojekt im Auftrag des Landes Tirol „Gender Mainstreaming beim Neubau des Landhaus 2 in Innsbruck", dazu ein Weiterbildungsworkshop für Landesbedienstete im März 2004: „Schöne neue Arbeitswelt - Von der Kunst, gegensätzliche Interessen zu vereinbaren - Workshop 3: Planen für Frauen und Männer. Ist das Landhaus 2 vorbildlich „gegendert"?; Workshop für die Kammer der Architekten und Ingenieurkonsulenten Tirol und Vorarlberg „Gender Mainstreaming in der Architektur"; weitere Workshops an der Universität Innsbruck in Vorbereitung.

Ilinca Manaila, dipl. Arch. ETH/SIA NDS

geb. 1967, verheiratet, drei Kinder; 1986-92 Studium der Architektur an der ETH Zürich; 1992-96 Mitarbeit und Projektleitung in verschiedenen Architekturbüros; seit 1997 selbstständige Architektin, Fachbereiche Städtebau, Architektur und Innenausbau; diverse Publikationen und Vorträge; seit 1999 Mitglied Schweizerischer Verband der Akademikerinnen SVA; 2001–03 Nachdiplomstudium am Institut Geschichte und Theorie der Architektur - gta der ETH Zürich; seit 2006 Teilhaberin GfA Gruppe für Architektur GmbH; seit 2006 Mitglied Fachfrauen Umwelt FFU; seit 2006 Mitglied in diversen Wettbewerbsjurys; seit 2007 Dozentin für Entwurf und Konstruktion, Studiengang Architektur an der Hochschule für Technik Zürich; seit 2007 Lares-Fachfrau Schweiz.

Hubert Ospelt-Haas, dipl. Architekt ETH/SIA und dipl. Raumplaner ETH-NDS

geb. 1951, verheiratet; 1977 Diplom Architekt ETH Zürich; 1991-93 Nachdiplomstudium Raumplanung ETH Zürich; seit 1979 Inhaber eines eigenen Architekturbüros, 1986-87 Dozent für Entwerfen an der Architekturabteilung der Liechtensteiner Ingenieurschule LIS, Vaduz; 1993-94 FORM, berufsbegleitende Schule des SIA für ganzheitliche Unternehmensentwicklung; 1998-2001 Leiter Kompetenzzentrum Architektur und Raumplanung FH Liechtenstein; Modulleiter und Dozent im Grundstudium Architektur, seit 2004 Leiter Stabsstelle für Landesplanung des Fürstentum Liechtenstein; Mitglied in verschiedenen Kommissionen und im Gestaltungsbeirat Schaan (Pionierphase).

Gabriele Schambach, Dr., Diplom-Politologin

geb. 1968, ledig; 1988-91 Ausbildung zur Industriekauffrau; 1991-96 Studium der Politikwissenschaft in Marburg und Berlin; 1999-2003 ideelle Promotionsförderung der Hans-Böckler-Stiftung, Promotion an der Freien Universität Berlin 2005: „Das unsichtbare Geschlecht der Stadtplanung. Genderkonstruktionen in der Planung des Potsdamer/Leipziger Platzes", (Publ. Münster 2006); 1999-2005 Referentin für die Gemeinschaftsaufgabe Geschlechterdemokratie in der Heinrich-Böll-Stiftung; seit 2006 selbstständige Genderberaterin und Veranstaltungsmanagerin; seit 2003 zahlreiche Veröffentlichungen und Vorträge zu Geschlechterdemokratie sowie Gender Mainstreaming und Stadtplanung.

Anke Schröder, Dipl.-Ing. Architektur, SRL

geb. 1966, verheiratet, zwei Kinder; 1986-88 Ausbildung und Tätigkeit als Industriekauffrau; 1992-98 Studium der Architektur in Braunschweig und Hannover; 1999-2008 Wissenschaftliche Mitarbeiterin an der Leibniz Universität Hannover, Fakultät Architektur und Landschaft, Abt. Planungs- und Architektursoziologie; 2001-04 dezentrale Gleichstellungsbeauftragte des FB Architektur der Universität Hannover; 2003-05 Freie Mitarbeiterin im Architekturbüro Freese und Rebe, Hannover; seit Dezember 2007 Geschäftsführerin des Forum für GenderKompetenz in Architektur Landschaft Planung (gender_archland); Mitglied in der SRL, 2000-04 Sprecherin der Fachgruppe Frauen; aktives Mitglied der PlanungsFachFrauen Hannover; Vertreterin der Leibniz Universität hannover zur Sicherheitspartnerschaft im Städtebau in Niedersachsen, seit 2004 Mitglied der Arbeitsgruppe bipa - beraten, integrieren, planen, anwenden, Hannover; Bearbeiterin mehrerer Forschungsprojekte zu Frauen- und Geschlechterforschung; zahlreiche Veröffentlichungen und Vorträge sowie Fort- und Weiterbildungen zu den Themenfeldern Gender Mainstreaming in der räumlichen Planung und Gender Mainstreaming im Wohnungsbau.

Elisabeth Stögerer-Schwarz, Mag.a

geb. 1959, verheiratet; 1978-84 Lehramtsstudium Germanistik und Katholische Theologie an der Universität Innsbruck; 1984-85 Assistentin am Institut für Kirchengeschichte der Katholischen Fakultät der Universität Innsbruck; 1985-87 Unterrichtstätigkeit: 1987-90 Leiterin der öffentlichen Bibliothek Zirl; seit 1990 Leiterin des Frauenreferates des Landes Tirol mit den Schwerpunkten: Maßnahmen zur Frauenförderung, Gleichbehandlungsgesetze, Projektarbeit, Öffentlichkeitsarbeit, Politikberatung, Unterstützung von Frauengruppen und -organisationen, Bildungsangebote sowie Projekte zur Berufsorientierung für Mädchen; Ländervertreterin im Beratenden Ausschuss für Chancengleichheit von Frauen und Männern in Brüssel; Organisation und Durchführung der „Frauen-Bodensee-Konferenz"; Initiierung der Arbeitsgruppe ‚Frauen' im Rahmen der Arge-Alp; Gender-Beratungen im Landesdienst, Gender-Expertin in diversen Gremien: Besoldungsreform, Beschäftigungspakt Tirol, Integrationskonzept Tirol, ZukunftsRaum Tirol; Organisation von Workshops / Seminaren zu Gender Mainstreaming (GM), Erarbeitung von GM-Instrumentarien, laufende Vortragstätigkeit.

Barbara Zibell, Prof. Dr. sc. techn. ETH, Dipl.-Ing., Bauass. Städtebau

geb. 1955, verheiratet, 2 Kinder; 1974-80 Studium der Stadt- und Regionalplanung an der Technischen Universität Berlin (Dipl.-Ing.); 1982-84 Referendarausbildung, Fachrichtung Städtebau in Südhessen (Bauassessorin); 1994 Promotion an der ETH Zürich, Architektur-Abteilung (Dr. sc. techn.); seit 1996 Professur am Institut für Architektur- und Planungstheorie der Universität Hannover, neu: Institut für Geschichte und Theorie der Architektur; seit 1981 Vereinigung für Stadt-, Regional- und Landesplanung SRL e.V., seit 1985 Fachgruppe Frauen in der Planung, seit 1989 Verein Feministische Wissenschaft Schweiz; seit 1995 Vereinigung Planung, Architektur, Frauen P.A.F. Schweiz; 1998-99 Gastprofessur am Institut für Stadt- und Regionalplanung der Technischen Universität Berlin, 1997-2000 Verein Frauen und EXPO e.V. mit Sitz in Hannover, Beiratsmitglied, 1999-2000 Beiratsvorsitzende; seit 2002 Ständiger Gast der Kommission ‚Frauen in der Stadt' des Deutschen Städtetages; zahlreiche Publikationen und Vorträge im Bereich Städtebau / Raumplanung, u.a. zu den Themen Wohnen und Versorgung, Nachhaltigkeit und Raumentwicklung, Stadt und Region, Chaos und Ordnung, Frauen und Gender.

Beiträge zur Planungs- und Architektursoziologie

Herausgegeben von Barbara Zibell

Band 1 Anke Schröder / Barbara Zibell: Auf den zweiten Blick. Städtebauliche Frauenprojekte im Vergleich. 2004.

Band 2 Kerstin Sailer: Raum beißt nicht! Neue Perspektiven zur Sicherheit von Frauen im öffentlichen Raum. 2004.

Band 3 Susanne Krosse: Wohnen ist mehr. Andere Wohnkonzepte für *neue* Lebensformen. 2005.

Band 4 Annette Harth: Frauen im Osten – Wohnen nach der Wende. Eine empirische Untersuchung der Wohnweise ostdeutscher Frauen in der ersten Transformationsphase. 2006.

Band 5 Barbara Zibell / Anke Schröder: Frauen mischen mit. Qualitätskriterien für die Stadt- und Bauleitplanung. 2007.

Band 6 Barbara Zibell (Hrsg.): Gender Building. Sozialräumliche Qualitäten im öffentlichen Hochbau. 2009.

www.peterlang.de